全国电力行业"十四五"规划教材
职业教育电力技术类专业系列

用电检查基础

主　编　张兴然　孙新凤
副主编　张合川　杨伊璇　王顺超
参　编　余　倩　程　序　李梦媛
主　审　吴新辉

中国电力出版社
CHINA ELECTRIC POWER PRESS

内 容 提 要

本书为行动导向式教材,共分七个学习项目:认识电能表;认识互感器;电能计量装置接线;电能计量装置接线检查与分析;违约用电、窃电判断及取证;违约用电、窃电的查处;用电信息采集系统故障排查及应用。本书内容基本涵盖了用电检查基础,主要是电能计量装置部分的主要内容、知识点和技能点,从"教、学、做、练"一体化的需求出发,注重理论与实践应用的结合,同时配有微课、视频讲解。

本书不仅可作为高职高专院校电力技术类专业教材,也可作为供电公司、售电公司新入职工作人员的技能培训教材,同时还可供相关工程技术人员参考。

图书在版编目（CIP）数据

用电检查基础/张兴然,孙新凤主编．—北京:中国电力出版社,2023.8
ISBN 978－7－5198－7483－4

Ⅰ.①用… Ⅱ.①张… ②孙… Ⅲ.①用电管理—教材 Ⅳ.①TM92

中国国家版本馆 CIP 数据核字（2023）第 115609 号

出版发行：中国电力出版社
地　　址：北京市东城区北京站西街 19 号（邮政编码 100005）
网　　址：http://www.cepp.sgcc.com.cn
责任编辑：冯宁宁（010－63412537）
责任校对：黄　蓓　李　楠
装帧设计：赵姗姗
责任印制：吴　迪

印　　刷：廊坊市文峰档案印务有限公司
版　　次：2023 年 8 月第一版
印　　次：2023 年 8 月北京第一次印刷
开　　本：787 毫米×1092 毫米　16 开本
印　　张：14.75
字　　数：365 千字
定　　价：48.00 元

版权专有 侵权必究

本书如有印装质量问题,我社营销中心负责退换

前　言

本书是国家职业教育发电厂及电力系统专业教学资源库的配套教材之一，是依据高职高专院校对电能计量装置认知及窃电查处的教学要求，结合现阶段高职教育培养目标，本着"工学结合、任务驱动、教学做练一体化"的原则编写而成的。

本教材从高职学生的就业岗位和供电公司、售电公司新入职工作人员的工作岗位出发，依托学院和培训中心的装表接电与错接线分析实训室、反窃电实训室、用电信息采集实训室来编排内容，经过和企业工程技术人员、培训人员进行深入、广泛的探讨，由保定电力职业技术学院、广东电网有限责任公司培训与评价中心和武汉电力职业技术学院联合编写而成，目标任务明确，教材的可操作性、实践性强，有利于提高学生学习的专业针对性和实用性。本书的特色如下：

（1）对课程教学内容及核心知识点进行凝练、提取，内容编排及知识结构遵循由浅入深、由易到难、由简到繁，循序渐进的原则，层次分明、重点突出，充分体现课程的学习特点和重点。

（2）注重理论知识和实践应用的结合，体现教学和培训特色，对电能表的抄录、接线、错误接线检查以及窃电检查等进行了实践操作阐述，突出针对性和实用性。同时培养了高职学生分析问题及解决问题的能力。

（3）顺应"互联网＋"信息化教学新形势的需求，本书针对核心知识点和技能点，制作了相应的微课和微视频，读者通过扫描二维码或登录智慧职教国家职业教育发电厂及电力系统专业教学资源库《反窃电技术》网络课程即可方便地观看学习相关内容，极大程度地方便读者的自学需求。

本书共分七个学习项目：项目一认识电能表，主要学习单相电能表和三相电能表的结构、工作原理和主要技术参数，以及单相电能表和三相电能表的信息抄录；项目二认识互感器，主要学习电流互感器、电压互感器及高压组合互感器的作用、相关参数、接线、使用注意事项等；项目三电能计量装置接线，主要学习电能表的测量原理、接线原理、电能计量装置的安装接线及接线检查等；项目四电能计量装置接线检查与分析，主要学习电能计量装置数据测量方法、分析判断错误接线形式、进行更正系数计算、更正接线等内容；项目五违约用电、窃电判断及取证，主要学习违约用电与简单窃电的判断、取证处理等；项目六违约用电、窃电的查处，主要学习低压用户和高压用户违约用电、窃电的检查过程，对违约用电、窃电用户的处理规定，以及反窃电技术措施和组织措施；项目七用电信息采集系统故障排查及应用，主要学习用户用电信息采集系统的基本知识、采集系统终端故障排查以及用电信息采集系统在反窃电检查过程中的应用等。

其中，项目一和项目三由保定电力职业技术学院孙新凤老师编写；项目二任务一由保定电力职业技术学院程序老师编写，项目二任务二由保定电力职业技术学院李梦媛老师编写；项目二任务三、项目五、项目六任务四～任务六由保定电力职业技术学院张兴然老师编写；

项目四由广东电网有限责任公司培训与评价中心杨伊璇老师编写；项目六任务一～任务三由保定电力职业技术学院张合川老师编写；项目七任务一由武汉电力职业技术学院余倩老师编写，项目七任务二和任务三由武汉电力职业技术学院王顺超老师编写。本书由张兴然老师负责教材的组织、统编与修改工作。同时本书还参考、引用了国内外许多专家、同行出版的图书和相关资料，在此一并致谢。

限于编者水平，书中不妥及疏漏之处在所难免，敬请同仁与读者批评指正。

编 者

2023年2月

目 录

前言
项目一　认识电能表 ·· 1
　　任务一　认识单相电能表 ·· 9
　　任务二　认识三相电能表 ·· 15
项目二　认识互感器 ·· 22
　　任务一　认识电流互感器 ·· 24
　　任务二　认识电压互感器 ·· 30
　　任务三　认识高压组合互感器 ·· 36
项目三　电能计量装置接线 ·· 40
　　任务一　单相电能计量装置接线 ·· 42
　　任务二　三相四线电能计量装置接线 ···································· 48
　　任务三　三相三线电能计量装置接线 ···································· 56
项目四　电能计量装置接线检查与分析 ····································· 64
　　任务一　单相电能计量装置接线检查与分析 ························· 71
　　任务二　三相四线电能计量装置接线检查与分析 ·················· 73
　　任务三　三相三线带 TA、TV 标准配置计量装置错误接线分析 ·· 87
项目五　违约用电、窃电判断及取证 ··· 99
　　任务一　违约用电与窃电的判断 ·· 102
　　任务二　窃电疑点的分析 ·· 110
　　任务三　违约用电与窃电取证 ··· 119
项目六　违约用电、窃电的查处 ··· 138
　　任务一　低供低计用户窃电检查 ·· 143
　　任务二　高供低计用户窃电检查 ·· 149
　　任务三　高供高计用户窃电检查 ·· 155
　　任务四　违约用电处理 ··· 160
　　任务五　窃电处理 ·· 164
　　任务六　窃电防治 ·· 171
项目七　用电信息采集系统故障排查及应用 ···························· 178
　　任务一　认识用电信息采集系统 ·· 180
　　任务二　用电信息采集终端故障排查 ································· 191
　　任务三　用电信息采集系统在反窃电中的应用 ···················· 202
附录 ·· 210
　　附录 A　单相电能表抄表单 ·· 210

附录B　三相电能表抄表单 ·· 211
附录C　××供电局电能计量装置故障确认单 ···························· 212
附录D　计量自动化系统故障通知工单 ···································· 213
附录E　计量自动化终端故障处理记录单 ·································· 214
附录F　用户电能计量装置故障处理作业表单 ···························· 215
附录G　电能计量装置错误接线答题纸（三相四线） ···················· 218
附录H　电能计量装置错误接线答题纸（三相三线） ···················· 219
附录I　居民用户检查记录表 ·· 220
附录J　小动力用户检查记录表 ·· 221
附录K　高供低计用户检查记录表 ··· 222
附录L　高供高计用户检查记录表 ··· 223
附录M　违章用电、窃电处理工作单 ······································ 224
附录N　违约用电、窃电通知书 ··· 225
附录O　×××供电公司缴费通知单 ······································· 226
附录P　用电信息采集调试操作记录单 ···································· 227

参考文献 ·· 228

项目一　认识电能表

项目描述

电能计量技术是由电能计量装置来确定电能量值,为实现电能量单位的统一及其量值准确、可靠的一系列活动。在电力系统中,电能计量是电力生产、销售以及电网安全运行的重要环节,发电、输电、配电和用电均需要对电能进行准确测量。电能表是电能计量装置的核心部分,它起着计量负载消耗的或电源发出的电能的作用。本项目主要学习单相电能表和三相电能表的结构、工作原理和主要技术参数,以及单相电能表和三相电能表的信息抄录。学习完本项目应具备专业能力、方法能力和社会能力。

(1) 专业能力:具备认识单相电能表的能力;具备认识三相电能表的能力。
(2) 方法能力:具备识读单相电能表和三相电能表的能力。
(3) 社会能力:具备服从指挥、遵章守纪、吃苦耐劳、主动思考、善于交流、团结协作、认真细致地安全作业的能力。

学习目标

一、知识目标

(1) 熟悉单相电能表和三相电能表的结构和工作原理。
(2) 掌握单相电能表和三相电能表电量数据的含义。
(3) 熟悉现场抄表的具体要求及注意事项。
(4) 熟悉计量装置的运行状态检查项目。

二、能力目标

(1) 能识别不同类别的电能表。
(2) 能识读电能表铭牌、电量数据信息。
(3) 能进行计量装置的运行状态检查。

三、素质目标

(1) 愿意交流、主动思考,善于在反思中进步。
(2) 学会服从指挥、遵章守纪、吃苦耐劳、安全作业。
(3) 学会团队协作、认真细致、保证目标实现。

知识背景

一、电能表基本知识

电既是电力企业的产品,又是商品。作为商品,其交易过程就必须遵循市场规律,做到买卖公平,它的交易过程是通过电能计量装置来实现的。电能计量装置起着秤杆子的作用,它的准确与否涉及千家万户的利益,直接关系着各项电业技术经济指标的正确计算、营业计费的准确性和公正性,事关电力工业的发展、国家与电力用户的合法权益。

自从1831年法拉第发现了电磁感应定律以来，人们就不断地探索使用和测量电能。电能表作为测量电能的专用仪表至今已有100多年的历史，1880年，德国人爱迪生用电解原理制成的直流电能表是世界上最早的电能表；随着交流电的产生和应用，1888年，意大利物理学教授费拉里斯（Ferraris）和美国某电工技术学校的物理老师几乎同时提出了利用旋转磁场测量交流电的原理，为制造感应式电能表奠定了理论基础。1889年，匈牙利岗兹公司的布勒泰制成了一个重达36.5kg的感应式电能表，其电压铁芯就重达6kg，且无单独电流铁芯感应式电能表；1890年，出现了带电流铁芯的感应式电能表，反作用力矩靠交流电磁铁产生，转动元件是一个铜环；直到19世纪末，人们利用交流电磁铁代替直流电磁铁，铝盘代替铜制的转盘，表的计数机构经过数次改进，生产了单相和三相的感应式交流电能表。由于感应式电能表具有结构简单、操作安全、维修方便、造价低廉、经久耐用等一系列优点，一直被广泛应用，发展非常迅速。电能表的质量是以准确度、过负载能力和延长一次使用寿命等几项指标为主要标志的。由于感应式电能表受制造和机理的限制，单相电能表准确度可达1.0级，三相感应式电能表可达0.5级。随着电子技术的飞速发展，20世纪60年代出现了电子式电能表。80年代，集成电路在计量装置中的应用，电子式电能表准确度达0.5～0.05级。电能表出现了质的变化，由功能简单的感应式电能表逐步过渡到机电脉冲式电能表、全电子式电能表，直到智能型多功能电能表。

我国的电能表生产始于20世纪50年代初，经过几十年的努力，电能测量技术和仪表的开发生产得到了飞速发展。各种类型电能表（感应式、全电子式）在品种和质量上得到了扩展与提高，为满足推行峰谷电价制的需要，开发与生产了各种复费率电能表；为满足一户一表制的需要，开发了IC卡预付费表；为防窃电，开发了防窃电电能表；为满足用电营业管理的需要，开发了多功能电能表、电能管理系统；为满足负荷监控的需要，开发了无线电力负荷监控系统；为实现抄表自动化、远程化，开发了远程自动化抄表系统。

二、电能表的分类

根据电能表的用途，一般将其分为测量电能表和标准电能表两大类。测量用电能表又可分成以下不同的类别：

（1）按结构和工作原理，分为感应式（机械式）、静止式（电子式）和机电一体化（混合式）。

（2）按接入电源性质，分为交流电能表和直流电能表。

（3）按准确度等级，分为普通级和标准级。普通电能表一般用于测量电能，常见等级有0.5、1.0、2.0、3.0级；标准电能表一般用于检验不同电能表，常见等级有0.01、0.05、0.2、0.5级等。

（4）按用途，分为工业与民用电能表、电子标准电能表和特殊用途电能表等。常见的电能表有脉冲电能表、最大需量电能表和复费率电能表等。

（5）按安装接线方式，分为直接接入式和间接接入式，其中又有单相、三相三线和三相四线电能表之分。

利用固定交流磁场与由该磁场在可动部分的导体中所感应的电流之间的作用力而工作的仪表，称为感应式仪表。常用的单相电能表就是一种感应式仪表。随着微电子技术和计算机技术的发展，电子式电能表也得到快速推广和普及。

电子式电能表和感应式电能表具有相同的计量电能的功能，但两者的结构和工作原理却截然不同。感应式电能表由电压电磁铁、电流电磁铁、转盘、轴承、制动元件等部分组成电能测量机构，利用电压电磁铁和电流电磁铁的固定交变磁场与该磁场在转盘中产生的感应电流的相互作用，产生一个制动力矩，使转盘以正比于负载功率的转速转动。电子式电能表由电子电路构成，以微电子电路的工作为基础计量电能，输出频率正比于负载功率的脉冲。

三、电能表抄录基本知识

（一）抄表

抄表是指抄表人员对所有计费电能表利用各种抄表方式进行电量的抄录，抄录的电量是考核供电部门经济指标（如线损率、供电成本）、各行业用电量统计分析以及计算用户的单位产品电耗和市场分析预测的依据。

抄表的主要作用如下：

（1）准确抄录各类用户用电量，保证电量电费的正确计算。

（2）准确抄录电量是用户正确、按期支付电费的依据，对企业合理使用电能、正确核算企业成本有益。

（3）准确反映电网企业各个时期的供电量、售电量、线路损失等，保证供电企业的经济效益。

（4）为电网经营企业增供促销、降损节电和售电分析工作提供基础数据。

（5）通过统计分析，还能进一步真实反映国民经济的运行情况和各行业的发展情况。

由此可见，抄表工作是一项极为重要的基础工作。

（二）抄表例日

抄表例日是指定抄表段在一个抄表周期内的抄表日。

客户抄表日的安排也应结合本单位的实际情况来定，一般要求做到定人、定量、定日。在编制方案时，应根据客户用电量大小来排定，用电量越大的客户，应越靠近月末抄表，并尽可能安排特大客户在月末 24：00 抄表，力争使供电量、售电量所包括的日期相一致。根据用电量大小确定客户抄表日期，只是抄表日确定的一般原则。在具体编排过程中，还需考虑许多其他因素。

对单一客户，抄表区、抄表周期和抄表日一经确认，一般不得随意变动。当确需更动时，应及时与客户取得联系，并对相关客户做好电量电费的退（补）工作。

（三）抄表周期

抄表周期是连续两次抄表间隔的时间，分一月一次、一月多次、多月一次等。

供电企业对客户的抄表周期确定，需考虑用电习惯、电力营销服务的需要、抄表费用等许多因素。客户的电费一般以月为周期较为适宜，按月进行抄表和结算。当然，对居民客户也可以考虑采用隔月抄表，但对于同一供电营业区内的同类型客户，其抄表周期应尽量考虑统一，以体现公平收费的原则。

（四）抄表方式

抄表方式是指采集计量的电量信息的方式。

按抄表对象划分，抄表方式有以下四种：

（1）特种表抄表，如最大需量表、分时表、主辅表、失压记录仪、IC 卡表抄表等。

（2）普通三相三线计量装置抄表，如有功电能表、无功电能表、电压互感器、电流互感器抄表。

（3）普通三相四线计量装置抄表，如有功电能表、无功电能表、电流互感器抄表。

（4）普通单相计量装置抄表，如有功电能表抄表。

按抄表周期划分，抄表方式有一月一抄、一月多抄、多月一抄等。

按抄表器具划分，抄表方式有：

（1）手工抄表：使用抄表清单或抄表卡手工抄表的方式。抄表人员在现场将电能表示数抄录在抄表清单或抄表卡上，返回后录入计算机。

（2）普通抄表机抄表：抄表人员运用抄表机，在现场手工将电能表示数输入抄表机，返回后通过计算机接口将数据输入计算机。

（3）IC卡抄表：使用IC卡作为抄表媒介，自动载入预付费电能表的电量、电费等用电信息，并用IC卡将信息输入计算机。

（4）红外抄表机抄表：抄表人员使用抄表机的红外功能（安装有红外发射和接收装置），在有效距离内，非接触地读取电能表数据，并且一次可以接收一块电能表或一个集中器中若干数据。

（5）远程抄表系统（集抄）抄表方式：将抄表机与集中抄表系统的一个集中器连接，一次可将几百块电能表的数据抄录完成。

（6）远程（负控）抄表方式：在负载管理控制中心，通过微波或通信线路实现远程抄表的方式。

（五）抄表计划

抄表计划是为了如期完成抄表工作，制定的各抄表段的抄表例日、抄表周期、抄表方式以及抄表人员等信息的计划。

在每月抄表工作开始前，应由抄表班负责人使用电力营销业务应用系统抄表计划管理功能，根据抄表段的抄表例日、抄表周期以及抄表人员等信息生成抄表计划，经过个别维护后，做好该月的抄表计划。采用负控、集抄方式抄表的客户，应单独设立抄表段，制定抄表计划。

当无法按抄表计划进行抄表时，经过审批，在系统中对抄表计划中的抄表方式、抄表日期、抄表人员等抄表计划属性进行调整，或终止已经生成的计划。

（六）抄表段

抄表段是对用户和考核计量点进行抄表的一个管理单元，是由地理位置上相邻或相近或同一供电线路的若干用户组成的，也称抄表区、抄表册、抄表本。

抄表段基本信息有抄表段名称、抄表段编号、管理单位等。

四、自动化抄表

自动化抄表技术包括本地自动化抄表技术、远程自动抄表（集中抄表）技术以及通过电力负荷管理系统远程抄表技术。

对采用自动化抄表方式的客户，应定期（至少3个月内）组织有关人员进行现场实抄，对远抄数据与客户端电能表记录数据进行一次校核。校核可采用抽测部分客户、采集多个不同时间点的抄表数据的方法，并保持远抄数据与客户端电能表记录数据采集时间的一致性。

如因故障不能取得全部客户抄表数据或对数据有疑问，可采用其他抄表方式补抄。

（一）本地自动抄表技术

本地自动抄表是指计量电能表的抄表数据在表计运行的现场或本地一定范围内通过自动

方式获得。本地自动抄表系统是远程抄表系统的本地环节，目前主要用于现场监察、故障排除和现场调试，而早期的系统则主要用于抄表。

1. 本地红外抄表

本地红外抄表是利用红外通信技术实现的，若干电能表连接到一台红外采集器上，采集器完成对某一表箱中的所有电能表的电量采集，抄表员手持红外抄表机到达现场，接收每块采集器中的抄表数据，然后返回主站，将红外抄表机中已抄收的电能表数据传送到主站计算机。

2. 本地 RS-485 通信抄表

本地 RS-485 通信抄表，是利用 RS-485 总线将小范围的电能表连接成网络，由采集器通过 RS-485 网络对电能表进行电量抄读，并保存在采集器中，再通过红外抄表机或 RS-485 设备现场抄读采集器内数据，抄表机与主站计算机进行通信，实现电量的最终抄读。

（二）远程自动抄表技术

远程自动抄表技术是利用特定的通信手段和远程通信介质将抄表数据内容实时传送至远端的电力营销计算机网络系统或其他需要抄表数据的系统，也称集中抄表系统。抄表时操作人员可以直接选择抄表段抄表即可以完成自动抄表，并可以采用无人干预方式自动抄表。

1. 远程自动抄表系统的构成

远程自动抄表系统种类很多，基本上由电能表、采集器、信道、集中器和主站组成。

电能表为具有脉冲输出或 RS-485 总线通信接口的表计，如脉冲电能表、电子式电能表、分时电表和多功能电能表。

集中器主要完成与采集器的数据通信工作，向采集器下达电量数据冻结命令，定时循环接收采集器的电量数据，或根据系统要求接收某个电能表或某组电能表的数据。同时根据系统要求完成与主站的通信，将客户用电数据等主站需要的信息传送到主站数据库中。

信道即数据传输的通道。远程自动抄表系统中涉及的各段信道可以相同，也可以完全不一样，因此，可以组合出各种不同的远程抄表系统。其中，集中器与主站之间的通信线路称为上行信道，可以采用电话线、无线（GPRS/CDMA/GSM）、专线等通信介质；集中器与采集器或电子式电能表之间的通信线路称为下行信道，主要有 RS-485 总线、电力线载波两种通信方式。

主站即主站管理系统，由抄表主机和数据服务器等设备组成的局域网组成，其中抄表主机负责抄表工作，通过网络 TCP/IP 协议与现场集中器进行通信，进行远程集中抄表，并存储到网络数据库，可对抄表数据进行分析，检查数据有效性，以进行现场系统维护。

2. 载波式远程抄表

电力线载波是电力系统特有的通信方式。其特点是集中器与载波电能表之间的下行信道采用低压电力线载波通信。载波电能表是由电能表加载波模块组成。每个客户室内装设的载波电能表就近与交流电源线连接，电能表发出的信号经交流电源线送出，设置在抄表中心站的主机则定时通过低压用电线路以载波通信方式收集各客户电能表测得的用电数据信息。上行信道一般采用公用电话网或无线网络。

3. GPRS 无线远程抄表

GPRS 无线远程抄表的特点是集中器与主站计算机之间的上行信道采用 GPRS 无线通信。集中器安装有 GPRS 通信接口，抄表数据发送到中国移动的 GPRS 数据网络，通过

GPRS 数据网络将数据传送至供电公司的主站，实现抄表数据和主站系统的实时在线连接。CDMA、GSM 与 GPRS 无线远程抄表原理相似。

4. 总线式远程抄表

总线式远程抄表在集中器与电能表之间的下行信道采用，目前主要采用 RS-485 通信方式，总线式是以一条串行总线连接各分散的采集器或电子式电能表，实现各节点的互联。集中器与主站之间的通信可选用电话线、无线网、专线电缆等多种方式。

5. 其他远程抄表

抄表系统有很多种方式，随着通信技术的不断发展，无线蜂窝网、光纤以太网等远程通信方式也逐渐应用于电能表数据的远程抄读。

（三）电能信息数据采集示例

集中抄表系统主要完成抄表数据的自动采集，同时能够利用自动化抄表系统的采集数据，对现场采集对象的运行状态进行监督管理。

某供电公司采用低压电力线载波集抄系统自动抄表，抄表例日前分别遥抄多份数据以作备份，抄表例日当天再抄读例日数据，可以根据需要来设定自动抄表或人工集抄。

(1) 进入集抄系统，选择台区，连接到该台区的集中器。

(2) 进入该集中器，口令检测成功后，表示主站与集中器已连接。

(3) 选择远程抄读方式，如例日抄读，读取集中器数据并保存。

(4) 对抄表失败的表计，再次进行抄表操作。

(5) 打印再次抄表失败的客户清单和零电量客户清单（表号、地址等），通知抄表员当日补抄，现场核实，查明故障原因。

(6) 抄表完毕，退出。

(7) 全部抄完之后，进行集中抄表数据回读操作，从中间库中将集抄系统上传来的抄表数据回读到营销系统。

五、抄表信息核对

抄表时要认真核对相关数据。对新装或有用电变更的客户，要对其用电容量、最大需量、电能表参数、互感器参数等进行认真核对确认，并有备查记录。抄表时发现异常情况要按规定的程序及时提出异常报告并按职责及时处理。

(1) 核对现场电能表编号、表位数、厂家、户名、地址、户号是否与客户档案一致。

(2) 核对现场电压互感器、电流互感器倍率等相关数据是否与客户档案一致。

(3) 核对变压器的台数、容量；核对最大需量；核对高压电动机的台数、容量。

(4) 核对现场用电类别、电价标准、用电结构比例分摊是否与客户档案相符，有无高电价用电接在低电价线路上，用电性质有无变化。

注意事项：

(1) 应注意客户是否擅自将变压器上的铭牌容量进行涂改，是否将变压器上的铭牌去掉或使字迹不清无法辨认。

(2) 对有多台变压器的大客户，应注意客户变压器运行的启用（停用）情况，与实际结算电费的容量是否相符。

(3) 对有多路电源或备用电源的客户，不论是否启用，每月都应按时抄表，以免遗漏。同时应注意客户有无私自启用冷备用电源的情况。

六、现场抄表的具体要求

（1）抄表工作人员应严格遵守国家法律法规和本电网企业的规章制度，切实履行本岗位工作职责。同时注意营销环境和客户用电情况的变化，不断正确地调整自己的工作方法。

（2）抄表人员应统一着装、佩戴工作牌。做到态度和蔼，言行得体，树立电网企业工作人员良好形象。

（3）抄表员应了解个人抄表例日、工作量及地区收费例日与抄表例日的关系。

（4）抄表前应做好准备工作，备齐必要的抄表工具和用品，如抄表清单、抄表通知单、催费通知单等。

（5）抄表必须按例日实抄，不得估抄、漏抄。确因特殊情况不能按期抄表的，应按抄表制度的规定采取补抄措施。

（6）遵守电力企业的安全工作规程，熟悉电力企业各项反习惯性违章操作的规定，登高抄表作业落实好相关的安全措施；对高压客户现场抄表，进入现场应分清电压等级，保证足够的安全距离。

（7）严格遵守财经纪律及客户的保密、保卫制度和出入制度。

（8）严格遵守供电服务规范，尊重客户的风俗习惯，提高服务质量。

（9）做好电力法律、法规及国家有关制度规定的宣传解释工作。

七、现场抄表注意事项

抄表人员按抄表周期在抄表例日持抄表清单到客户现场准确抄表。经核对抄表信息以及检查计量装置运行状态之后，记录抄见示数，并记录现场发现的抄表异常情况。

1. 抄表过程中注意事项

（1）抄录沿进户线方向或同一门牌内有两个或两个以上客户电能表时，必须先核对电能表表号再抄表，防止错抄。

（2）不得操作客户设备。

（3）借用客户物品需征得客户同意。

（4）登高抄表应落实好安全措施。

（5）抄表过程中，遇到表计安装在客户室内，客户锁门无法抄表时，抄表员应设法与客户取得联系入户抄表，或在抄表周期内另行安排时间补抄。

2. 电能表数据抄录时注意事项

（1）按电能表有效位数全部抄录电能表示度数，靠前位数是零时，以"0"填充，不得空缺，且必须上下位数对齐。

（2）出现抄录错误时，应用删除线画掉，在删除数据上方再填写正确数据。

（3）抄表清单应保持整洁、完整，必须用蓝黑色墨水或碳素笔填写，增减数字时使用红色墨水，禁止使用铅笔或圆珠笔。

（4）对按最大需量计收基本电费的客户，抄录最大需量时，应按冻结数据抄录，必须抄录总需量及各时段的最大需量，需量指示录入，应为整数及后4位小数。

抄录需量示数时除应按正常规定抄表外，还必须核对上月的需量冻结值，若发生冻结值大于上月结算数据时，必须记录上月最大需量，回公司后，填写"补收基本电费申请单"。

（5）抄录复费率电能表时，除应抄总电量外，还应同步抄录峰、谷、平的电量，并核对峰、谷、平的电量和与总电量是否相符。同时检查峰、谷、平时段及时钟是否正确。注意分时、分相止码之和应与总表码相符。当出现分时、分相止码之和大于总表码时，很可能是由于表计接线错误造成的。如有问题，应填写工作单交有关人员处理。

（6）对实行力率考核客户的无功电量按照四个象限进行抄录，或按照本单位的规定抄录（如组合无功）。无功电能表电量必须和相应的有功电能表电量同步抄表，否则不能准确核算其功率因数和正确执行功率因数调整电费的增收或减收。

（7）有显示反向电能时，必须抄录反向有功、无功示数。

（8）如电能表有失压的报警或提示，则必须抄录失压记录。

（9）对具有自动冻结电量功能的电能表，还应抄录冻结电量数据。

（10）注意总表与分表的电量关系是否正常。

八、计量装置的运行状态检查

抄表前应对电能计量装置进行初步检查，查看表计有无烧毁和损坏现象、分时表时钟显示情况、封印状态、互感器的二次接线是否正确等。如发现异常需记录下来，待抄表结束后，填写工作单，报告有关部门。必要时应立即电话汇报，并保护现场。具体检查项目包括以下内容。

1. 电能计量装置故障现象检查

应注意观察：感应式电能表有无停走或时走时停，电能表内部是否磨盘、卡盘；计度器卡字、字盘数字有无脱落、表内是否发黄或烧坏、表位漏水或表内有无空蚀（汽蚀）、潜动、漏电；电子式电能表脉冲发送、时钟是否正常，各种指示光标是否显示，分时表的时间、时段、自检信息是否正确；注意电子式电能表液晶故障是否有报警提示，如失电压、失电流、逆相序、超负荷、电池电量不足、过电压等。

2. 违约用电、窃电现象检查

（1）检查封印、锁具等是否正常、完好。

（2）检查有无私拉乱接现象。

（3）注意核对上月电量与本月电量的变化情况。

（4）查看接线和端钮，是否有失电压和分电流现象，重点检查电压连接片，有无电压脱钩现象。

（5）检查是否有绕越电能表和外接电源，用钳形电流表分别测电源侧电流以及负荷侧电流，并进行比较。

（6）检查有无相线、中性线错接，表后重复接地现象。

3. 异常情况记录

把发现的异常情况或事项记录在异常清单上。

九、常用术语与定义

（1）需量：规定时间内的平均功率。

（2）需量周期：测量平均功率的连续相等的时间间隔。

（3）最大需量：在规定的时间段内记录的需量的最大值。

（4）冻结：存储特定时刻重要数据的操作。

1）定时冻结：按照约定的时刻及时间间隔冻结电能量数据。

2）瞬时冻结：在非正常情况下，冻结当前的日历、时间、所有电能量和重要测量量的数据。

3）日冻结：存储每天零点的电能量。

4）约定冻结：在新老两套费率/时段转换、阶梯电价转换或电力公司认为有特殊需要时，冻结转换时刻的电能量以及其他重要数据。

5）整点冻结：存储整点时刻或半点时刻的有功总电能。

（5）时段：将一天中的 24h 划分成的若干时间区段称为时段，一般分为尖、峰、平、谷时段。

（6）费率：与电能消耗时段相对应的计算电费的价格体系称为费率。

（7）CPU 卡：配置有存储器和逻辑控制电路及微处理（MCU）电路，能多次重复使用的接触式 IC 卡。

（8）射频卡：一种以无线方式传送数据的具有数据存储、逻辑控制和数据处理等功能的非接触式 IC 卡。

（9）负荷开关：用于切断和恢复用户负载的电气开关设备。

（10）低压电力线载波：将低压电力线作为数据/信息传输载体的一种通信方式。

（11）公网通信：采用无线公网信道，如 GSM/GPRS、CDMA 等实现数据传输的通信。

（12）阶梯电量：在一个约定的用电结算周期内，把用电量分为两段或多段，每一分段对应一个单位电价；单位电价在分段内保持不变，但是可随分段不同而变化。

（13）阶梯电价：针对阶梯电量制定的单位电价。

（14）电压（电流）不平衡率：在三相供电系统中，电压（电流）不平衡率为最大相电压（电流）和最小相电压（电流）之差占最大相电压（电流）的百分比。

1）对于电压不平衡率，三相三线情况下，用 U_{UV} 和 U_{WV} 参与运算。

2）对于电流不平衡率，三相三线情况下，V 相电流不参与运算。

任务一　认识单相电能表

任务描述

电能计量是发电、供电、用电三方进行电能交换和贸易的"秤杆子"，而电能表作为电能计量的核心部分，是供电企业与用电客户之间公平交易的基础。通过本任务的学习，熟悉单相电能表的结构及工作原理，掌握单相电能表的技术参数，并能进行单相电能表的信息识读。

学习目标

知识目标：
(1) 熟悉单相电能表的结构和工作原理。
(2) 掌握单相电能表的主要技术参数。

能力目标：
(1) 能说出单相电能表的工作原理。
(2) 能正确抄录单相电能表的信息。
(3) 能进行单相电能计量装置的运行状态检查。

素质目标：
(1) 主动学习，按要求完成布置的任务。
(2) 认真细致，正确抄录单相电能表数据。
(3) 在进行单相电能计量装置运行状态检查过程中发现问题、分析问题和处理问题。

基本知识

一、单相感应式电能表的结构和工作原理

感应式电能表由测量机构和辅助部件（基架、底座、外壳、端钮盒和铭牌）组成。测量机构是电能表实现电能测量的核心。单相电能表的测量机构简图如图 1-1 所示，它由驱动元件、转动元件、制动元件、轴承和计度器组成。

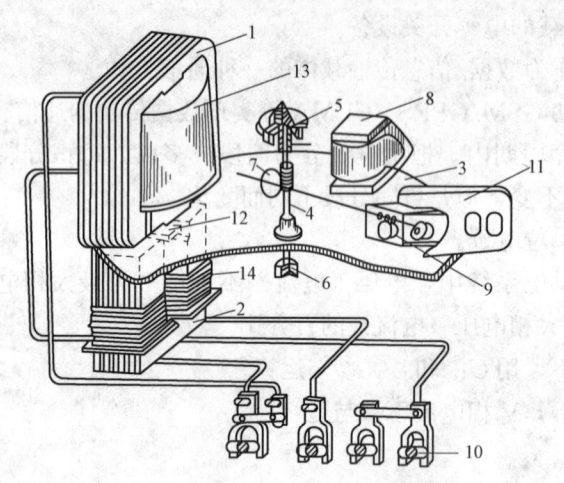

图 1-1 单相电能表的测量机构简图
1—电压铁芯；2—电流铁芯；3—转盘；4—转轴；5—上轴承；6—下轴承；7—涡轮；8—制动元件；9—计度器；10—接线端子；11—铭牌；12—回磁极；13—电压线圈；14—电流线圈

1. 驱动元件

驱动元件包括电压元件（电压铁芯、电压线圈、回磁极 12 组成）和电流元件（电流铁芯、电流线圈组成），它的作用是在交变的电压和电流产生的交变磁通穿过转盘时，该磁通与其在转盘中感应的电流相互作用，产生驱动力矩，使转盘转动。

为了使电能表正确测量有功电能，驱动力矩必须正比于被测负载的有功功率 P。

2. 转动元件

转动元件由转盘 3 和转轴 4 组成。转盘在驱动元件所产生的驱动力矩作用下连续转动。在电能表工作时，转动元件将转盘转动的转数传递给计度器。

3. 制动元件

制动元件由永久磁铁及其调整装置组成。永久磁铁产生的磁通被转动着的转盘切割时与在转盘中所产生的感应电流相互作用形成制动力矩，制动力矩总是和转盘转速 n 成正比变化，阻止转盘加速转动。

4. 轴承

轴承由上、下轴承组成。上轴承位于转轴上端，起定位和导向作用。下轴承位于转轴下端，用以支撑转动元件的全部重量。

5. 计度器

转盘的转数和负载消耗的电能之间的关系为：转盘稳速转动时，驱动力矩等于制动力矩，铝盘的转速 n 和负载的功率 P 成正比，即 $n=CP$（其中 C 为电能表的比例常数）。设在某段时间 T 内，负载功率 P 不变，又设在 T 时间内转盘转过的转数为 N，则 $N=nT=CPT=CW$。

用计度器自动累计电能表转盘的转数，并通过齿轮比换算为电能单位的指示值。

二、电子式电能表的结构和工作原理

为了能将被测电压、电流变为代表被测功率的标准脉冲，并显示所计电能值，电子式电

能表一般由输入级、乘法器、P/f 变换器、计数显示控制电路、直流电源等几部分组成，如图 1-2 所示。

1. 输入级

输入级的作用是将被测的高电压和大电流转换成电子电路能处理的低电压和小电流输入到乘法器中，并使乘法器和电网隔离，减小干扰。

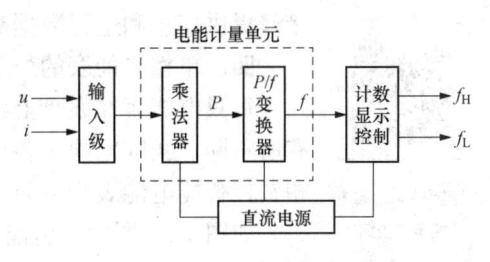

图 1-2 电子式电能表的基本组成

2. 乘法器

乘法器是实现被测电压、电流相乘，输出为功率的器件，它是电能表的关键电路。常用乘法器如图 1-3 所示。

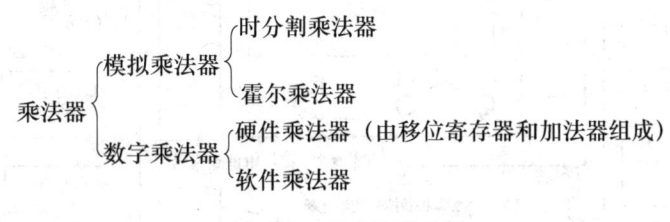

图 1-3 乘法器的分类

3. P/f 变换器

P/f 变换器是把乘法器输出的代表有功功率的信号变为标准脉冲，并且用脉冲频率的高低来代表功率大小的电路。它和计数器一起实现电能测量中的积分运算。

4. 计数、显示、控制电路

（1）计数器对 P/f 变换器的输出脉冲计数，累计电能，从而完成积分运算。

（2）显示器显示电能表所测量的电能，有字轮计度器、液晶显示器和发光二极管显示器几种类型。

（3）控制电路用于实现电子式电能表的各种功能。

5. 直流电源

作用：为各部分电子电路的工作提供合适的直流电压。

结构：由降压电路、整流电路、滤波电路、稳压电路等组成。

三、单相智能电能表的结构和工作原理

单相智能电能表主要由计量芯片、高速数据处理器、实时时钟、数据接口等设备组成，如图 1-4 所示。在高速数据处理器的控制下，通过计量芯片准确获得电网运行各实时参数，并依据相应费率等要求对数据进行处理，其结果保存在数据存储器中，并随时向外部

二维码 1-1 智能电能表原理及结构

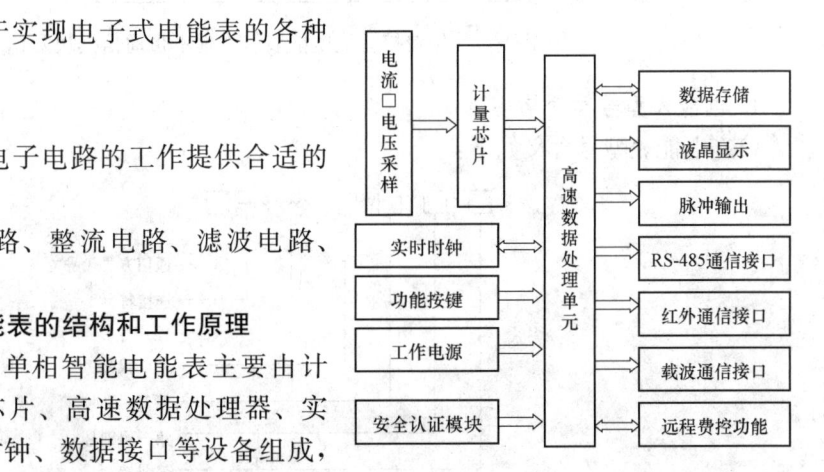

图 1-4 单相智能电能表组成示意图

接口提供信息和进行数据交换。

四、单相电能表的外观

每只电能表在表盘上都有一块铭牌,各国电能表的标识有所不同,我国电能表各项主要标志及含义如下(以一块单相费控智能电能表为例简单介绍):

如图1-5所示,电能表铭牌所代表的含义如下:

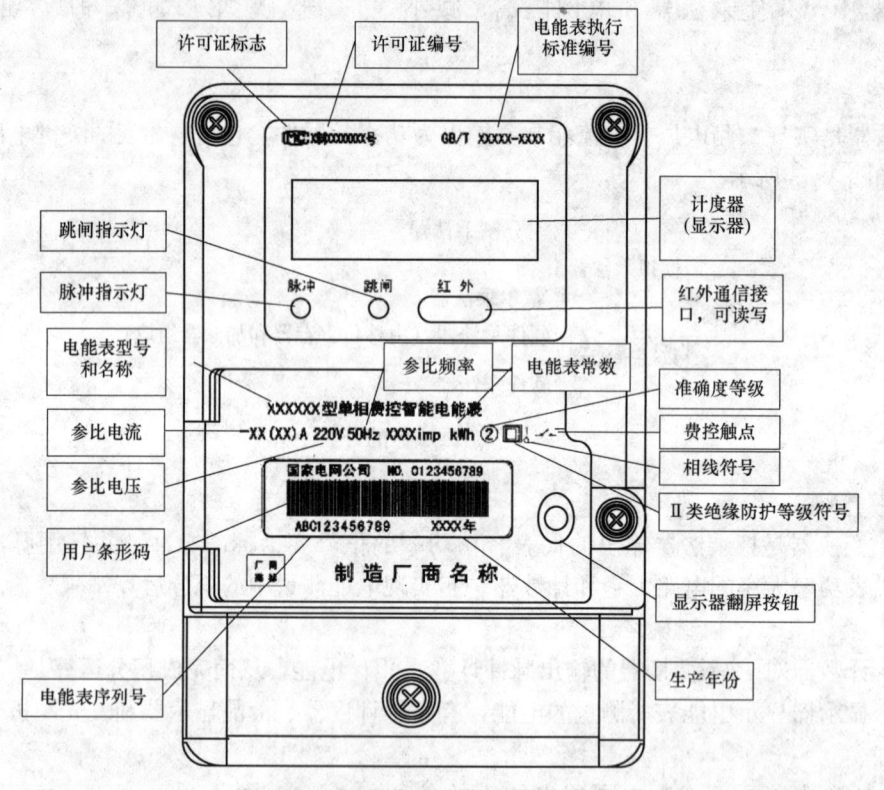

图1-5 单相费控智能电能表(本地不带通信模块)铭牌

1. 电能表型号和命名规则

(1) 电能表型号含义如下:

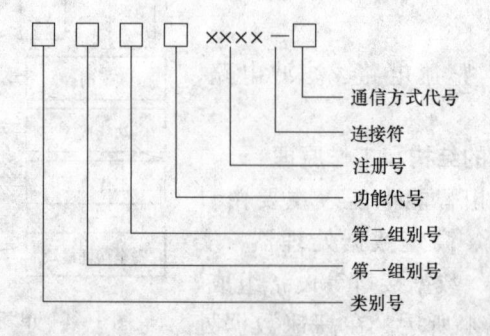

（类别号、第一组别号、第二组别号、功能代号、注册号、连接符、通信方式代号）

(2) 电能表命名规则如表1-1所示:

表 1-1　　　　　　　　　　　电能表命名规则

类别	第一组别号	第二组别号	功能代号	注册号、费控方式	通信方式
D：电能表	D：单相	S：静止（电子）	D：多功能	C：CPU卡	Z：载波通信
	T：三相四线	Z：智能	F：复费率	S：射频卡	G：GPRS通信
	S：三相三线		Y：费控		无：RS-485
	X：无功		D：多功能		

2. 参比电流

直接接入式单相电能表的标准参比电流为5A或10A。电能表铭牌上对于电流的标注方式为基本电流（额定最大电流）。基本电流即为标准参比电流（标定电流），是确定直接接通仪表有关特性的电流值；额定最大电流是电能表能长期工作，而且技术性能完全满足技术要求的最大电流值。

3. 参比电压

单相电能表直接接入式的标准参比电压为220V。

4. 参比频率

参比频率的标准值为50Hz。

5. 电能表常数

电能表常数是指电能表计度器的指示值与转盘转数（round）或脉冲数（impulse）之间的比例常数，用C表示。如$C=720$r/kWh，说明转盘转了720r，计度器的指示数增加了1kWh；$C=1200$imp/kWh，说明脉冲指示灯闪烁了1200imp，计度器的指示数增加了1kWh。

6. 准确度等级

以相对误差来表示准确度等级。单相电能表准确度等级为有功2级。

7. 相数、线数符号

相数、线数的符号如表1-2所示。

表 1-2　　　　　　　　　　　电能表相数、线数符号表

序号	1	2	3	4	5
符号	ǀ	V	Y	⩔	⩚
含义	单相两线有功	三相三线有功	三相四线有功	三相四线无功	三相三线无功

8. 费控触点

内置开关时标注，外置时不标注。

9. 指示灯

脉冲指示灯：红色，平时灭，计量有功电能时闪烁；

跳闸指示灯：黄色，负荷开关分断时亮，平时灭。

10. 封印

电能表的封印有出厂封、检定封、编程封、装表封印。

图1-6 单相电子式多费率电能表LCD显示界面参考图

五、单相电能表数据识读

单相电子式电能表 LCD 显示内容参考图见图 1-6。
图 1-6 中各图形、符号的说明见表 1-3。

表 1-3   单相电子式多费率电能表 LCD 各图形、符号说明表

序号	LCD 图形	说明
1	当前上18月总尖峰平谷电量	汉字字符，指示当前、上 1 月～上 12 月的累计总用电量和各费率用电量
2	-8.8.8.8.8.8.8.8. kWh	数据显示及对应的单位符号
3	☎ ← ①② ⊠ ⌒ 🔒	(1) 通信状态指示； (2) 功率反向指示； (3) ①②代表第 1、2 套时段； (4) 电池欠压指示； (5) 允许编程状态指示； (6) 三次密码验证错误指示
4	尖 峰 平 谷	指示当前费率状态（尖峰平谷）

注：不同规格单相电能表 LCD 显示内容与形式会有所区别，具体可参看电能表的使用说明书。

任务实施

（1）观察单相电能表如图 1-7 所示，并将相关信息填写到下面对应的表格内。

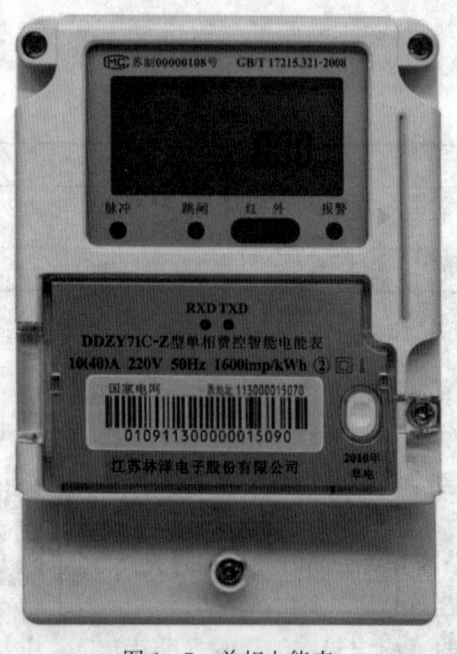

图 1-7   单相电能表

序号	名称	信息
1	计量许可标志	
2	电能表计量许可证编号	
3	电能表执行标准	
4	电能表型号	
5	参比电流	
6	参比电压	
7	参比频率	
8	电能表常数	
9	准确度等级	
10	电能表相、线符号及含义	
11	费控触点	

（2）抄录单相电能表参数与数据，填写单相电能表抄表单，见附录A。

任务二　认识三相电能表

任务描述

为满足不同的电能测量需要，有多种类型的电能表。通过本任务的学习，熟悉三相电能表的结构及工作原理，掌握三相电能表的主要技术参数，并能进行三相电能表的信息识读。

学习目标

知识目标：
（1）熟悉三相电能表的结构及工作原理。
（2）掌握三相电能表的主要技术参数。
能力目标：
（1）能说出三相电能表的工作原理。
（2）能正确抄录三相电能表的信息。
（3）能够进行三相电能计量装置的运行状态检查。
素质目标：
（1）主动学习，按要求完成布置的任务。
（2）认真细致，正确抄录三相电能表数据。
（3）在进行三相电能计量装置运行状态检查过程中发现问题、分析问题和处理问题。

基本知识

一、三相电能表的结构

三相电能表可以分为三相三线电能表、三相四线电能表。

1. 三相三线电能表的结构

三相三线电能表有两组电磁元件,根据电磁元件安装不同分为双转盘和单转盘两种。

（1）两元件双转盘式三相三线电能表。其结构主要是两组电磁元件分别作用在同轴的每一个转盘上，该结构电能表电磁干扰小，三相三线电能表通常采用这种结构。

二维码1-4 三相三线智能电能表结构

（2）两元件单转盘式三相三线电能表。其结构主要是两组电磁元件共同作用在一个转盘上面，该方式重量比双转盘轻、摩擦力矩小，可以提高三相电能表的灵敏度和使用寿命，但同时因为两组电磁元件同时作用在一个转盘上，增加了磁通和涡流，而且调整起来很不方便，所以该方式很少采用。

2. 三相四线电能表的结构

三相四线电能表有三组电磁元件，一个转动结构，根据电磁元件安装不同分为双转盘式和三转盘式。

（1）三元件双转盘式三相四线电能表。其结构主要是三组电磁元件中的一组电磁元件单独作用一个转盘，其他两组电磁元件共同作用在一个转盘上，两转盘式同轴作用，该方式下电磁元件保持一致的工作气隙可减少相对误差，是目前感应式三相电能表主要采用的结构。

二维码1-5 三相四线智能电能表结构

（2）三元件三转盘式三相四线电能表。其结构主要是每组电磁元件分别单独作用于每一个转盘，三个转盘同轴，这种方式可以减少各相之间电磁干扰和潜动力矩，但由于外形尺寸大、浪费材料较多，转动元件重量增加会增加轴承摩擦力矩影响电能表使用寿命，所以该方式很少采用。

二、三相电能表的工作原理

三相电能表是用于测量三相交流电路中电源输出（或负载消耗）的电能。它的工作原理与单相电能表完全相同，只是在结构上采用多组驱动部件和固定在转轴上的多个铝盘的方式，以实现对三相电能的测量。

三相智能电能表工作原理图如图1-8所示。电能表工作时，电压、电流经采样电路分别取样后，送至放大电路缓冲放大，再由计量芯片转换为数字信号，高性能微控制器负责对数据进行分析处理。由于采用高精度计量芯片，计量芯片自行完成前端高速采样，计量算法稳定，微控制器仅需要管理和控制计量芯片的工作状态。图中的微控制器还用于分时计费和处理各种输入输出数据，并根据预先设定的时段完成分时有功、无功电能计量和最大需量计量功能，根据需要显示各项数据、通过红外或RS-485接口进行通信传输，并完成运行参数的监测，记录存储各种数据。

三、三相电能表的外观

三相电能表的外观与单相类似，以一块三相费控智能电能表（见图1-9）为例简单介绍。

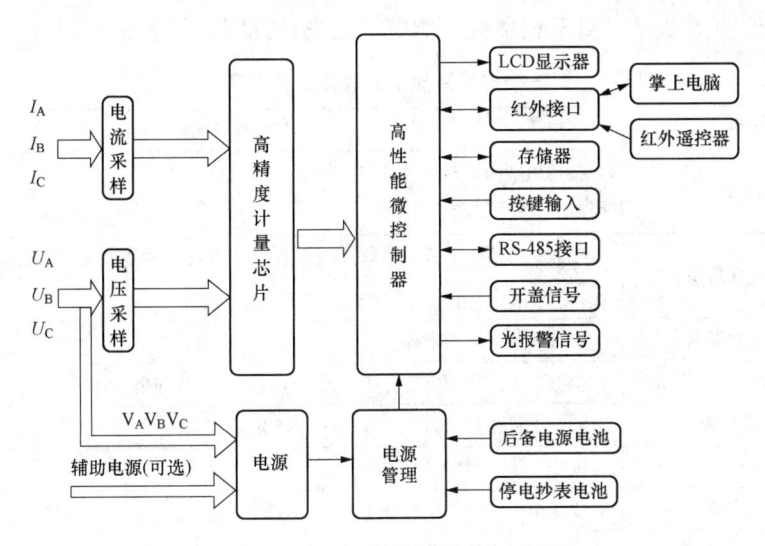

图 1-8 三相智能电能表工作原理图

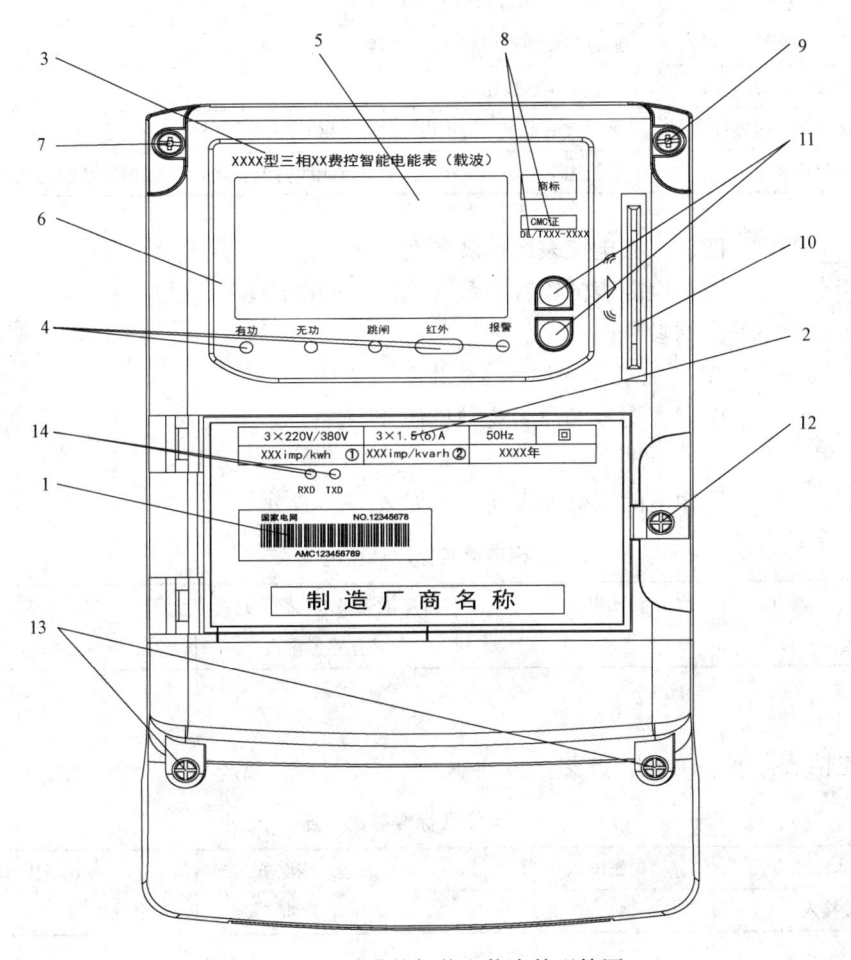

图 1-9 三相费控智能电能表外观简图

对照外观说明图 1-9，对三相费控智能电能表进行说明，如表 1-4 所示。

表 1-4　　　　　　　　　　三相费控智能电能表外观说明表

序号	名称	解释说明
1	条形码	条形码结构、尺寸及相关要求应符合 Q/GDW 1205—2013《电能计量器具条码》，条形码为 22 位
2	电流、电压等参数	电流、电压、常数等参数可根据相应的电能表要求变更。①②表示为准确度等级；⊡表示为电能表为Ⅱ类防护绝缘包封仪表
3	电能表型号及名称	可按照相应的要求确定
4	指示灯及红外通信口	根据功能选用相应的有功、无功、跳闸、报警等指示灯
5	液晶区域	液晶屏可视尺寸为 85mm（长）×50mm（宽）
6	铭牌	—
7、9	上盖封印螺钉	要求电能表封印状态可在正面直接观察到
8	CMC 证、制造标准	可按照相应的要求确定
10	IC 卡卡口	CPU 卡、射频卡均为插卡式
11	上下翻按钮	通过该按钮查询相应显示内容
12	编程按钮盖封印螺钉	可铅封编程按钮
13	端子盖封印螺钉	可铅封端子座，防止用户触碰，由安装人员加封
14	通信模块指示灯	载波通信模块通信状态指示灯（无线费控表此处为无线通信状态指示灯）

四、三相电能表的铭牌参数

三相电能表的铭牌参数有些同单相电能表，这里只列举不一样的参数。

1. 电能表型号和命名规则

电能表型号和命名规则见任务一。

二维码 1-6　三相四线电能表铭牌

2. 参比电流

三相电能表标准参比电流如表 1-5 所示。

二维码 1-7　三相三线电能表铭牌

表 1-5　　　　　　　　　　三相电能表标准参比电流

电能表接入线路方式	参比电流（A）	电能表接入线路方式	参比电流（A）
直接接入	5，10	经互感器接入	0.3，1.5

3. 参比电压

三相电能表标准参比电压如表 1-6 所示。

表 1-6　　　　　　　　　　三相电能表标准参比电压

电能表接入线路方式	参比电压（V）	电能表接入线路方式	参比电压（V）
直接接入	3×220/380	经电压互感器接入	3×57.7/100，3×100

4. 电能表常数

电能表根据不同规格推荐脉冲常数如表 1-7 所示。

项目一 认识电能表

表1-7 电能表推荐常数表

接入方式	电压（V）	最大电流（A）	推荐常数（imp/kWh）
直接接入	3×220/380	60	400
	3×220/380	100	300
经互感器接入	3×220/380	6	6400
	3×57.7/100	6	20 000
	3×57.7/100	1.2	100 000
	3×100	6	20 000
	3×100	1.2	100 000

5. 参比频率

参比频率的标准值为50Hz。

6. 准确度等级

三相电能表准确度等级分为有功0.2S、0.5S、1级，无功2级。

7. 指示灯

(1) 有功指示灯：红色，正常时灭，计量有功电能时闪烁。

(2) 无功指示灯：红色，正常时灭，计量无功电能时闪烁。

(3) 报警指示灯：红色，正常时灭，报警时常亮。

(4) 跳闸指示灯：黄色，正常时灭，负荷开关分断时亮。

五、三相智能电能表数据识读

三相费控智能电能表LCD显示内容参考图见图1-10，图中各图形、符号的说明参见表1-8。

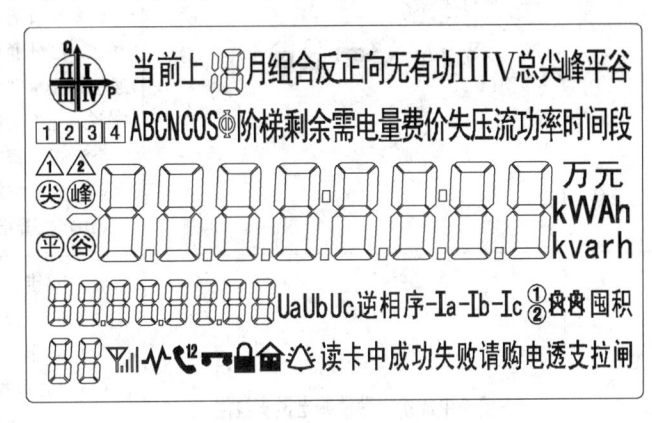

图1-10 三相费控智能电能表LCD显示内容

表1-8 三相费控智能电能表LCD各图形、符号说明表

序号	LCD图形	说明
1	（当前运行象限指示图）	当前运行象限指示
2	当前上 月组合反正向无有功ⅢⅣV总尖峰平谷 ABCNCOS⊕阶梯剩余需电量费价失压流功率时间段	汉字字符，可指示： (1) 当前、上1月～上12月的正、反向有功电量，组合有功或无功电量，Ⅰ、Ⅱ、Ⅲ、Ⅳ象限无功电量，最大需量，最大需量发生时间； (2) 时间、时段； (3) 分相电压、电流、功率、功率因数； (4) 失电压、失电流事件记录； (5) 阶梯电价、电量1234； (6) 剩余电量（费）、尖、峰、平、谷、电价

续表

序号	LCD图形	说明
3	-8.8.8.8.8.8.8.8 万元 kWAh kvarh	数据显示及对应的单位符号
4	8.8.8.8.8.8.8.8 8.8	上排显示轮显/键显数据对应的数据标识，下排显示轮显/键显数据在对应数据标识的组成序号，具体见 DL/T 645—2007《多功能电能表通信协议》
5	①② ☒☒ ⃤ᵢₗₗ ⌇ ✆¹² ☎ 🔒 🏠 ⛰	从左向右依次为： (1) ①②代表第1、2套时段； (2) 时钟电池欠电压指示； (3) 停电抄表电池欠电压指示； (4) 无线通信在线及信号强弱指示； (5) 载波通信； (6) 红外通信，如果同时显示"1"，表示第1路RS-485通信；显示"2"，表示第2路RS-485通信； (7) 允许编程状态指示； (8) 三次密码验证错误指示； (9) 实验室状态； (10) 报警指示
6	囤积 读卡中成功失败请购电透支拉闸	(1) IC卡"读卡中"提示符； (2) IC卡读卡"成功"提示符； (3) IC卡读卡"失败"提示符； (4) "请购电"，剩余金额偏低时闪烁； (5) 透支状态指示； (6) 继电器拉闸状态指示； (7) IC卡金额超过最大费控金额时的状态指示（囤积）
7	Ua Ub Uc 逆相序 - Ia - Ib - Ic	从左到右依次为： (1) 三相实时电压状态指示，Ua、Ub、Uc 分别对应A、B、C相电压，某相失电压时，该相对应的字符闪烁；某相断相时则不显示； (2) 电压、电流逆相序指示； (3) 三相实时电流状态指示，Ia、Ib、Ic 分别对应A、B、C相电流。某相失电流时，该相对应的字符闪烁；某相电流小于启动电流时则不显示。某相功率反向时，显示该相对应符号前的"-"
8	1 2 3 4	指示当前运行第1、2、3、4套阶梯电价
9	⚠ ⚠ 尖 峰 平 谷	(1) 指示当前费率状态（尖峰平谷）； (2) "⚠⚠"指示当前使用第1、2套阶梯电价

注：不同规格电能表LCD显示内容与形式会有所区别，具体可参看电能表的使用说明书。

项目一 认识电能表

任务实施

(1) 说出下面三相费控智能电能表 LCD 显示图形、符号含义。

① ⚙⚙；② 🚛；③ ⚠⚠；④ 🔢

(2) 观察三相电能表如图 1-11 所示，将相关信息填写到表格内。

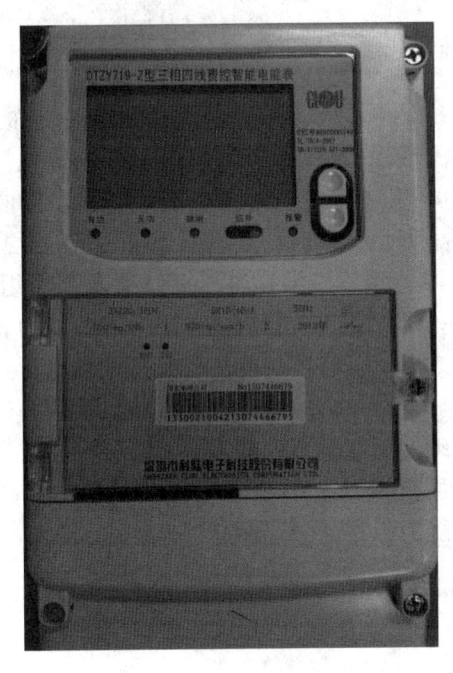

图 1-11 三相电能表

序号	名称	信息
1	计量许可标志	
2	电能表计量许可证编号	
3	电能表执行标准	
4	电能表型号	
5	参比电流	
6	参比电压	
7	参比频率	
8	电能表常数	
9	准确度等级	
10	电能表相、线符号及含义	
11	费控触点	

(3) 抄录三相电能表的参数与数据，填写三相电能表抄表单，见附录 B。

项目二　认识互感器

项目描述

互感器又称仪用变压器,是电流互感器和电压互感器的统称。能将高电压变成低电压、大电流变成小电流,用于量测或保护系统。其功能主要是将高电压或大电流按比例变换成标准低电压(100V)或标准小电流(5A 或 1A,均指额定值),以便实现测量仪表、保护设备及自动控制设备的标准化、小型化。同时,互感器还可用来隔开高电压系统,以保证人身和设备的安全。本项目主要学习电流互感器、电压互感器及高压组合互感器的作用、相关参数、接线、使用注意事项等。学习完本项目应具备以下专业能力、方法能力、社会能力。

(1)专业能力:具备认知电流互感器的能力;具备认知电压互感器的能力;具备认知高压组合互感器的能力。

(2)方法能力:具备正确使用互感器的能力。

(3)社会能力:具备服从指挥、遵章守纪、吃苦耐劳、主动思考、善于交流、团结协作、认真细致地安全作业的能力。

学习目标

一、知识目标

(1)熟悉互感器的主要作用。
(2)了解互感器的分类。
(3)熟悉电流互感器、电压互感器和高压组合互感器的技术参数。
(4)熟悉电流互感器、电压互感器的使用注意事项。
(5)掌握电流互感器、电压互感器和高压组合互感器的接线方式。

二、能力目标

(1)能正确使用电流互感器。
(2)能正确使用电压互感器。
(3)能正确使用高压组合互感器。

三、素质目标

(1)愿意交流、主动思考,善于在反思中进步。
(2)学会服从指挥、遵章守纪、吃苦耐劳、安全作业。
(3)学会团队协作、认真细致、保证目标实现。

知识背景

互感器最早出现于 19 世纪末。随着电力工业的发展,互感器的电压等级和准确级别都有很大提高,还发展了很多特种互感器,如电压、电流复合式互感器、直流电流互感器,高准确度的电流比率器和电压比率器,大电流激光式电流互感器,电子线路补偿互感器,超高电压系统中的光电互感器，以及 SF$_6$ 全封闭组合电器（GIS）中的电压、电流互感器。在电力工业中，要发展什么电压等级和规模的电力系统，必须发展相应电压等级和准确度的互感器，以供电力系统测量、保护和控制的需要。

随着很多新材料的不断应用，互感器也出现了很多新的种类，电磁式互感器得到了比较充分的发展，其中铁芯式电流互感器以干式、油浸式和气体绝缘式多种结构适应了电力建设的发展需求。然而，随着电力传输容量的不断增长，电网电压等级的不断提高及保护要求的不断完善，一般的铁芯式电流互感器结构已逐渐暴露出与之不相适应的弱点，其固有的体积大、磁饱和、铁磁谐振、动态范围小、使用频带窄等弱点，难以满足新一代电力系统自动化、电力数字网等的发展需要。

随着光电子技术的迅速发展，许多科技发达国家已把目光转向利用光学传感技术和电子学方法来发展新型的电子式电流互感器，简称光电电流互感器。国际电工协会已发布电子式电流互感器的标准。电子式互感器的含义，除了包括光电式的互感器，还包括其他各种利用电子测试原理的电压、电流传感器。

一、互感器的主要作用

电力系统为了传输电能，往往采用交流电压、大电流回路把电力送往用户，无法用仪表进行直接测量。电力系统用互感器是将电网高电压、大电流的信息传递到低电压、小电流二次侧的计量、测量仪表及继电保护、自动装置的一种特殊变压器，是一次系统和二次系统的联络元件，其一次绕组接入电网，二次绕组分别与测量仪表、保护装置等互相连接。互感器与测量仪表和计量装置配合，可以测量一次系统的电压、电流和电能；与继电保护和自动装置配合，可以构成对电网各种故障的电气保护和自动控制。互感器性能的好坏，直接影响电力系统测量、计量的准确性和继电器保护装置动作的可靠性。

二、互感器常见种类

1. 电子式互感器

变频功率传感器是一种电子式互感器，变频功率传感器通过对输入的电压、电流信号进行交流采样，再将采样值通过电缆、光纤等传输系统与数字量输入二次仪表相连，数字量输入二次仪表对电压、电流的采样值进行运算，可以获取电压有效值、电流有效值、基波电压、基波电流、谐波电压、谐波电流、有功功率、基波功率和谐波功率等参数。

2. 组合互感器

组合互感器是将电压互感器、电流互感器组合到一起的互感器。组合互感器可将高电压变化为低电压，将大电流变化为小电流，从而起到对电能计量的目的。

3. 钳形互感器

钳形电流互感器是一款精密电流互感器（直流传感器），是专门为电力现场测量计量使用特点设计的。该系列互感器选用高导磁材料制成，精度高、线性优、抗干扰能力强等。使用时可以直接夹住母线或母排，无须截线停电，其使用十分方便。它可配合多种测量仪器，如电能表现场校验仪、多功能电能表、示波器、数字万用表、双钳式接地电阻测试仪、双钳式相位伏安表等，在电力不断电状态下，对多种电参量进行测量和比对。

4. 零序互感器

零序电流保护的基本原理是基于基尔霍夫电流定律：流入电路中任一节点的复电流的代数和等于零。在线路与电气设备正常的情况下，各相电流的矢量和等于零，因此，零序电流互感器的二次侧绕组无信号输出，执行元件不动作。当发生接地故障时的各相电流的矢量和不为零，故障电流使零序电流互感器的环形铁芯中产生磁通，零序电流互感器的二次侧感应电压使执行元件动作，带动脱扣装置，切换供电网络，达到接地故障保护的目的。

作用：当电路中发生触电或漏电故障时，保护动作，切断电源。

使用：可在三相线路上各装一个电流互感器，或让三相导线一起穿过一零序电流互感器，也可在中性线 N 上安装一个零序电流互感器，利用其来检测三相的电流矢量和。

任务一 认识电流互感器

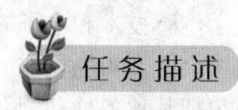

任务描述

电流互感器（current transformer，CT）原理是依据电磁感应原理的。电流互感器是由闭合的铁芯和绕组组成。它的一次绕组匝数很少，串在需要测量的电流的线路中，因此，它经常有线路的全部电流流过，二次绕组匝数比较多，串接在测量仪表和保护回路中，电流互感器在工作时，它的二次回路始终是闭合的，因此，测量仪表和保护回路串联线圈的阻抗很小，电流互感器的工作状态接近短路。通过本次任务的学习，熟悉电流互感器的主要作用、工作原理、分类、接线方式、相关参数和注意事项，掌握电流互感器在电能计量装置中的使用方法。

学习目标

知识目标：
（1）熟悉电流互感器的相关参数。
（2）熟悉电流互感器的主要作用、工作原理。
（3）熟悉电流互感器的接线方式和注意事项。
能力目标：
能够正确使用电流互感器。
素质目标：
（1）主动学习，在完成任务过程中发现问题、分析问题和解决问题。
（2）严格遵守安全规范，爱岗敬业、勤奋工作。

基本知识

一、电流互感器的作用

电力系统用于测量的电流互感器，其作用主要体现在以下三个方面：

（1）电流互感器可将电网一次大电流按比例变换为二次小电流，以便实现对大电流的测量等。

（2）电流互感器采用标准化输出量：输出为 5、1A，可使测量仪表的量程统一为简单的几种，并可使仪表小型化、标准化，便于生产和使用。

（3）电流互感器具有对变换前后电路隔离的结构，加上可靠的绝缘性能，能够保证测量仪表与测试人员的安全。

二、电流互感器的工作原理

在发电、变电、输电、配电和用电的线路中电流大小悬殊，从几安到几万安。为便于测量、保护和控制需要转换为比较统一的电流，另外，线路上的电压一般都比较高，如直接测量是非常危险的。电流互感器就起到电流变换和电气隔离的作用。

电流互感器的结构较为简单，由相互绝缘的一次绕组、二次绕组、铁芯以及构架、壳体、接线端子等组成。电流互感器的工作原理如图2-1所示。一次绕组的匝数较少，直接串联于电源线路中，一次负荷电流通过一次绕组时，产生的交变磁通感应产生按比例减小的二次电流；二次绕组的匝数较多，与仪表、继电器、变送器等电流线圈的二次负荷串联形成闭合回路。由于一次绕组与二次绕组有相等的安培匝数，电流互感器实际运行中负荷阻抗很小，二次绕组接近于短路状态，相当于一个短路运行的变压器。在图2-1中，将这些串联的低电压装置的电流线圈阻抗以及连接线路的阻抗用一个集中的阻抗Z_b表示。当线路电流，也就是电流互感器的一次电流变化时，互感器的二次电流也相应发生变化，把线路变化的信息传递给仪器、仪表或继电保护、自动控制装置。

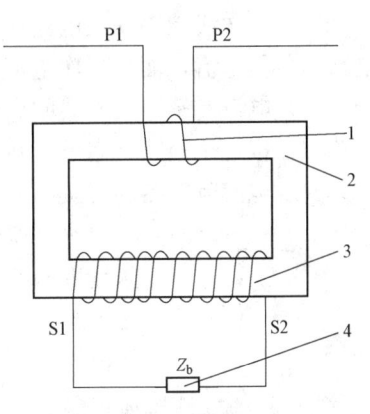

图2-1 电流互感器工作原理图
1——一次绕组；2——铁芯；
3——二次绕组；4——负荷

穿心式电流互感器其本身结构不设一次绕组，载流（负荷电流）导线由L1至L2穿过，由硅钢片捲卷制成的圆形（或其他形状）铁芯起一次绕组作用。二次绕组直接均匀地缠绕在圆形铁芯上，与仪表、继电器、变送器等电流线圈的二次负荷串联形成闭合回路。由于穿心式电流互感器不设一次绕组，其变比根据一次绕组穿过互感器铁芯中的匝数确定，穿心匝数越多，变比越小；反之，穿心匝数越少，变比越大。

二维码2-1 贯穿式电流互感器介绍

多抽头电流互感器，一次绕组不变，在绕制二次绕组时，增加几个抽头，以获得多个不同变比。它具有一个铁芯和一个匝数固定的一次绕组，其二次绕组用绝缘铜线绕在套装于铁芯上的绝缘筒上，将不同变比的二次绕组抽头引出，接在接线端子座上，每个抽头设置各自的接线端子，这样就形成了多个变比，此种电流互感器的优点是可以根据负荷电流变比，调换二次接线端子的接线来改变变比，而不需要更换电流互感器，给使用提供了方便。

不同变比电流互感器具有同一个铁芯和一次绕组，而二次绕组则分为两个匝数不同、各自独立的绕组，以满足同一负荷电流情况下不同变比、不同准确度等级的需要，例如在同一负荷情况下，为了保证电能计量准确，要求变比较小一些（以满足负荷电流在一次额定值的2/3左右），准确度等级高一些；而用电设备的继电保护，考虑到故障电流的保护系数较大，则要求变比较大一些，准确度等级可以稍低一点。

一次绕组可调、二次多绕组的电流互感器，这种电流互感器的特点是变比量程多，而且可以变更，多见于高压电流互感器。其一次绕组分为两段，分别穿过互感器的铁芯，二次绕组分为两个带抽头的、不同准确度等级的独立绕组。一次绕组与装置在互感器外侧的连接片连接，通过变更连接片的位置，使一次绕组形成串联或并联接线，从而改变一次绕组的匝数，以获得不同的变比。带抽头的二次绕组自身分为两个不同变比和不同准确度等级的绕组，随着一次绕组连接片位置的变更，一次绕组匝数相应改变，其变比也随之改变，这样就形成了多量程的变比。带抽头的二次独立绕组的不同变比和不同准确度等级，可以分别应用于电能计量、指示仪表、变送器、继电保护等，以满足各自不同的使用要求。

三、电流互感器基本特点

（1）一次线圈串联在电路中，并且匝数很少，因此，一次线圈中的电流完全取决于被测电路的负荷电流，而与二次电流无关。

（2）电流互感器二次线圈所接仪表和继电器的电流线圈阻抗都很小，正常情况下，电流互感器在接近于短路状态下运行。

四、电流互感器的分类

（1）按用途分。

测量用电流互感器：在正常电流范围内，向测量、计量等装置提供电网的电流信息。

保护用电流互感器：在电网故障状态下，向继电保护等装置提供电网故障电流信息。

二维码2-2 电流互感器基础知识

（2）按绝缘介质分。

干式电流互感器：由普通绝缘材料经浸漆处理作为绝缘。

浇注式电流互感器：用环氧树脂或其他树脂混合材料浇注成型的电流互感器。

油浸式电流互感器：由绝缘纸和绝缘油作为绝缘，一般为户外型。我国在各种电压等级均为常用。

气体绝缘电流互感器：主绝缘由气体构成。

（3）按安装方式分。

贯穿式电流互感器：用来穿过屏板或墙壁的电流互感器。

支柱式电流互感器：安装在平面或支柱上，兼做一次电路导体支柱用的电流互感器。

套管式电流互感器：没有一次导体和一次绝缘，直接套装在绝缘的套管上的一种电流互感器。

母线式电流互感器：没有一次导体但有一次绝缘，直接套装在母线上使用的一种电流互感器。

（4）按原理分类分。

电磁式电流互感器：根据电磁感应原理实现电流变换的电流互感器。

电子式电流互感器，可分为以下几类：

1）光学电流互感器。是指采用光学器件作被测电流传感器，光学器件由光学玻璃、全光纤等构成。传输系统用光纤，输出电压大小正比于被测电流大小。由被测电流调制的光波物理特征，可将光波调制分为强度调制、波长调制、相位调制和偏振调制等。

2）空心线圈电流互感器，又称为Rogowski线圈式电流互感器。空心线圈往往由漆包线均匀绕制在环形骨架上制成，骨架采用塑料、陶瓷等非铁磁材料，其相对磁导率与空气的相对磁导率相同，这是空心线圈有别于带铁芯的电流互感器的一个显著特征。

3）铁芯线圈式低功率电流互感器（LPCT）。它是传统电磁式电流互感器的一种发展。其按照高阻抗电阻设计，在非常高的一次电流下，饱和特性得到改善，扩大了测量范围，降低了功率消耗，可以无饱和的高准确度测量高达短路电流的过电流、全偏移短路电流，测量和保护可共用一个铁芯线圈式低功率电流互感器，其输出为电压信号。

五、电流互感器的型号与参数

1. 型号

电流互感器的型号由字母符号及数字组成，通常表示电流互感器绕组类型、绝缘种类、使用场所及电压等级等。字母符号含义如下：

第一字母：L—电流互感器。

第二字母：A—穿墙式；Z—支柱式；M—母线式；D—单匝贯穿式；V—结构倒置式；J—零序接地检测用；W—抗污秽；R—绕组裸露式。

第三字母：Z—浇注式；C—瓷绝缘；Q—气体绝缘介质；W—与微机保护专用。

第四字母：B—带保护级；C—差动保护；Q—加强型；J—接地保护或加大容量。

第五数字：电压等级、产品序号。

例如：LA-10 型，表示使用于额定电压为 10kV 电路的穿墙式电流互感器。

2. 参数

电流互感器的重要参数具体如下：

(1) 额定电压。一次绕组长期对地能够承受的最大电压（有效值以 kV 为单位），应不低于所接线路的额定相电压。电流互感器的额定电压分为 0.5、3、6、10、35、110、220、330、500kV 等几种电压等级。

(2) 一次额定电流。允许通过电流互感器一次绕组的用电负荷电流。额定一次电流标准值为 10、12.5、15、20、25、30、40、50、60、75A 以及它们的十进位倍数或小数。用于电力系统的电流互感器一次额定电流为 5～25 000A，用于试验设备的精密电流互感器为 0.1～50 000A。电流互感器可在一次额定电流下长期运行，负荷电流超过额定电流值时叫作过负荷，电流互感器长期过负荷运行，会烧坏绕组或减少使用寿命。

(3) 二次额定电流。允许通过电流互感器二次绕组的一次感应电流。额定二次电流标准值分为 5A 或 1A 两种。

(4) 额定电流比和实际电流比。额定一次电流和额定二次电流之比为额定电流比。实际一次电流和实际二次电流之比称为实际电流比。由于电流互感器存在误差，额定电流比与实际电流比是不相等的。

(5) 准确度等级。电流互感器的准确度等级分为 0.2、0.5、1、3、10 五种。一般 0.2 级用于精密测量；0.5 级用于计量电能表；0.5～1 级用于配电盘的电流表和功率表；3 级用于继电保护；10 级用于非精密测量。除电流误差外，一次电流和二次电流还存在相位差，称为角差。

(6) 10% 倍数。当电流互感器二次侧发生短路或严重过载时，一次电流将永远大于额定值，由于铁芯的磁饱和现象，此时误差将显著增加。10% 倍数是指功率因数为任意值，电流互感器的误差不超过 10% 时，流过互感器一次侧的电流与额定电流的最大比值。

(7) 热稳定及动稳定倍数。电力系统故障时，电流互感器受到由于短路电流引起的巨大电流的热效应和电动力作用，电流互感器应有能够承受而不致受到破坏的能力，这种承受的能力用热稳定和动稳定倍数表示。

热稳定倍数是指热稳定电流 1s 内不致使电流互感器的发热超过允许限度的电流与电流

互感器的额定电流之比。

动稳定倍数是电流互感器所能承受的最大电流瞬时值与其额定电流之比。

(8) 额定容量。额定二次电流通过二次额定负荷时所消耗的视在功率。额定容量可以用视在功率 VA 表示，也可以用二次额定负荷阻抗 Ω 表示。

(9) 比差。互感器的误差包括比差和角差两部分。比值误差简称比差，它等于实际的二次电流与折算到二次侧的一次电流的差值，与折算到二次侧的一次电流的比值，以百分数表示。

(10) 角差。相角误差简称角差，一般用符号 δ 表示，它是旋转 180°后的二次电流相量与一次电流相量之间的相位差。规定二次电流相量超前于一次电流相量 δ 为正值，反之为负值，用分 (′) 为计算单位。

六、电流互感器的接线方式

电流互感器的接线方式按其所接负载的运行要求确定。最常用的接线方式为单相接线、两相 V 形接线、两相电流差式接线和三相完全星形接线。

1. 单相接线

电流互感器的单相接线如图 2-2 (a) 所示。该接线只能反映单相电流的情况，适用于需要测量一相电流的情况。

2. 两相 V 形接线

两相 V 形接线又称为不完全星形接线，如图 2-2 (b) 所示。它由两台完全相同的电流互感器构成。这种接线方式是根据三相交流电路中三相电流之和为零的原理构成的。

两相星形接线方式的优点：在减少二次电缆芯数的情况下，取得了第三相电流。缺点：由于只有两台电流互感器，当其中一台极性接反时，则公共线中的电流变为其他两相电流的相量差，造成错误计量，且错误接线的概率较大，给现场单相法校验电能表带来困难。

两相 V 形接线主要用于小电流接地的三相三线系统。

3. 两相电流差式接线

在继电保护装置中，此接线也称为两相一继电器接线，如图 2-2 (c) 所示。该接线方式适用于中性点不接地的三相三线制电流中作为过电流继电保护之用。该接线方式电流互感器二次侧公共线上的电流量值为相电流的 $\sqrt{3}$ 倍。这种接线的优点是不但节省一块电流互感器，而且也可以用一块继电器反映三相电路中的各种相间短路故障，也用最少的继电器完成三相过电流保护，节省投资。但故障形式不同时，其灵敏度不同。这种接线方式常用于 10kV 及以下的配电网作相间短路保护。

4. 三相星形接线

三相星形接线又称为完全星形接线，如图 2-2 (d) 所示。它由三台完全相同的电流互感器构成。此种接线方式适用于高压大电流接地系统、发电机二次回路、低压三相四线制电路。采用此种接线方式时，二次回路的电缆芯数较少。但当三相负载不平衡时，则公共线中有电流流过。若公共线断开就会产生计量误差，因此公共线是不允许断开的。

七、电流互感器的使用注意事项

1. 极性连接要正确

电流互感器的极性一般按减极性标注。接线时如果极性连接不正确，不

二维码 2-3 电流互感器的使用注意事项

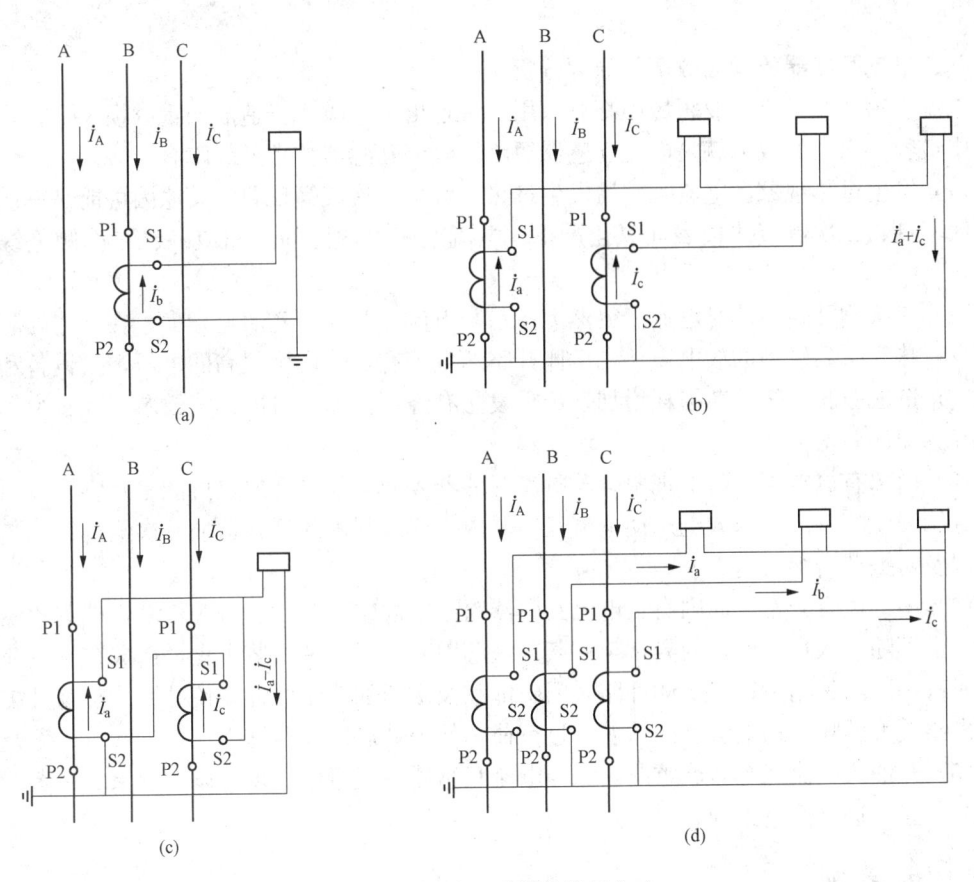

图 2-2 电流互感器的接线方式

(a) 单相接线；(b) 两相 V 形接线；(c) 两相电流差式接线；(d) 三相星形接线

仅会造成计量错误，而且当同一线路有多个电流互感器并联时还可能造成短路故障。

2. 二次回路应设保护性接地点

为防止电流互感器一、二次绕组之间绝缘击穿时高电压窜入低压侧危及人身和损坏仪表，其二次回路应设置保护性接地点，且接地点只有一个，一般是经靠近电流互感器端子箱内的接地端子接地。

3. 运行中二次绕组不允许开路

正常工作时，电流互感器铁芯中工作磁通密度不大，二次绕组电动势也不大。当二次绕组开路时二次电流为零，这时二次电流的去磁作用消失，一次电流全部用于励磁，使铁芯中的磁感应强度和磁通密度急剧增加而达到饱和状态。在开路的情况下，当一次电流为额定电流时，铁芯中的磁通密度将很高，这样会在二次侧感应很高的电压，可达几千伏甚至更高，由此产生严重后果：

（1）二次侧出现高电压，危及人身和仪表的安全。

（2）铁芯内磁通密度增加、铁芯损耗增加而造成严重发热，可能损坏互感器。

（3）在铁芯中产生剩磁，使电流互感器的误差增大。

因此，在电流互感器使用中应避免二次绕组开路。如果需要校验或拆除二次回路中的电能表或其他仪表时，应先将电流互感器二次侧短路，且接线时注意将螺钉和端钮拧紧，避免断开。

八、电流互感器的常见故障及原因分析

电流互感器在各个行业领域中都有应用，一旦出现故障，将造成严重的损失。在电流传感器中最容易出现的故障就是电流互感器短路。电流互感器的常见故障有：

（1）发生过热现象。电流互感器发生过热、冒烟、流胶等现象，其原因可能是一次侧接线接触不良、二次侧接线板表面氧化严重、电流互感器内匝间短路或一、二次侧绝缘击穿引起。

（2）二次侧开路。此时电流表突然无指示，电流互感器声音明显增大，在开路处附近可嗅到臭氧味和听到轻微的放电声。二次侧开路的危害有：①产生很高的电压，对设备和运行人员安全造成威胁；②铁芯损耗增加，严重发热有烧坏设备的可能；③铁芯产生磁饱和，使电流互感器误差增大。

（3）内部有放电声或放电现象。若电流互感器表面有放电现象，可能是互感器表面过脏使得绝缘强度降低。内部放电声使电流互感器内部绝缘强度降低，造成一次侧绕组对二次侧绕组以及对铁芯击穿放电。

（4）内部声音异常。原因有：电流互感器铁芯紧固螺钉松动、铁芯松动，硅钢片震动增大，发出不随一次负荷变化的异常声；某些铁芯因硅钢片组装工艺不良，造成在空负荷或停负荷时有一定的嗡嗡声；二次侧开路时因磁饱和及磁通的非正弦性，使硅钢片震荡且震荡不均匀发出较大的噪声；电流互感器严重过负荷，使得铁芯震动声增大。

（5）充油式电流互感器严重漏油。当电流互感器在运行中发现有以上现象之一者，应转移负荷，立即进行停电处理。

任务实施

1. 画图

（1）画出电流互感器的两相V形接线。

（2）画出电流互感器的三相星形接线。

2. 计算

有一台型号为 LMZJ1-0.5 的母线穿芯式电流互感器，最大变流比为 150/5，其一次最大额定电流为 150A，如需作为 75/5 的互感器来使用，一次侧应穿绕多少匝？如需作为 10/5 的互感器来使用，一次侧此时应穿绕多少匝？

任务二　认识电压互感器

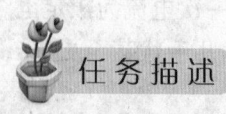

任务描述

电压互感器（potential transformer，简称 PT；或 voltage transformer，简称 VT）和变压器类似，是用来变换电压的仪器。但变压器变换电压的目的是方便输送电能，因此容量很大，一般都是以千伏安或兆伏安为计算单位；而电压互感器变换电压的目的，主要是用来给测量仪表和继电保护装置供电，用来测量线路的电压、功率和电能，或者用来在线路发生故障时保护线路中的贵重设备、电机或变压器，因此，电压互感器的容量很小，一般都只有几

伏安、几十伏安，最大也不超过1000VA。通过本次任务的学习，熟悉电压互感器的主要作用、工作原理、分类、接线方式、相关参数和注意事项，掌握电压互感器在电能计量装置中的使用方法。

学习目标

知识目标：
(1) 熟悉电压互感器的相关参数。
(2) 熟悉电压互感器的主要作用、工作原理。
(3) 熟悉电压互感器的接线方式和注意事项。
能力目标：
能够正确使用电压互感器。
素质目标：
(1) 主动学习，在完成任务过程中发现问题、分析问题和解决问题。
(2) 严格遵守安全规范，爱岗敬业、勤奋工作。

基本知识

一、电压互感器的作用

电力系统用于测量的电压互感器，其作用主要体现在以下三个方面：

(1) 电压互感器可将电网一次高电压按比例变换为二次低电压，以便实现对高电压的测量等。

(2) 电压互感器采用标准化输出量：输出为100V、$100/\sqrt{3}$ V，可使测量仪表的量程统一为简单的几种，并可使仪表小型化、标准化，便于生产和使用。

(3) 电压互感器具有对变换前、后电路隔离的结构，加上可靠的绝缘性能，能够保证测量仪表与测试人员的安全。

二维码2-4 电压互感器介绍

二、电压互感器的工作原理

电压互感器的基本结构和变压器很相似，它也有两个绕组，一个叫一次绕组，一个叫二次绕组。两个绕组都装在或绕在铁芯上。两个绕组之间以及绕组与铁芯之间都有绝缘，使两个绕组之间以及绕组与铁芯之间都有电气隔离。电压互感器在运行时，一次绕组并联接在线路上，二次绕组并联接仪表或继电器。因此，在测量高压线路上的电压时，尽管一次电压很高，但二次却是低压的，可以确保操作人员和仪表的安全。

二维码2-5 电压互感器的作用

电压互感器工作原理图如图2-3所示，图中用阻抗Z_b表示所接的负荷。电压互感器的工作原理与变压器相同。特点是容量很小且比较恒定，正常运行时接近空载状态。电压互感器本身的阻抗很小，一旦二次侧发生短路，

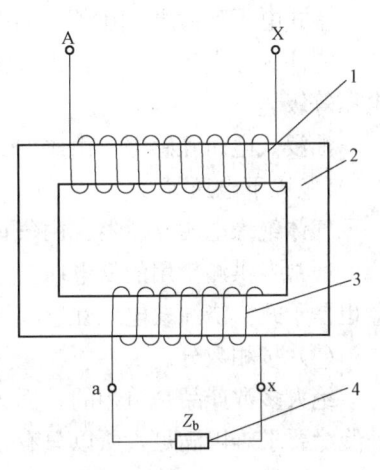

图2-3 电压互感器工作原理图
1——次绕组；2—铁芯；
3—二次绕组；4—二次负荷

电流将急剧增长而烧毁线圈。为此，电压互感器的一次侧接有熔断器，二次侧可靠接地，以免一次侧、二次侧绝缘损毁时，二次侧出现对地高电位而造成人身和设备事故。

测量用电压互感器一般都做成单相双线圈结构，其一次侧电压为被测电压（如电力系统的线电压），可以单相使用，也可以用两台接成V-V形作三相使用。实验室用的电压互感器往往是一次侧多抽头的，以适应测量不同电压的需要。供保护接地用电压互感器还带有一个第三线圈，称三线圈电压互感器。三相的第三线圈接成开口三角形，开口三角形的两引出端与接地保护继电器的电压线圈连接。正常运行时，电力系统的三相电压对称，第三线圈上的三相感应电动势之和为零。一旦发生单相接地时，中性点出现位移，开口三角的端子间就会出现零序电压使继电器动作，从而对电力系统起保护作用。线圈出现零序电压则相应的铁芯中就会出现零序磁通。为此，这种三相电压互感器采用旁轭式铁芯（10kV及以下时）或采用三台单相电压互感器。对于这种互感器，第三线圈的准确度要求不高，但要求有一定的过励磁特性（即当一次侧电压增加时，铁芯中的磁通密度也增加相应倍数而不会损坏）。

三、电压互感器的基本特点

（1）电压互感器的一次（原）绕组并联于一次电路内，而二次（副）绕组与测量表计或继电保护及自动装置的电压线圈并联连接。二次电压只决定于一次（系统）电压。

（2）电压互感器二次回路阻抗很大，工作电流和功耗都很小，相当于空载（二次开路）状态。

四、电压互感器的分类

（1）按用途分。

测量用电压互感器：在正常电压范围内，向测量、计量装置提供电网电压信息。

保护用电压互感器：在电网故障状态下，向继电保护等装置提供电网故障电压信息。

二维码2-6 电压互感器基础知识

（2）按绝缘介质分。

干式电压互感器：由普通绝缘材料浸渍绝缘漆作为绝缘，多用在1kV及以下低电压等级。

浇注绝缘电压互感器：由环氧树脂或其他树脂混合材料浇注成型，多用在10kV及以下电压等级。

油浸式电压互感器：由绝缘纸和绝缘油作为绝缘，是我国最常见的结构型式，常用于35kV及以下电压等级。

气体绝缘电压互感器：由气体作主绝缘，多用在较高电压等级。

通常专供测量用的低电压互感器是干式，高压或超高压密封式气体绝缘（如SF_6）互感器也是干式。浇注式电压互感器适用于35kV及以下，35kV以上的产品均为油浸式。

（3）按相数分。

绝大多数产品是单相的，因为电压互感器容量小，器身体积不大，三相高压套管间的内外绝缘要求难以满足，所以只有3~15kV的产品有时采用三相结构。

（4）按电压变换原理分。

电磁式电压互感器：根据电磁感应原理变换电压，原理与基本结构和变压器相似，我国多在220kV及以下电压等级采用。

电容式电压互感器：由电容分压器、补偿电抗器、中间变压器、阻尼器及载波装置防护间隙等组成，用在中性点接地系统里作电压测量、功率测量、继电保护及载波通信用。

光电式电压互感器：通过光电变换原理以实现电压变换。

(5) 按使用条件分。

户内型电压互感器：安装在室内配电装置中，一般用在35kV及以下电压等级。

户外型电压互感器：安装在户外配电装置中，多用在35kV及以上电压等级。

(6) 按一次绕组对地运行状态分。

一次绕组接地的电压互感器：单相电压互感器一次绕组的末端或三相电压互感器一次绕组的中性点直接接地。

一次绕组不接地的电压互感器：单相电压互感器一次绕组两端子对地都是绝缘的；三相电压互感器一次绕组的各部分，包括接线端子对地都是绝缘的，而且绝缘水平与额定绝缘水平一致。

(7) 按磁路结构分。

单级式电压互感器：一次绕组和二次绕组根据需要可设多个二次绕组同绕在一个铁芯上，铁芯为地电位。我国在35kV及以下电压等级均用单级式。

串级式电压互感器：一次绕组分成几个匝数相同的单元串接在相与地之间，每一单元有各自独立的铁芯，具有多个铁芯，且铁芯带有高电压，二次绕组根据需要可设多个二次绕组处在最末一个与地连接的单元。我国在110kV及以上电压等级常用此种结构型式。

五、电压互感器的型号与参数

1. 型号

电压互感器型号由以下几部分组成：

第一个字母：J—电压互感器。

第二个字母：D—单相；S—三相。

第三个字母：J—油浸；Z—浇注；G—干式；C—瓷绝缘；Z—浇注绝缘；R—电容式。

第四个字母：数字—电压等级（kV）。

例如：JDJ-10表示单相油浸电压互感器，额定电压为10kV。

2. 参数

电压互感器的重要参数具体如下：

(1) 额定电压。对于三相电压互感器和用于单相系统或三相系统相间的单相电压互感器，其额定一次电压为允许接入电网的标称电压。其二次额定电压为100V。

对于接在三相接地系统相与地之间或中性点与地之间的单相电压互感器，其额定一次电压为电网电压额定值的$1/\sqrt{3}$。其额定二次电压为$100/\sqrt{3}$。

(2) 准确度等级。电压互感器的准确度等级分为0.2、0.5、1、3、3P、6P。0.2级一般用于计量，0.5级一般用于测量，1级、3级一般用于监测，3P、6P用于保护。

(3) 额定输出标准值。功率因数为0.8（滞后）额定输出标准值为10、15、25、30、50、75、100VA。大于100VA的额定输出值可由厂方与用户协定。对于三相电压互感器而言，其额定输出是指每相的额定输出。

(4) 额定负荷。电压互感器的额定负荷是指为在额定二次电压下保证误差不超差，在电压互感器二次所允许的二次回路的总负荷；电压互感器的额定容量是指对应于最高准确级的

额定容量 S_{2N}。

（5）额定二次负荷的功率因数。电压互感器二次回路所带负荷的额定功率因数即为额定二次负荷的功率因数。

（6）电压互感器的误差。由于电压互感器存在励磁电流和内阻抗，测量时结果都呈现误差，通常用电压误差（又称比值差）和角误差（又称相角差）表示。

1）电压误差：电压误差为二次电压的测量值乘额定变比所得一次电压的近似值与实际一次电压之差，而以后者的百分数表示。

2）角误差：角误差为旋转的二次电压相量与一次电压相量之间的夹角，并规定超前时，角误差为正值。反之，则为负值。

六、电压互感器的接线方式

电压互感器的接线方式很多，常见的有以下几种：

1. 一台单相电压互感器接线

一台单相电压互感器的接线如图 2-4（a）所示，可测量 35kV 及以下系统的电压，或 110kV 以上中性点直接接地系统的相对地电压。

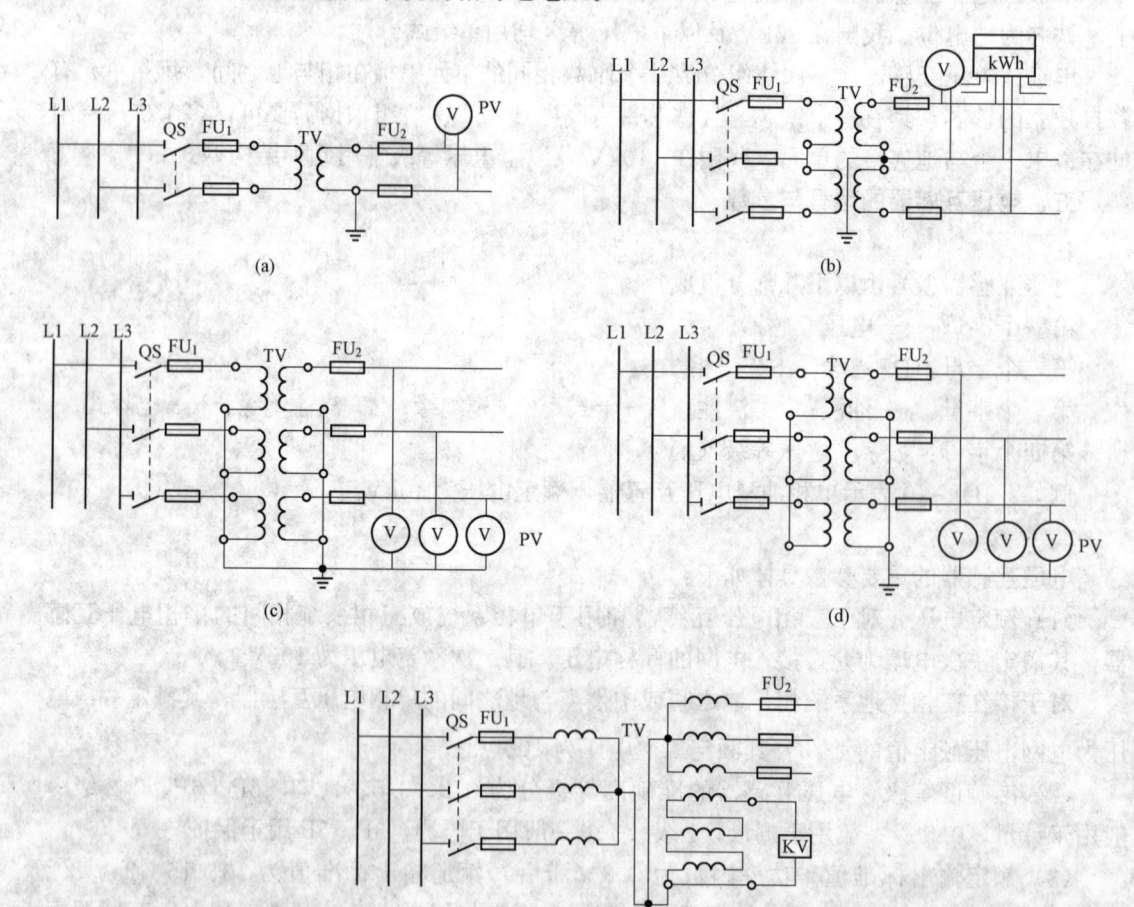

图 2-4 电压互感器接线

2. 两台电压互感器的 Vv 接线

如图 2-4（b）所示，两台单相电压互感器接成不完全三角形。这种接法广泛应用于中性点不接地或经消弧线圈接地的 35kV 及以下的高压三相系统，特别是 10kV 的三相系统，它既能节省一个电压互感器，又能满足三相功率表、电能表所需的线电压，所以得到广泛的应用。这种接法的缺点：不能测量相电压；不能接入监视系统绝缘状况的电压表；总输出容量仅为两台容量之和的 $\sqrt{3}/2$ 倍。

3. 三台单相电压互感器的 YNyn 接线

当 YNyn 接线用于大电流接地系统时，多采用三台单相电压互感器构成三相电压互感器组，如图 2-4（c）所示。此种接法的优点：由于高压中性点接地，故可降低绝缘水平，使成本下降；电压互感器绕组是接相电压设计的，故既可测量线电压，又可测量相电压。此外，二次侧增设的开口三角形接地的辅助绕组，可构成零序电压过滤器供继电保护等用。

4. 一台三相三柱式电压互感器的 Yyn 接线

一台三铁芯柱三相电压互感器的 Yyn 接线如图 2-4（d）所示。此种接法多用于小电流接地的高压三相系统，一般是将二次侧中性线引出，结成 Yyn 接法。此种接法的缺点：当二次负载不平衡时，可能引起较大误差；防止高压侧单相接地故障，高压中性点不允许接地，故不能测量对地电压。

5. 一台三相五柱式电压互感器的 $Y_n y_n$ 接线

当 $Y_N y_n$ 接线用于小电流接地系统时，多采用三相五柱式电压互感器，如图 2-4（e）所示。此种接法一、二侧均有中性线引出，故既可测量线电压，又可测量相电压。另外，二次侧开口三角的剩余电压绕组可供监视绝缘用。

七、电压互感器的使用注意事项

对一般的电压互感器（包括电磁式和电容式），使用中的通用安全要求如下：

（1）电压互感器的额定电压、变比、额定容量、准确度等应选择适当，否则测量结果不准确。

（2）电压互感器在投入使用前，应按有关规程规定的项目进行试验，安装时应按要求的相序进行接线。对单相电压互感器组还应防止接错极性，对于两台按 Vv 形接线单相电压互感器时更应注意这个问题。四个线圈中只要一个极性接错了，必有一个相电压升高到正常值的 $\sqrt{3}$ 倍，引起很大的电流，以致烧坏电压互感器。

（3）电压互感器二次侧应有一点可靠接地，以保证仪表设备和工作人员的安全。

（4）电压互感器二次不允许短路。由于电压互感器内阻很小，正常运行时二次侧相当于开路，电流很小。当二次短路时，内阻抗接近于零，二次电流急剧增大，相应一次电流会增加很多，且铁芯严重饱和，从而造成电压互感器损坏，严重时会造成一次绝缘破坏，一次绕组造成短路，影响电力系统的安全运行。

八、电压互感器的常见异常及处理

1. 电压互感器的常见异常

（1）三相电压指示不平衡：一相降低（可为零），另两相正常，线电压不正常，或伴有声、光信号，可能是互感器高压或低压熔断器熔断。

（2）中性点非有效接地系统，三相电压指示不平衡：一相降低（可为零），另两相升高

（可达线电压）或指针摆动，可能是单相接地故障或基频谐振，如三相电压同时升高，并超过线电压（指针可摆到头），则可能是分频或高频谐振。

（3）高压熔断器多次熔断，可能是内部绝缘严重损坏，如绕组层间或匝间短路故障。

（4）中性点有效接地系统，母线倒闸操作时，出现相电压升高并以低频摆动，一般为串联谐振现象；若无任何操作，突然出现相电压异常升高或降低，则可能是互感器内部绝缘损坏，如绝缘支架绕组层间或匝间短路故障。

（5）中性点有效接地系统，电压互感器投运时出现电压表指示不稳定，可能是高压绕组 N（X）端接地接触不良。

（6）电压互感器回路断线处理。

2. 电压互感器的异常处理方法

（1）根据继电保护和自动装置有关规定，退出有关保护，防止误动作。

（2）检查高、低压熔断器及自动空气开关是否正常，如熔断器熔断，应查明原因立即更换，当再次熔断时则应慎重处理。

（3）检查电压回路所有接头有无松动、断开现象，切换回路有无接触不良现象。

任务实施

（1）画图。

1）画出两台电压互感器的 Vv 接线。

2）画出三台单相电压互感器的 YNyn 接线。

3）画出一台三相五柱式电压互感器的 YNyn 接线。

（2）对照实训室的电压互感器，分别说出它的一次绕组接线端子和二次绕组接线端子。

任务三　认识高压组合互感器

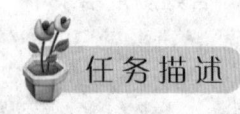

任务描述

JLSZ-10 高压组合互感器是根据供电部门、电力用户需要，在普通油浸式组合互感器的基础上改进了结构及绝缘方式，提高了技术参数，是普通组合互感器的升级换代产品，符合提倡的电力设备无油化和小型化要求。适用于额定电压 10kV、额定频率 50Hz 的三相交流电力线路中作电能计量或考核线损之用。季节负荷变化较大的用户，可选择双变比组合互感器提高计量精度。高压组合互感器运行可靠，使用寿命优于油浸式组合互感器。通过本次任务的学习，熟悉高压组合互感器的主要作用、结构及铭牌参数等，能够按照接线原理图进行高压组合互感器的接线。

学习目标

知识目标：

（1）熟悉高压组合互感器的主要作用、结构及铭牌参数。

（2）熟悉高压组合互感器的接线方式。

能力目标：

能够正确使用高压组合互感器。

素质目标：

（1）主动学习，在完成任务过程中发现问题、分析问题和解决问题。

（2）严格遵守安全规范，爱岗敬业、勤奋工作。

基本知识

由电压互感器和电流互感器组合成一体的互感器称为组合式互感器。10kV 和 35kV 电网中用于电能计量的三相组合互感器，配上电能表就称为计量箱，其在计量系统中的位置如图 2-5 所示。

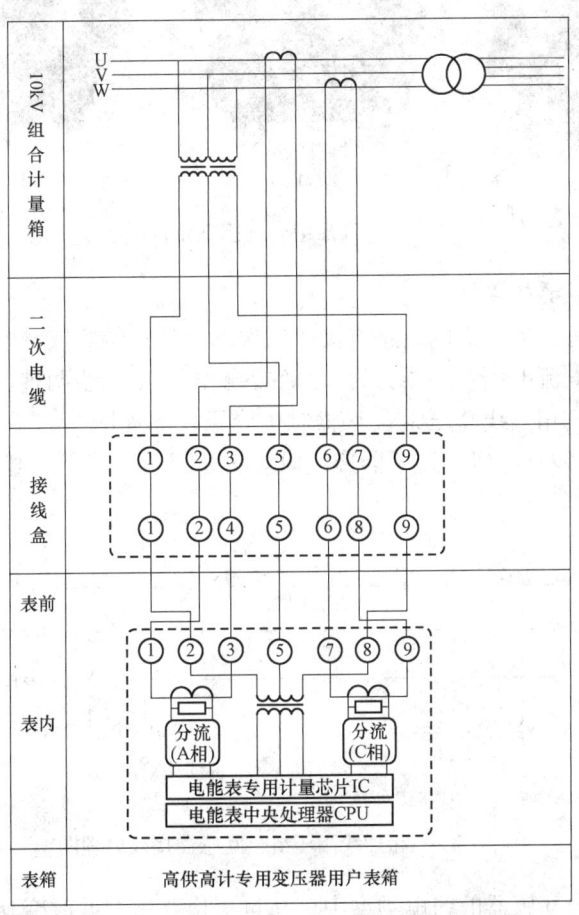

图 2-5　高压组合互感器及二次电缆在计量系统中的位置

一、高压组合互感器的主要作用

将一次系统的电压、电流信息准确地传递到二次侧智能电能表；将一次系统的高电压、大电流变换为二次侧的低电压（标准值）、小电流（标准值），使智能电能表和继电器等装置标准化、小型化，降低了对二次设备的绝缘要求；将二次侧设备、二次系统与一次系统高压设备在电气方面很好地隔离，从而保证了二次设备和人身安全。

二维码 2-7　高压组合互感器

二、高压组合互感器的结构

高压组合式互感器多安装于高压计量箱、柜,是用作计量电能或用电设备继电保护装置的电源。组合式电流电压互感器是将两台或三台组合互感器的一次、二次绕组及铁芯和电压互感器的一、二次绕组及铁芯,固定在钢体构架上,浸入装有变压器油的箱体内,其一、二次绕组出线均引出,接在箱体外的高、低压绝缘子上,形成绝缘、关闭的整体,如图2-6(a) 所示。三相三线两元件计量组合互感器如图 2-6 (b) 所示,三相四线三元件计量组合互感器如图 2-6 (c) 所示。

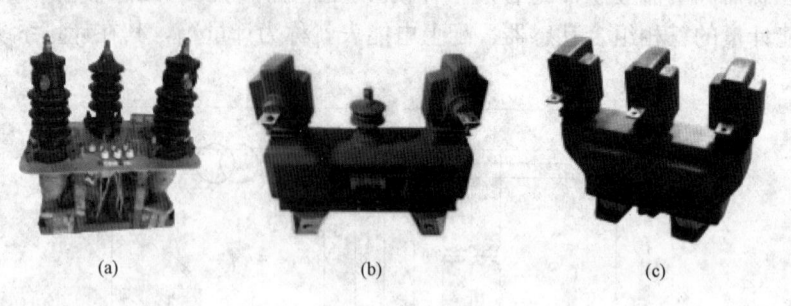

图 2-6 高压组合互感器结构图

三、高压组合互感器的接线

高压组合互感器一次侧与供电线路连接,二次侧与计量装置或继电保护装置连接。根据不同的需要,组合式电流电压互感器分为 V/V 接线和 Y/Y 接线两种,以计量三相负荷平衡或不平衡时的电能。三相三线高压组合互感器接线原理图如图 2-7 所示,组合式互感器采用 V/V 接线;三相四线高压组合互感器接线原理图如图 2-8 所示,组合式互感器采用 Y/Y 接线。

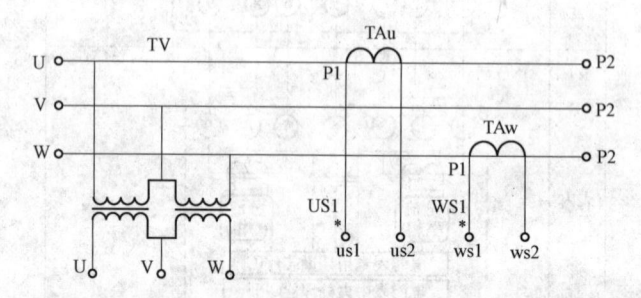

图 2-7 三相三线高压组合互感器接线原理图

当前针对高压组合互感器的窃电类型中,私自更换互感器或改变互感器变比窃电现象比较常见。在检查的过程中应对互感器的铭牌、铅封和变比逐一核实。

四、高压组合互感器的铭牌

高压组合互感器的铭牌如图 2-9 所示,在铭牌中明确标明了互感器基本参数信息,如组合互感器的型号、额定一次电压、额定二次电压、额定容量(电压互感器)、准确级次(电压互感器)、额定一次电流、额定二次电流、额定容量(电流互感器)、准确级次(电流互感器)、产品编号、生产日期等。现场进行用电检查时,可以用专用设备检测互感器变比是否正确。

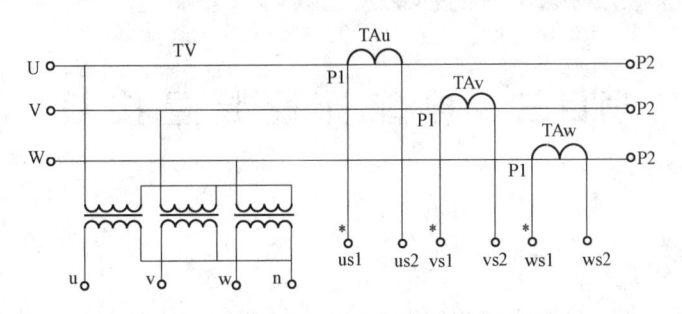

图2-8 三相四线高压组合互感器接线原理图

五、高压组合互感器二次端子

高压组合互感器二次端子通过电压二次回路和电流二次回路连接至接线盒及电能表，二次回路也是影响电能计量准确度的因素之一。

电压二次回路是指电压互感器、电能表的电压线圈以及连接二者的导线所构成的回路。由于连接导线阻抗等因素的影响，电能表电压线圈上实际获得的电压值往往都小于额定值（220、380、100V），二次电压回路压降的大小直接影响电能计量的准确度。

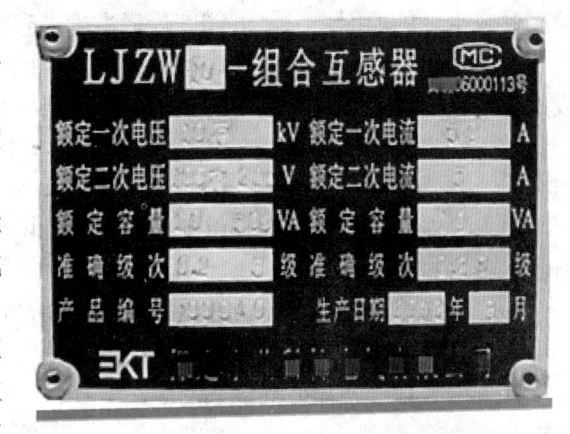

图2-9 高压组合互感器铭牌

电流二次回路是指电流互感器二次线圈、电能表的电流线圈以及连接二者的导线所构成的回路。电流互感器的二次负载包括二次连接导线阻抗、电能表电流线圈的阻抗、端钮之间的接触电阻等。它直接影响电流互感器的准确度。

任务实施

（1）对照实训室的高压组合互感器铭牌，说出各项参数。
（2）对照实训室的高压组合互感器，分别说出它的一次绕组接线端子和二次绕组接线端子。
（3）对照三相三线高压组合互感器的接线原理图进行高压组合互感器的接线。
（4）对照三相四线高压组合互感器的接线原理图进行高压组合互感器的接线。

项目三　电能计量装置接线

项目描述

在计量检定工作中，经常会碰到用户反映电能表计量不准的现象。经检定后，电能表校验结论是合格的。这就说明引起计量不准是由诸多因素制约着的。其中错误接线就是导致电量多计或少计的原因之一，电能表计量准确性直接影响着客户的经济利益，因此，电能表接线正误相当重要。因接线错误，有时会使错误的计量达到不允许程度，甚至会因接线错误造成人身伤亡或仪表、仪器设备的损坏。本项目主要学习电能表的测量原理、接线原理，电能计量装置的安装接线及接线检查等。学习完本项目应具备以下专业能力、方法能力、社会能力：

(1) 专业能力：具备进行电能表功率计算的能力；具备进行电能计量装置正确接线的能力；具备进行电能计量装置接线检查的能力。

(2) 方法能力：具备对接线异常进行分析的能力。

(3) 社会能力：具备服从指挥、遵章守纪、吃苦耐劳、主动思考、善于交流、团结协作、认真细致地安全作业的能力。

学习目标

一、知识目标
(1) 掌握电能表的接线原理。
(2) 掌握电能表的测量原理。
(3) 熟悉电能计量装置接线检查方法。

二、能力目标
(1) 能画出电能表的接线原理图。
(2) 能正确进行电能计量装置的安装接线。
(3) 能进行电能计量装置接线的检查。

三、素质目标
(1) 愿意交流、主动思考，善于在反思中进步。
(2) 学会服从指挥、遵章守纪、吃苦耐劳、安全作业。
(3) 学会团队协作、认真细致、保证目标实现。

知识背景

一、电能计量装置的概念

电能计量装置是用于测量、记录发电量、供（互供）电量、厂用电量、线损电量和用户用电量的计量器具。电能计量装置指由电能表（有功、无功电能表，最大需量表，复费率电能表等）、计量用互感器（包括电压互感器和电流互感器）及二次回路构成的总体。其中电能表是核心，不可缺少，其他部分则根据计量方式或有或无。

二、电能计量装置的接线方式

（1）接入中性点绝缘系统的电能计量装置，应采用三相三线有功、无功电能表。接入非中性点绝缘系统的，应采用三相四线有功、无功电能表或三只感应式无止逆单相电能表。

（2）接入中性点绝缘系统的 3 台电压互感器，35kV 及以上的宜采用 Y/y 方式接线，35kV 以下的宜采用 V/v 方式接线。接入非中性点绝缘系统的 3 台电压互感器，35kV 及以上的宜采用 YN/yn 方式接线。其一次侧接线方式和系统接地方式一致。

（3）低压供电，负荷电流为 50A 及以下时，宜采用直接接入式电能表；负荷电流为 50A 以上的，宜采用经互感器接入的接线方式。

（4）对三相三线制接线的电能计量装置，其 2 台电流互感器二次绕组与电能表之间宜采用四线连接。对三相四线制接线的电能计量装置，其 3 台电流互感器二次绕组与电能表之间宜采用六线连接。

三、电能计量装置安装危险点分析与控制措施

电能计量装置安装危险点分析与控制措施主要有以下几点：

（1）注意剥削导线时不要伤手，操作中要正确使用剥线、断线工具。使用电工刀时刀口应向外，要紧贴导线成 45°角进行切削。

（2）配线时不让线划脸、划手。

（3）使用仪表时应注意安全，避免触电、烧表、触电伤害和电弧灼伤。

（4）使用有绝缘柄的工具，必须穿长袖工作服，接电时戴好绝缘手套。

（5）临时接入的工作电源必须用专用导线，并装有剩余电流动作保护器。

（6）防止高处坠落、高处坠物和人员摔伤。正确使用梯子等高空作业工具。

（7）作业前应认真检查周边环境，发现影响作业安全的情况时应做好安全防护措施。

（8）正确使用、规范填写电能计量装置装接作业票。

四、电能计量装置接线检查方法

电能计量装置接线检查一般分为停电检查和带电检查。

停电检查是对新装或更换互感器以及二次回路后的计量装置，在投入运行前在停电的情况下进行的接线检查，主要内容包括电流互感器变比和极性检查、二次回路接线通断检查、接线端子标识核对、电能表接线检查等。

带电检查是电能计量装置投入使用后的整组检查，运行中的低压电能计量装置根据需要也可进行带电检查，以保证接线的正确性。带电检查的方法有实负荷比较法、逐相检查法、电压电流法、力矩法及相量图法（六角图法）等。

（1）实负荷分析法。将电能表反映的功率与电能计量装置实际所承载的功率比较，也可根据线路中的实际功率计算电能表转动一定圈数所需的时间与实际测得时间进行比较，以判断电能计量装置是否正常，这种方法就是实负荷比较法，一般称为瓦秒法。

（2）逐相检查法。在电能表三相接入有效负荷的条件下，断开另外两个元件的电压连接片，让某一元件单独工作，观察电能表转动或脉冲闪烁频率，若正常，则说明该相接线正确，这种现场检查方法就是逐相检查法。

（3）电压电流法。使用万用表和钳形电流表测量电能表接入电压、电流，通过与正常运行状态下电压、电流值比较，从而判断计量装置是否正常，这种方法就是电压电流法。

（4）力矩法。力矩法就是有意将电能表原有接线故意改动后，观察电能表转盘转速或转向的变化（电子式电能表观察脉冲闪烁频率和潮流方向），以判断接线是否正确，是高压三相三线电能表接线常用的检查方法。

（5）相量图法。相量图法就是通过测量与功率相关量值来比较电压、电流相量关系，从而判断电能表的接线方式。相量图法适应的条件是：三相电压相量已知，且基本对称；电压、电流比较稳定；已知负荷性质（感性或容性），功率因数波动较小，且三相负荷基本平衡。

相量图法包括测量、确定、绘图、分析和计算五个步骤，具体如下：
1) 测量电压相序和各元件电压、电流、相位。
2) 确定接入电能表电压相别。
3) 绘制电压、电流相量图。
4) 分析实际接线情况。
5) 技术更正系数和退补电量。

实负荷分析法和逐相检查法都属于定性判断，不能确定错误接线对电量的准确影响量。相量图法是一种定量计算的方法。

任务一　单相电能计量装置接线

任务描述

目前，我国居民家中普遍采用的是单相供电方式，电能的计量采用单相电能表。单相电能表的接线比较简单，也容易掌握。但是，在农村却常常发现似是而非的接线。粗看起来不错，在一定条件下能正确计量电路耗用的电能。但细细分析，此种接线并不妥善，极易造成错计电能。通过本任务的学习，掌握单相电能表的测量原理及接线原理，并能够完成单相电能计量装置的安装接线及接线检查。

学习目标

知识目标：
（1）掌握单相电能表的测量原理。
（2）掌握单相电能表的接线原理。

能力目标：
（1）能画出单相电能表接线原理图。
（2）能正确完成单相电能计量装置的安装接线。
（3）能进行单相电能计量装置的接线检查。

素质目标：
（1）主动学习，在单相电能计量装置接线检查的过程中发现问题、分析问题和解决问题。
（2）能举一反三，团结协作。

基本知识

一、单相电能表的测量原理

用于单相电路的电能计量装置一般仅有一只单相电能表,电能表端子盒内的接线端子直接接入被测电路,即直接接入式,当电能表的电流或电压量限不能满足被测电路要求时,则需经互感器接入。

单相电能表测量有功电能的原理如图3-1(a)所示。

单相电能表测得的有功功率表达式如下

$$P = UI\cos\varphi$$

而驱动力矩 M_Q 可由相量图得到

$$M_Q = K\Phi_I\Phi_U\sin\psi$$

驱动力矩为正值,电能表正转。

若有一个线圈极性接反,如图3-1(b)所示,如电流线圈接线接反时,流入电能表电流线圈中的电流方向与图3-1(a)中相反,产生电流磁通的方向也相反,测试驱动力矩为 $M_Q = K\Phi_I\Phi_U\sin\theta = K\Phi_I\Phi_U\sin(180°+\psi) = -K\Phi_I\Phi_U\sin\psi$。

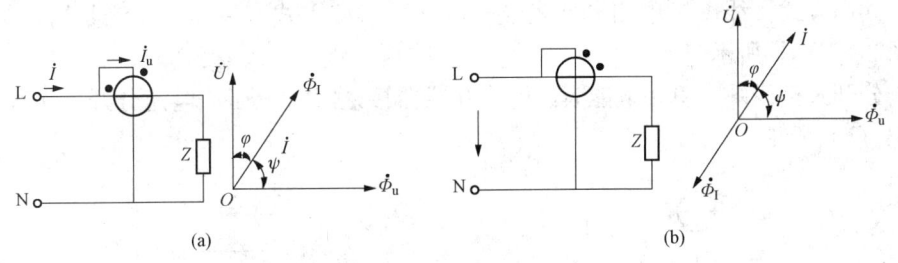

图3-1 单相电能表测量原理图
(a) 正确接线;(b) 线圈极性接反

二、单相电能表的接线

1. 直接接入式

根据单相电能表端子盒内电压、电流接线端子排列方式不同,又可将直接接入式接线分为一进一出(单进单出)和二进二出(双进双出)两种接线方式。

(1) 一进一出接线。

单相电能表一进一出直接接入式接线原理图如图3-2所示。将电源的相线(俗称火线)接入接线盒第1孔接线端子上,其出线接在第2孔接线端子上;电源的中性线(俗称零线)接入接线盒第3个孔接线端子上,其出线接在接线盒第4孔接线端子上。

(2) 二进二出接线。

单相电能表二进二出直接接入式(电流、电压分用)接线原理图,如图3-3所示。将电源的相线接入接线盒第1孔接线端子上,其出线接在接线盒第4孔接线端子上;电源的中性线接入接线盒第2孔接线端子上,其出线接在接线盒第3孔接线端子上。实际工作中具体采用哪种接线方式,可查看电能表接线端子盒盖反面接线图,或查看生产厂家的安装说明书,切不可随意接线,否则将烧毁电能表。

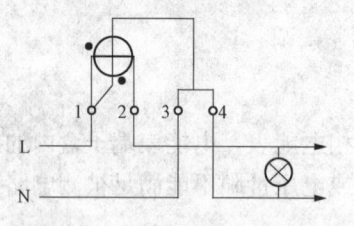

图 3-2 单相电能表一进一出
直接接入式的接线原理图

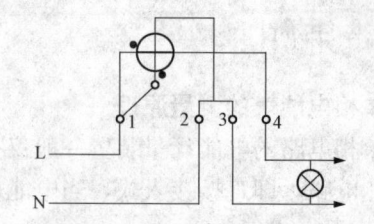

图 3-3 单相电能表二进二出
直接接入式的接线原理图

2. 经互感器接入式

当电能表电流或电压量限不能满足被测电路电流或电压的要求时，便需经互感器接入，有时只需经电流互感器接入，有时需同时经电流互感器和电压互感器接入。DL/T 448—2016《电能计量装置技术管理规程》规定，低压供电、负荷电流为60A以上时，宜采用经电流互感器接入式的接线方式。

若电能表内电流、电压同名端子连接片是连着的，可采用电流、电压线共用方式接线；若连接片是拆开的，应采用电流、电压线分开接线方式。

(1) 共用方式接线图。单相电能表经电流互感器接入式（电压、电流共用）接线原理图，如图 3-4 (a) 所示。

(2) 分开式接线图。单相电能表经电流互感器接入式（电压、电流分开）接线原理图，如图 3-4 (b) 所示。

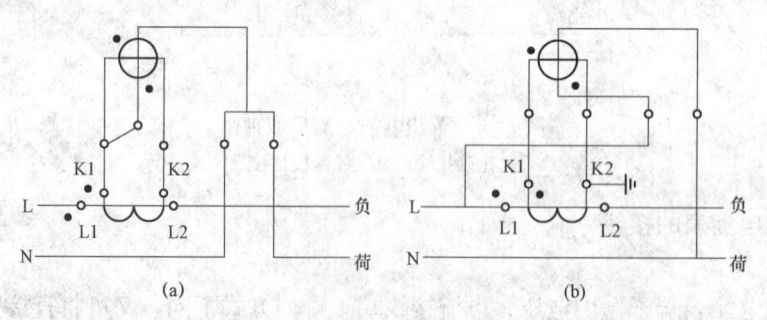

图 3-4 单相电能表经电流互感器接入式接线原理图
(a) 电压、电流共用接线原理图；(b) 电压、电流分开接线原理图

二维码 3-1 单相电能表接线

三、单相电能表的接线检查

单相电能表的接线检查：应目测电能表的表盖铅封是否正常；进出线是否固定良好；布线是否整齐统一；进出线是否预留过长；表盖打开后接线盒内螺钉是否松紧，高低基本一致，否则应注意检查电能表的接线。

由于单相电能计量装置接线简单，容易出现计量装置接线错误。但正是由于简单，检查过程中容易出现麻痹思想。接线检查时应注意：

(1) 计量装置外壳对地要验电，以确保电能计量装置绝缘完好。

(2) 测量前应检查万用表或钳形电流表表棒绝缘完好，测量过程中应始终站在绝缘垫上，并戴好手套。

(3) 测量前应分清电能计量装置是双进双出还是单进单出，否则可能会由于万用表挡位选择错误造成短路。

任务实施

参照下列任务完成单相电能计量装置的安装接线及接线检查。

任务描述：某用户申请报装，负荷性质为普通居民照明，工作流程已到装表接电阶段，要求完成电能计量装置的现场安装及送电后检查。

（一）任务接受

接收"电能计量装置装拆工作单"，详读工作任务单，明确用户名称、用户编号、用电性质、计量方式、电压等级、变压器容量和供电线路等。

（二）现场勘查

1. 工作预约

提前联系客户，预约现场勘查时间。

二维码3-2 单相电能表接线（动画）

2. 现场勘查

配合相关专业进行现场勘查，查看计量点设置的合理性，计量方案与设计要求的相符性，计量屏柜安装到位情况。

（1）查勘时必须核实设备运行状态，严禁工作人员未履行工作许可手续擅自开启计量箱（柜）门或操作电气设备。

（2）查勘过程中应始终与设备保持足够的安全距离。

（3）因勘查工作需要开启计量箱（柜）门或操作电气设备时，应执行工作票制度。

（4）进入现场工作，至少由两人进行，应严格执行工作监护制度。

（5）工作人员应正确使用合格的个人劳动防护用品。

（6）严禁在未采取任何监护措施和保护措施情况下现场作业。

（7）对运行时间较长且未安装牢固的杆上柜（箱），严禁现场开箱操作；当打开计量箱（柜）门进行检查或操作时，应站位至箱门侧面，减小箱内设备异常引发爆炸带来的伤害。箱门开启后应采取有效措施对箱门进行固定，防范由于刮风或触碰造成箱门异常关闭而导致事故。

（三）作业前准备

1. 工作预约

提前联系用户，核对电能表型式和参数，约定现场装拆时间。

2. 办理工作票

（1）依据工作任务填写工作票（或现场任务派工单）。

（2）办理工作票签发手续。

（3）不具备工作票开具的情况，可填写现场任务派工单等。

3. 领取材料

凭装拆工作单领取所需电能表、封印等，并核对所领取的材料是否符合装拆工作单要求。

4. 检查工器具

选用合格的安全工器具，检查工器具应完好、齐备。

（四）现场开工

1. 办理工作票许可

（1）告知用户或有关人员，说明工作内容。

（2）办理工作票许可手续。在客户电气设备上工作时应由供电公司与客户方进行双许可，双方在工作票上签字确认。用户方由具备资质的电气工作人员许可，并对工作票中安全措施的正确性、完备性，现场安全措施的完善性以及现场停电设备有无突然来电的危险负责。

（3）会同工作许可人检查现场的安全措施是否到位，检查危险点预控措施是否落实。注意：同一张工作票，工作票签发人、工作负责人、工作许可人三者不得相互兼任。

2. 检查并确认安全工作措施

（1）低压设备应根据工作票所列安全要求，落实安全措施。涉及停电作业的应实施停电、验电、挂接地线或合上接地开关、悬挂标示牌后方可工作。工作负责人应会同工作票许可人确认停电范围、断开点、接地、标示牌正确无误。工作负责人在作业前应要求工作票许可人当面验电；必要时工作负责人还可使用自带验电笔重复验电。

（2）应在作业现场装设临时遮栏，将作业点与邻近带电间隔或带电部位隔离。工作中应保持与带电设备的安全距离。

3. 班前会

（1）检查着装是否规范、个人防护用品是否合格齐备、人员精神状态是否良好。

（2）交代工作内容、人员分工、带电部位和现场安全措施，进行危险点告知，进行技术交底，并履行签名确认手续。

（五）装表

1. 断开电源并验电

（1）核对作业间隔。

（2）使用验电笔对计量箱（柜）金属裸露部分进行验电，并检查计量箱（柜）接地是否可靠。

（3）确认电源进、出线方向，确认进、出线开关已断开，且能观察到明显断开点。

2. 核对和抄录计量设备信息

根据装拆工作单核对用户信息，电能表铭牌内容和有效检验合格标志。防止因信息错误造成计量差错。

3. 安装电能表

（1）检查确认计量箱（柜）完好，符合规范要求。

（2）根据计量箱（柜）接线图核对检查确保接线正确、布线规范。导线的敷设及捆扎应符合规程要求。

（3）安装电能表时，应把电能表牢固地固定在计量箱（柜）内，电能表显示屏应与观察窗对准。本地费控电能表电卡插座应与插卡孔对准。

（4）按照"先出后进、先零后相、从右到左"的原则进行接线。接线顺序为先接负荷侧中性线，后接负荷侧相线，再接电源侧中性线，最后接电源侧相线。

（5）所有布线要求横平竖直、整齐美观，连接可靠、接触良好，如图3-5所示。导线应连接牢固，螺栓拧紧，导线金属裸露部分应全部插入接线端钮内，不得有外露、压皮现象。

(6) 电能表采取单股绝缘铜质导线，应按表计容量选择。

(7) 当导线小于端子孔径较多时，应在接入导线上加扎线后再接入。

(8) 计量箱（柜）内布线进线出线应尽量同方向靠近，尽量减小电磁场对电能表产生影响。

(9) 计量箱（柜）内布线应尽量远离电能表，尽量减小电磁场对电能表产生影响。

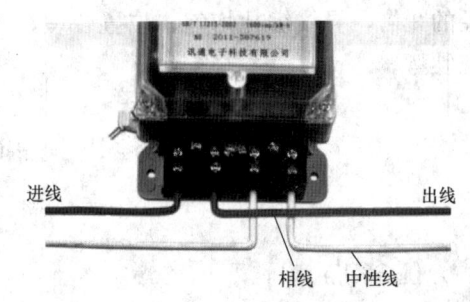

图 3-5 单相电能表实物接线图

4. 安装检查

(1) 对电能计量装置安装质量和接线进行检查，确保接线正确，工艺符合规范要求。

(2) 如现场暂时不具备通电检查条件，可先实施封印。

5. 现场通电及检查

(1) 对新装计量装置进行通电，通电前应再次确认出线侧开关处于断开位置。

(2) 合上进线侧开关，确认电能表工作状态正常，正相序、出线开关电源侧零火线接线及相序正确，正确记录新装电能表各项读数（电量），或用计量现场作业终端抄读电能表内的各项读数，并拍照留证。

(3) 逐个合上出线侧开关，确认电能表正常工作，用户可以正常用电（电压、电流、时钟、时段、结算日、相序、事件记录和故障代码等）。电能表新装后应核对户表关系。

(4) 如台区具备停电条件，则协调运检人员利用停上电法开展户变关系核对。

(5) 用验电笔测试电能表外壳、中性线端子、接地端子应无电压。

(6) 配合采集人员开展采集通信调试，确保通信正常。

6. 实施封印

确认安装无误后，正确记录电能表各项读数，对电能表、计量箱（柜）加封，宜用计量现场作业终端记录读取封印编号，并同时拍照留证。

（六）收工

1. 清理现场

现场作业完毕，工作班成员应清点个人工器具并清理现场，做到工完、料净、场地清。

2. 现场完工

装、拆、换作业后应请用户现场签字确认。

3. 办理工作票终结

(1) 组织工作班成员有序离开现场。

(2) 办理工作票终结手续。

（七）资料归档

(1) 将装拆、封印信息及时录入系统。

(2) 工作结束后，工作单等单据应由专人妥善存放，并及时归档。

(3) 做好相关信息、数据的流转工作。

（八）注意事项

安装过程中应注意导线绝缘层不要损伤，每个接线孔只能接一根导线接头，接线孔外不能裸露导线线头，表尾针式接头不能只压一颗螺钉。导线弯角曲率半径不小于导线外径的3倍，导线绑扎均匀、位置合理，导线应腾空，尽量不贴盘面。导线直角拐弯时不出现硬弯。

任务二　三相四线电能计量装置接线

任务描述

在三相电路中，当三相负载不平衡时，需采用三相四线电能表计量用户的用电量，才能保证计量的准确性。通过本任务的学习，掌握三相四线电能表的接线原理及功率计算方法，并能够完成三相四线电能计量装置的安装接线及接线检查。

学习目标

知识目标：
(1) 掌握三相四线电能表的测量原理。
(2) 掌握三相四线电能表的接线原理。
能力目标：
(1) 能画出三相四线电能表接线原理图。
(2) 能正确使用三相四线联合接线盒。
(3) 能正确完成三相四线电能计量装置的安装接线。
(4) 能进行三相四线电能计量装置的接线检查。
素质目标：
(1) 主动学习，在三相四线电能计量装置接线检查的过程中发现问题、分析问题和解决问题。
(2) 能举一反三，团结协作。

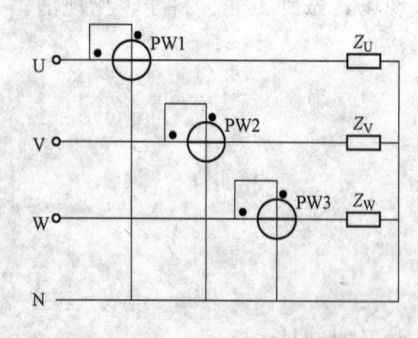

基本知识

图 3-6　三表法测量三相四线制电路有功功率的接线图

一、三相四线电能表的测量原理

在三相四线制电路中，不论其对称与否，都可以用三只功率表测量出每一相的功率，然后将三个读数相加即为三相总功率，三表法测量三相四线制电路有功功率的接线如图 3-6 所示。从图中可以看到，第一元件接入电压为 U 相电压，电流为 U 相电流；第二元件接入电压为 V 间电压，电流为 V 相电流；第三元件接入电压为 W 相电压，电流为 W 相电流。

三相四线电能表功率表达式如下：
三相负载对称时

$$U_U = U_V = U_W = U, I_U = I_V = I_W = I$$
$$P = P_1 + P_2 + P_3 = U_U I_U \cos\varphi_U + U_V I_V \cos\varphi_V + U_W I_W \cos\varphi_W = 3UI\cos\varphi$$

二、联合接线盒

电能表联合接线盒是电能计量装置标准接线中的专用接线盒，起到在带负荷情况下安全调换或现场检验电能表之用，确保了人身操作安全，提高了现场工作效率。通过透明的防尘盖可直接观察到内部各元件及端子状态，电路连接可靠；绝缘盒材料为聚碳酸酯，耐热性和耐冲击性能良好，电气间隙和爬电距离均高于国家标准。

二维码3-3 联合接线盒

联合接线盒包括接线盒体和面盖，接线盒体为三相四线式或三相三线式，接线盒体上设有电压接线端子和电流接线端子。电压接线端子用来连接电能表的电压线圈和电压互感器的二次线圈。电流端子用来连接电能表电流线圈和电流互感器的二次线圈。

联合接线盒的连接片有电压连接片和短路电流连接片。电压连接片在闭合位置时，电压线圈中有电流通过，线圈两端电压为系统电压。电压连接片在断开位置时，电压线圈两端电压为零，无电流通过。短路电流连接片的位置，应与电流回路的连接方式相配合，电流线圈的接线原则为"相邻进，相隔出""相隔进，相邻出"。两个电流连接片都闭合时，负载电流不再流过电流线圈。

三相四线联合接线盒的正、反面结构如图3-7所示。

联合接线盒的使用注意事项如下：

（1）联合接线盒安装完毕投入运行前，要检查接线螺钉、连接片是否紧固可靠，不要因其松动或位移造成端子发热或短路而影响电能计量。

二维码3-4 三相四线联合接线盒

（2）联合接线盒外接仪表仪器时，注意接线正确，分清电压相序，防止短路，理顺电流回路进出线，不开路。

（3）现场校验、检查计量装置或更换电能表时，接线盒中需要断开、短接端子，必须准确无误。

（4）联合接线盒使用完毕，核查其接线是否恢复到正常运行状态，要对联合接线盒盖板加封，并清理工作现场。

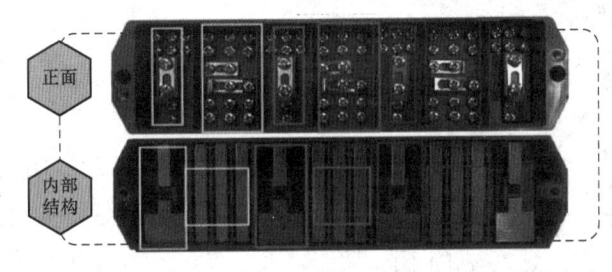

图3-7 三相四线联合接线盒的正反面结构

三、三相四线电能表的接线原理

在低压配电网中，线路一般采用三相四线制，其中三条线路分别代表U、V、W三相，另一条是中性线N或PEN（如果该回路电源侧的中性点接地，则中性线也称为零线）。在进入用户的单相线路中，有两条线，一条称为相线L，另一条称为中性线N，中性线正常情况下要通过电流以构成单相线路中电流的回路。而三相系统中，三相平衡时，中性线（零线）是无电流的，故称三相四线制；在380V低压配电网中为了从380V线间电压中获得220V相间电压而设N线，有的场合也可以用来进行零序电流检测，以便进行三相供电平衡的监控。

三相四线电能表有10个端子，其中1、4、7为电流进线端子，3、6、9为电流出线端子，2、5、8为电压端子，10为零线端子。

三相四线电能表的接线有三种：①直接接入；②经电流互感器接入；③经电流、电压互

1. 直接接入

三相四线有功电能表直接接入如图3-8所示，相线U、V、W分别接在1、4、7端，3、6、9端接负载，零线接10号端。

2. 经电流互感器接入

相线U、V、W分别接电流互感器一次侧首端，电流互感器一次侧末端接负载，电能表1、4、7端分别接电流互感器的二次侧首端，3、6、9端分别接电流互感器的二次侧末端，电能表的2、5、8端分别接电流互感器一次侧端，其连接片应拆下。经电流互感器接入三相四线电能表接线原理图如图3-9所示。

二维码3-5 三相四线电能表接线（直接接入式）

二维码3-6 三相四线电能表接线（低压经互感器接入）

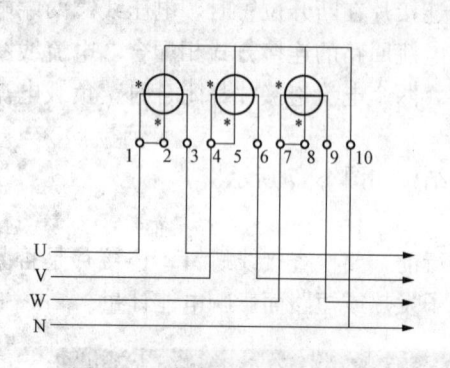

图3-8 直接接入式三相四线电能表接线原理图

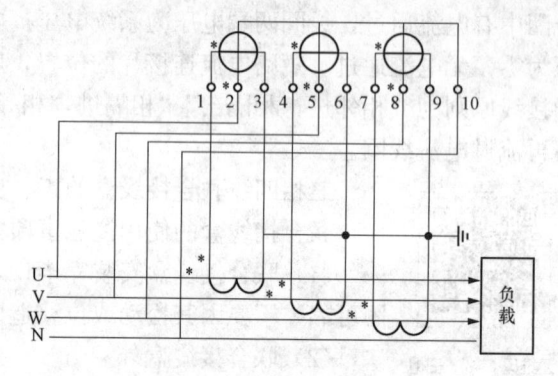

图3-9 经电流互感器接入式三相四线电能表接线原理图

带联合接线盒的经电流互感器接入式三相四线电能表接线原理图如图3-10所示。

3. 经电流、电压互感器接入

高压三相四线有功电能表经电流互感器、电压互感器接线，需要接10根线：6根电流线、4根电压线。相线U、V、W分别接电流互感器一次侧首端，一次侧末端接负载，电能表1、4、7端分别接电流互感器的二次侧首端，3、6、9端分别接电流互感器的二次侧末端；相线U、V、W分别接电压互感器一次侧首端，电压互感器一次侧末端接中性线N，电能表的2、5、8端子分别接电压互感器的二次侧首端，电能表的10端子接电压互感器的二次侧末端，并且电压互感器二次侧末端同时接地。

图3-10 带联合接线盒的经电流互感器接入式三相四线电能表接线原理图

经电流、电压互感器接入三相四线电能表接线原理图如图3-11所示。

三相四线有功电能表接线的注意事项如下：

（1）三相四线有功电能表的中性线 T 接到电源的零线上。

（2）电能表的中性线不得开断后进、出电能表。防止由于中性线在电能表连接部位短路，引起在三相负荷不平衡时发生零点漂移而引发供电事故。

（3）注意电压的连接片要上紧以防止松脱，造成断压故障。

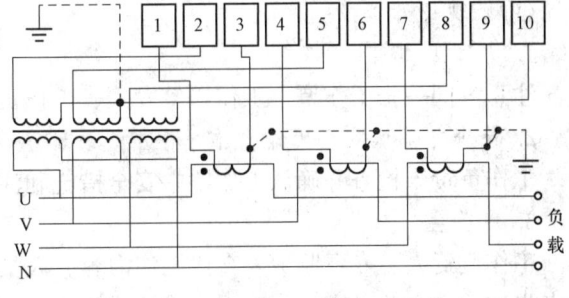

图 3-11　经电流、电压互感器接入三相四线电能表接线原理图

任务实施

参照下列任务完成三相四线电能计量装置的安装接线及接线检查。

任务描述：某用户报装 80kVA 变压器 1 台，工作流程已到装表接电阶段，要求完成电能计量装置的现场安装及送电后检查。

具体的任务实施过程如下：

（一）任务接受

接收"电能计量装置装拆工作单"，详读工作任务单，明确用户名称、用户编号、用电性质、计量方式、电压等级、变压器容量和供电线路等。

（二）现场勘查

1. 工作预约

提前联系用户，预约现场勘查时间。

2. 现场勘查

配合相关专业进行现场勘查，查看计量点设置的合理性，计量方案与设计要求的相符性，计量屏柜安装到位情况。具体勘查内容如下：

（1）核实计量方案，要求与装拆工作单一致；

（2）确认变压器二次侧主进线，要求先进入电能计量装置再进入用户负荷开关，防止窃电。

（3）查看计量二次回路，不允许接入其他设备，电能计量装置电压应取互感器一次侧进线前电源。

（4）检查确认计量柜（箱）完好，计量柜（箱）内有足够的空间装设电能计量装置。

（5）计量柜（箱）能够加锁加封保证计量装置的独立性。

（三）作业前准备

1. 工作预约

提前联系客户，核对电能表型式和参数，约定现场装拆时间。

2. 办理工作票

（1）依据工作任务填写工作票（或现场任务派工单）。

（2）办理工作票签发手续。

（3）不具备工作票开具的情况，可填写现场任务派工单等。

3. 领取材料

凭装拆工作单领取所需电能表、封印等，并核对所领取的材料是否符合装拆工作单要求。

4. 检查工器具

选用合格的安全工器具，检查工器具应完好、齐备。

(四) 现场开工

1. 办理工作票许可

注意：同一张工作票，工作票签发人、工作负责人、工作许可人三者不得相互兼任。

2. 检查并确认安全工作措施

工作负责人检查并确认工作票中安全措施和注意事项。

3. 班前会

工作负责人、专责监护人交代工作内容、人员分工、带电部分和现场安全措施，进行危险点告知，进行技术交流，并履行确认手续。

(五) 装表

1. 根据现场情况检查所准备施工材料，是否符合现场计量安装需求

根据装拆工作单核对用户信息、计量装置信息，防止因信息错误造成计量差错。

××公司电价文件规定：100kVA 及以上用电性质为普通工业、非普工业、大宗工业，应使用四费率电能表，其他用户使用三费率电能表。根据××公司要求，该用户应安装三费率电能表，确认领取的电能表费率与规定一致。

2. 断开电源并验电

(1) 核对作业间隔。

(2) 对计量柜（箱）进行验电。

使用适合被检设备电压等级且合格的验电笔，对计量柜（箱）金属裸露部分进行验电。验电前，应先在有电设备上进行试验，确认验电笔良好。验完电后，应再次在有电设备上进行试验，确认验电笔良好。验电笔验电时应不戴手套，尾端（或实验端）与人体接触，验电笔前段碰触被检设备。验电时应有两人，一人操作一人监护。

(3) 确认电源进、出线方向，确认断开进、出线开关，且能观察到明显断开点。

(4) 使用验电笔再次进行验电，确认互感器一次进出线等部位均无电压后，装设接地线。

图 3-12 电流互感器进线示意图

3. 安装互感器

(1) 电流互感器一次绕组与电源串联接入，并可靠固定。

(2) 同一组的电流互感器应采用制造厂、型号、额定电流变比、准确度等级、二次容量均相同的互感器。

(3) 电流互感器进线端极性符号应一致，互感器一次侧 P1 为变压器低压二次主线进线侧，如图 3-12 所示。

4. 安装联合接线盒

联合接线盒水平安装时，电压连接片螺栓松开，连接片应自然掉落；垂直安装时，电压连接片在断开位置时，连接片应处在负荷侧（电能表侧）。联合接线盒电压回路不得安装熔断器；电流回路应有一个回路错位连接，联合接线盒所有螺栓和连接片应压接可靠（见图 3-13）。

5. 安装电能表

安装电能表时，应把电能表牢固地固定在计量柜（箱）内，安装三颗螺钉固定，要求水

平倾斜度不大于1°。电能表显示屏应与观察窗对准，本地费控电能表电卡插座应与插卡孔对准。

高供低计的用户，计量点到变压器低压侧的电气距离不宜超过20m。

计量屏柜（箱）应安装到位，电能表与负控终端之间间距应大于8cm，电能表与箱体之间间距应大于4cm，互感器之间间距应大于10cm。

6. 连接二次回路导线

电流互感器至电能表的二次回路不得有接头或中间连接端钮（联合接线盒除外）；连接前采用500V绝缘电阻表测量其绝缘应符合要求；校对互感器二次回路导线，并分别编码标识；互感器的二次绕组与联合接线盒之间应采用六线连接。具体接线方法与工艺要求如下：

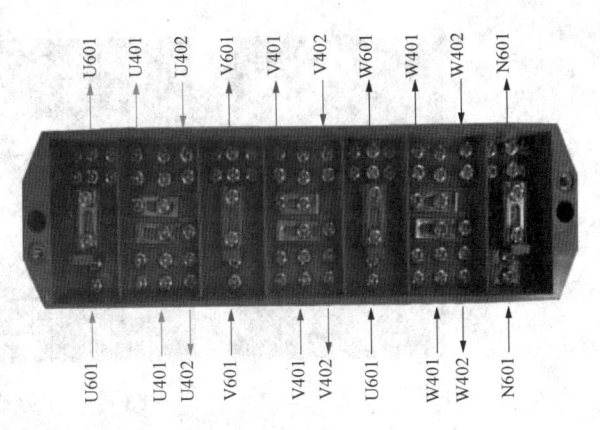

图3-13 联合接线盒接线示意图

（1）按照"先出后进、先零后相、从右到左"的原则进行接线。所有布线要求横平竖直、整齐美观，连接可靠、接触良好。导线应连接牢固，螺栓拧紧，导线金属裸露部分应全部插入接线端钮内，不得有外露、压皮现象。

（2）根据计量柜（箱）接线图核对、检查确保接线正确，布线规范。导线的敷设及捆扎应符合规程要求。

当使用尼龙扎带时，线把应捆扎紧密、均匀、牢固。尼龙扎带直线间距为80～100mm，线束折弯处捆扎应对称，转弯对称30～40mm处应做捆扎，线束捆扎时使用尼龙扎带应从捆扎头插入线束进行捆扎，所有尼龙扎带要求捆扎方向一致（见图3-14）。

图3-14 导线捆扎效果图

（3）电压线压接应用T接线法，对多股电缆线应打开电缆线进行捆扎，搭接完毕后，应使用绝缘胶布分相色进行绝缘处理，保证安全（见图3-15）。

（4）互感器螺栓应使用羊眼圈进行压接，羊眼圈的开口要紧凑，羊眼圈开口的方向应与螺栓旋紧方向一致，羊眼圈应使用双垫片及弹簧垫旋紧（见图3-16）。

电流互感器接线，电压线应在互感器一次侧进线侧接取（见图3-17）。

（5）接线螺栓旋紧，应先紧上面螺栓，后紧下面螺栓，铜线应受力变形有印痕为宜（见图3-18）。

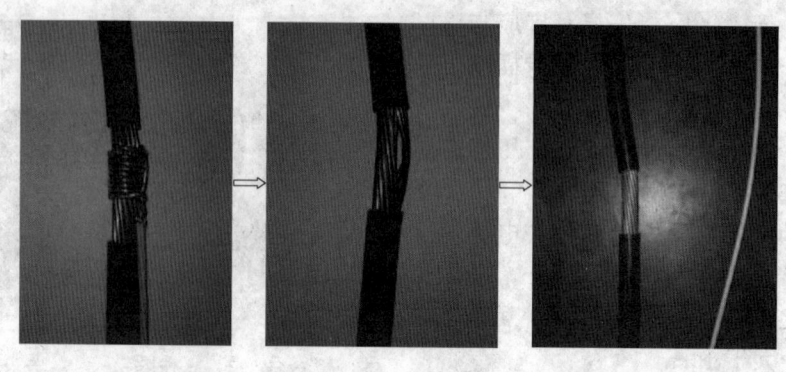

图 3-15 T 接线法

图 3-16 羊眼圈的使用方式

图 3-17 电流互感器接线效果图 图 3-18 铜线压痕

7. 安装完毕后检查

(1) 复核所装电能表、互感器及互感器所装相别和工作单上所列相符,未错装。

(2) 检查电能表和互感器的接线螺栓已拧紧,互感器一次端子垫圈和弹簧圈无缺失。

(3) 检查电能表、互感器安装牢固,电能表倾斜度不大于1°。

(4) 检查电能表的接线是否正确,特别要注意极性标志和电压、电流接头所接相位是否对应。

(5) 核对电能表接线组别与需求一致。

(6) 检查联合接线盒内连接片位置,确保正确。

(7) 二次导线应使用单芯铜质绝缘导线,电压回路截面积为 2.5mm² 以上,电流回路截面积为 4mm² 及以上,中间不能有接头和施工伤痕。

(8) 所有布线横平竖直、整齐美观，连接可靠、接触良好。导线连接牢固，螺栓拧紧，导线金属裸露部分全部插入接线端钮内，没有外露、压皮现象。

（六）送电后检查

(1) 拆除接地线。

(2) 对新装电能计量装置进行通电，通电前应再次确认出线侧开关处于断开位置。

(3) 合上进线侧开关，确认电能表工作状态正常。

(4) 合上出线侧开关，确认电能表正常工作，客户可以正常用电。带负荷观察电能表脉冲闪烁频率与负荷大小的对应关系，以此判断电能表工作状态。

(5) 用验电笔测试电能表外壳、中性（零）线端子、接地端子应无电压。

二维码3-7 低压三相四线电能表直接接线、低压三相四线电能表经电流互感器接线、低压三相四线电能表联合接线

(6) 检查电能表相线、中性（零）线的接线：

1) 用万用表测量电能表的相电压，正常情况下，电压值在220V左右；

2) 测量三相间的线电压，正常情况下，电压值在380V左右；

3) 测量电源线同相的相电压和线电压，与电能表尾压差应小于1V；

4) 对照电能表显示电压数据，核对电压与表尾测量值应一致。

(7) 测量相序。用相序表测量相序：正转，正相序；反转，逆向序，需要断开电源，并将其中两相电压、电流同时对调。

(8) 测量电流值。用钳形电流表测量每相电流值，对照电能表显示电流数据，核对电流值与互感器二次电流测量值一致。

(9) 核对互感器倍率。用大量程钳形电流表测量电源线上的每相电流值。将所测得的同相一次电流值与之前测得的二次电流做比值，与电流互感器变比核对，倍率值应基本相等。

(10) 核对电能表和互感器接线方式。对电能计量装置接入极性、断流、分流、断压等错误进行检查。

(11) 空载检查。检查电能表在电压线圈是否有电压，电流线圈无电流情况下脉冲灯有无闪烁（正常情况下在空载状态下电能表脉冲灯应不闪烁）。

（七）收工

1. 实施封印

确认安装无误后，正确记录电能表各项读数，对电能表、计量柜（箱）、联合接线盒、互感器加装安装封，记录封印编号。

2. 填写装拆工作单

完成电能表装拆工作单的填写。

3. 清理现场

清点工器具，打扫施工现场，做到工完、料净、场地清。

4. 现场完工

请客户现场签字确认。

5. 办理工作票终结

办理工作票终结手续；拆除现场安全措施。

任务三　三相三线电能计量装置接线

任务描述

在三相电路中，当三相负载平衡时，可采用三相三线电能表计量用户的用电量。通过本任务的学习，掌握三相三线电能表的测量原理及接线原理，并能够完成三相三线电能计量装置的安装接线及接线检查。

学习目标

知识目标：
（1）掌握三相三线电能表的测量原理。
（2）掌握三相三线电能表的接线原理。

能力目标：
（1）能画出三相三线电能表接线原理图。
（2）能正确使用三相三线联合接线盒。
（3）能正确完成三相三线电能计量装置的安装接线。
（4）能进行三相三线电能计量装置的接线检查。

素质目标：
（1）主动学习，在三相三线电能计量装置接线检查的过程中发现问题、分析问题和解决问题。
（2）能举一反三，团结协作。

基本知识

一、三相三线电能表的测量原理

在电力系统中，根据安全运行的需要，变压器的中性点分为直接接地、不接地和不完全接地三种情况。三相三线有功电能计量方式广泛用于电力系统和电力用户的电能计量，它所计量的电能所占比例较大，除了少数高供低计的方式外，三相三线有功电能计量装置属于重要的电能计量装置。一般 10kV 高压供电系统采用三相三线的供电方式，所以高压系统大多采用三相两元件电能表计量电能，即三相三线电能表。

两表法测量三相三线制电路有功功率的接线图如图 3-19 所示。从图中可以看到，第一元件接入电压为 U、V 间电压，电流为 U 相电流；第二元件接入电压为 W、V 间电压，电流为 W 相电流。

画出三相三线电能表的相量图，如图 3-20 所示，对照相量图，可得三相三线电能表功率表达式如下。

图 3-19　两表法测量三相三线制电路有功功率的接线图

三相负载对称时

$$U_L = U_U = U_V = U_W, I_L = I_U = I_V = I_W$$

项目三 电能计量装置接线　　57

$$P = P_1 + P_2 = U_{UV}I_U\cos(30°+\varphi_U) + U_{WV}I_W\cos(30°-\varphi_W) = \sqrt{3}U_L I_L\cos\varphi$$

二、联合接线盒

三相三线联合接线盒的结构如图 3-21 所示，图中电压端子分别接入 U、V、W 三相电压，电流端子分别接入 U 相电流和 W 相电流。

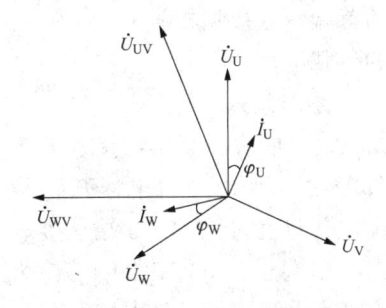

图 3-20　三相三线电能表相量图

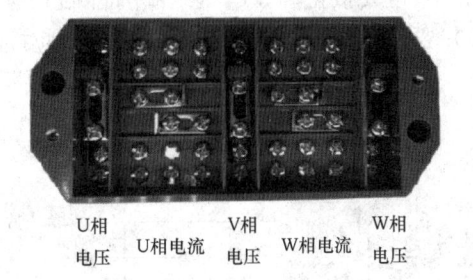

图 3-21　三相三线联合接线盒的结构

三、三相三线电能表的接线原理

三相三线电能表的接线方式主要分为两种：一种是直接接入式；另一种是经互感器接入式。

1. 直接接入

三相三线电能表直接接入式标准接线有两种：

二维码 3-8　三相三线联合接线盒

（1）三相三线电能表直接接入式的标准接线 1。如图 3-22（a）所示，这种电能表的接线盒有 8 个接线端子，从左向右编号为 1、2、3、4、5、6、7、8。其中 1、4、6 是进线端子，用来连接电源的三根相线；3、5、8 是出线端子，三根相线从这里引出分别接到出线总开关的三个进线端子上；2、7 是连通电压线圈的端子。在直接接入式电能表的接线盒内有两块连接片分别连接 1 与 2、6 与 7，这两块连接片不可拆下，并应连接可靠。

二维码 3-9　三相三线电能表接线

（2）三相三线电能表直接接入式标准接线 2。现在有部分三相三线电能表的接线盒对外呈现的是 7 个接线桩头，也就是图 3-22（b）所示的 4、5 两个端子，对外合并为一个端子，所以这部分电能表对外端子从左向右编号为：1、2、3、4、5、6、7，1 和 5 为两个电流的进线端子，3 和 7 为电流的出线端子，2、4、6 为三个电压进线端子。

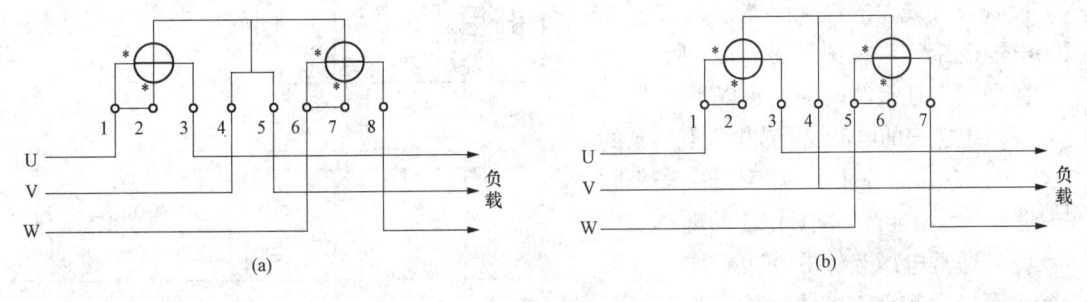

图 3-22　直接接入式三相三线电能表接线原理图

三相三线有功电能表直入式接线要求：

（1）接线前检查电能表的型号、规格及负载的额定参数，电能表的额定电压应与电源电压一致，额定电流不应小于负载电流，并检查表的外观应完好。

（2）与电能表相连的导线必须使用铜芯绝缘导线，导线的截面积符合导线安全载流量及机械强度的要求，对于电压回路导线的截面积不小于 2.5mm^2，对于电流回路导线的截面积不应小于 4mm^2，截面积为 6mm^2 及以下的导线应使用单股线，导线中间不得有接头。

（3）极性要接正确，电压线圈的首端应与电流线圈的首端一起接到相线上。

（4）要按正相序接线，开关、熔断器应接在电能表的负载侧。

2. 经互感器接入

三相三线电能表经互感器接入的接线原理图如图 3-23 所示。2 台电压互感器采用 V/v 接线，电能表的 2、4、6 端子接电压互感器的二次侧端子；电能表的 1、5 端子为电能表的电流进线端子，分别接 2 台电流互感器二次侧的首端；电能表的 3、7 端子为电能表的电流出线端子，分别接两台电流互感器二次的末端。

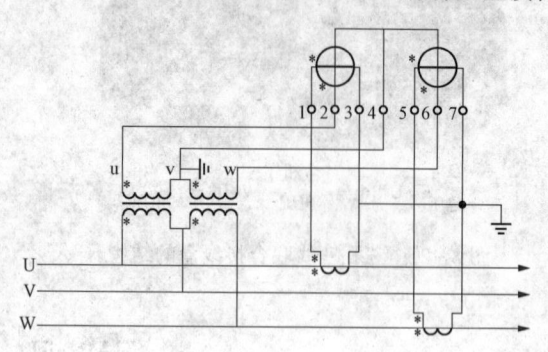

图 3-23 经互感器接入式三相三线电能表接线原理图

三相电能表的接线，必须遵守 DL/T 448—2016《电能计量装置技术管理规程》的规定：

（1）接入中性点绝缘系统的 3 台电压互感器，35kV 及以上的宜采用 Yy 方式接线；35kV 以下的宜采用 Vv 方式接线。

（2）低压供电，计算负荷电流为 60A 及以下时，宜采用直接接入电能表的接线方式；计算负荷电流为 60A 以上时，宜采用经电流互感器接入电能表的接线方式。

（3）三相三线制接线的电能计量装置，其 2 台电流互感器二次绕组与电能表之间宜采用四线连接。

（4）三相四线制接线的电能计量装置，其 3 台电流互感器二次绕组与电能表之间宜采用六线连接。

带联合接线盒的经互感器接入式三相三线电能表接线原理图如图 3-24 所示。

在采用上述接线时应注意以下几点：

（1）电能表的电流线圈或电流互感器的一次绕组必须串联在相应的相线上，若串联在中性线上就可能产生漏计电能的现象。

（2）通常电压互感器一次侧均装有熔断器，而二次侧由于熔体容易产生接触不良会增大二次侧电压降，产生计量误差，因此，有关规定 35kV 及以下贸易结算用电压互感器应不装设熔断器，而 35kV 以

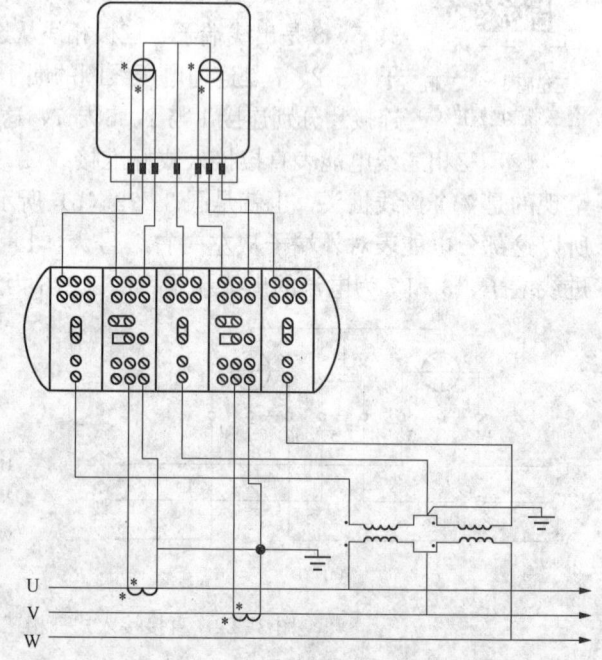

图 3-24 带联合接线盒的经互感器接入式三相三线电能表接线原理图

上电网的短路容量大，二次侧必须有熔断器保护，以免造成主设备事故。

四、三相三线电能表接线的检查

在低压电路中，大部分都是采用直入式的方法，接线比较简单，接线错误也是比较容易被看出来的，但是在高压线路中，电能表接入电压和电流互感器中，由于互感器有极性、相序问题，以致错接的可能性大为增加。因此，对于新安装或更换的电能表和互感器，以及变动过二次回路接线的电能表，都必须对接线进行检查。

1. 检查三相电压是否正常

电压一般三相是平衡的，如果相差很多可能就是回路接线错误，也可能是电压互感器一次侧保险丝熔断，或者是极性不对。

2. 检查三相电流是否正常

三相电压是平衡的，三相电流也应该是基本相等的，如果三个电流相差太大，则往往是电流互感器极性连接错误。

3. 分相检查转矩

（1）分别拆下 U、W 相电压的保险丝，即分别断开 U、W 相电压，使三相三线电能表的两个元件不正常，若三相负载平衡，$\cos\varphi=1$，在相同时间内，两者的转速应近似相等。如果在 $\cos\varphi<1$ 的情况下，断开 W 相电压，此时圆盘的转速应比断开 U 相电压时的转速慢。这是因为第一组元件电流与电压的夹角大，有功功率较小的缘故，如果分别断开 U、W 相电压，发现电能表反转，即表示 I_U 或 I_W 在电能表进出线上有可能接反。

（2）断开 V 相电压，此时功率因数若与原来的相同，则圆盘的转速应比断开的 V 相电压前的转速慢一倍，因为断开 V 相电压时，就相当于两个电压线圈串联后接上了 U_{UW} 电压。这时，每个电压线圈所承受的电压即为原来的 1/2。若接线错误，则不会保持这个比例关系。

任务实施

参照下列任务完成三相三线电能计量装置的安装接线及接线检查。

任务描述：某 10kV 用户报装新装 500kVA 变压器一台，采用高供高计计量方式，电流互感器变比为 30/5，工作流程已到装表接电阶段，要求完成电能计量装置的现场安装任务实施。具体的任务实施过程如下。

（一）任务接受

接收"电能计量装置装拆工作单"，详读工作任务单，明确客户名称、客户编号、用电性质、计量方式、电压等级、变压器容量和供电线路等。

（二）现场勘查

1. 工作预约

提前联系用户，预约现场勘查时间。

2. 现场勘查

配合相关专业进行现场勘查，查看计量点设置的合理性，计量方案与设计要求的相符性，计量屏柜安装到位情况。适用于有高压配电室的客户具体勘查内容如下：

单母线接线，电压、电流互感器安装在进线侧，计量专用互感器。

接线方式：三相三线制，电流互感器二次二相四线接线，电压互感器采用 V/v 接线，或三相四线制，电流互感器二次六线接线，电压互感器采用 Y/y 接线。

（三）作业前准备

1. 工作预约

提前联系用户，约定现场安装时间核对电能表型式和参数，核对工单所列的计量装置是否与用户的供电方式和容量相适应，如有疑问应及时向有关部门提出。

2. 依据工作任务办理工作票

（1）依据工作任务填写工作票。

（2）办理工作票签发手续。

办理第一种工作票，标明施工位置及保障安全的措施。

3. 领取材料

凭装拆工作单到库房领取所需材料清单：电能表、互感器、封印等，并核对所领取的材料是否符合装拆工作单一致，是否满足技术规程的配置要求。

4. 检查工器具

选用合格的安全工器具，检查工器具应完好、齐备。

（四）现场开工

1. 办理工作票许可

（1）告知用户或有关人员，说明工作内容。

（2）办理工作票许可手续。在用户电气设备上工作时应由供电公司与用户方进行双许可，双方在工作票上签字确认。用户方由具备资质的电气工作人员许可，并对工作票中安全措施的正确性、完备性，现场安全措施的完善性以及现场停电设备有无突然来电的危险负责。

（3）会同工作许可人检查现场的安全措施是否到位，检查危险点预控措施是否落实。注意：同一张工作票，工作票签发人、工作负责人、工作许可人三者不得相互兼任。

2. 检查并确认安全工作措施

工作负责人检查并确认工作票中安全措施和注意事项。

（1）高、低压设备应根据工作票所列安全要求，落实安全措施。涉及停电作业的应实施停电、验电、挂接地线或合上接地刀闸、悬挂标识牌后方可工作。工作负责人应会同工作票许可人确认停电范围、断开点、接地、标识牌正确无误。工作负责人在作业前应要求工作票许可人当面验电，必要时工作负责人还可使用自带验电器重复验电。

（2）应在作业现场装设临时遮拦，将作业点与邻近带电间隔或带电部位隔离。工作中应保持与带电设备的安全距离。

3. 班前会

工作负责人、专责监护人交代工作内容、人员分工、带电部分和现场安全措施，进行危险点告知及技术交流，并履行确认手续。

防止危险点未告知和工作班成员状态欠佳，引起人身伤害和设备损坏。

（五）装表

1. 验电确定工作现场无电

（1）核对作业间隔。

（2）对计量柜（箱）进行验电。

（3）确认电源进、出线方向，确认断开进、出线开关，且能观察到明显断开点。

（4）确认互感器一次进出线等部位均无电压后，装设接地线。

2. 安装电流互感器

(1) 电流互感器应外观无破损，安装牢固，互感器外壳的金属部分应可靠接地。

(2) 电流互感器铭牌信息应正确，同一组电流互感器的制造厂、型号、额定电流变比、准确度等级、二次容量均应相同。

(3) 电流互感器减极性接入，一次接线如图3-25所示，二次接线如图3-26所示。

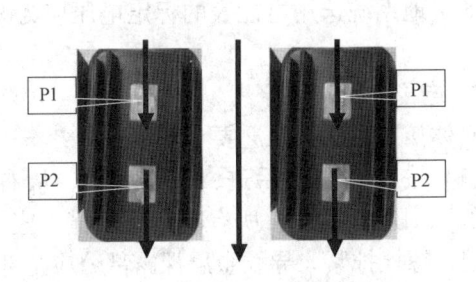

图3-25 电流互感器分相一次接线图

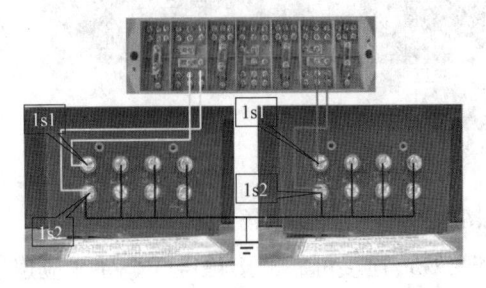

图3-26 电流互感器分相二次接线图

(4) 电流互感器二次接线，U、V、W相导线应分别为黄、绿、红三色，接地线为黄绿线，线径为4mm^2，应配有垫片，用螺栓旋紧固定。

3. 安装电压互感器

(1) 电压互感器外观应无破损，安装牢固。

(2) 电压互感器铭牌信息应正确，同一组电压互感器的制造厂、型号、额定电压变比、准确度等级、二次容量均应相同。

(3) 电压互感器一、二次连接极性应一致，接线图如图3-27所示。

(4) 电压互感器二次接线，U、V、W相导线应分别为黄、绿、红三色，接地线为黄绿线，线径为2.5mm^2，应配有垫片，用螺栓旋紧固定。

4. 安装联合接线盒

高压计量装置应配置三相三线接线盒，联合接线盒水平安装时，电压连接片螺栓松开，连接片应自然掉落；垂直安装时，电压连接片在断开位置时，连接片应处在负荷侧（电能表侧）。联合接线盒电压回路不得安装熔断器；电流回路应有一个回路错位连接，联合接线盒所有螺钉和连接片应压接可靠（见图3-28）。

5. 安装电能表

(1) 安装电能表时，应把电能表牢固地固定在计量柜（箱）内，安装3颗螺钉固定，要求水平倾斜度不大于1°，电能表显示屏应与观察窗对准，本地费控电能表电卡插座应与插卡孔对准。

图3-27 电压互感器V/v接线示意图

(2) 周围环境应干燥明亮，不易受损、受震，无自然磁场之外的磁场干扰及烟灰影响。

(3) 无腐蚀性气体，易蒸发液体的侵蚀。

(4) 运行安全可靠，抄表读数、校验、检查、轮换方便，表位置的环境温度应不超过电

图 3-28 三相三线联合接线盒接线示意图

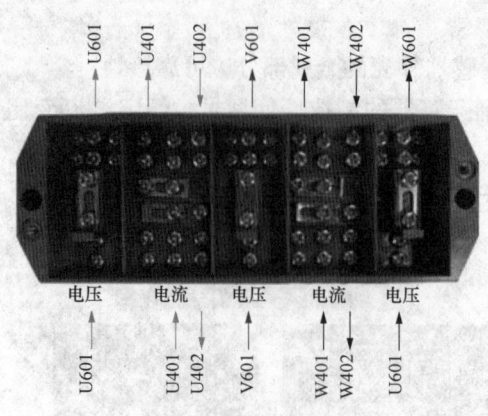

能表规定的工作温度范围，即对 A、B 组别为 0~50℃。

（5）电能表的型号与互感器的连接方式与一次系统接地方式相对应，中性点非有效接地系统选用电能表的标定电压应为 3×100，中性点有效接地系统选用电能表的标定电压应为 3×57.7/100。

6. 连接二次回路导线

具体接线方法与工艺要求如下：

（1）按照"先出后进、先零后相、从右到左"的原则进行接线。所有布线要求横平竖直、整齐美观，连接可靠、接触良好。导线应连接牢固，螺栓拧紧，导线金属裸露部分应全部插入接线端钮内，不得有外露、压皮现象。

（2）根据计量柜（箱）接线图核对、检查确保接线正确，布线规范。导线的敷设及捆扎应符合规程要求。

7. 安装完毕后检查

（1）复核所装电能表、互感器及互感器所装相别和工作单上所列相符，未错装。

（2）检查电能表和互感器的接线螺栓已拧紧，互感器一次端子垫圈和弹簧圈无缺失。

（3）检查电能表、互感器安装牢固，电能表倾斜度不大于 1°。

（4）检查电能表的接线是否正确，特别要注意极性标志和电压、电流接头所接相位是否对应。

（5）核对电能表接线组别与需求一致。

（6）检查联合接线盒内连接片位置，确保正确。

（7）二次导线应使用单芯铜质绝缘导线，电压回路截面积为 2.5mm² 以上，电流回路截面积为 4mm² 及以上，中间不能有接头和施工伤痕。

（8）所有布线横平竖直、整齐美观，连接可靠、接触良好。导线连接牢固，螺栓拧紧，导线金属裸露部分全部插入接线端钮内，没有外露、压皮现象。

（六）送电后检查

（1）拆除接地线。

（2）对新装电能计量装置进行通电，通电前应再次确认出线侧开关处于断开位置。

（3）合上进线侧开关，确认电能表工作状态正常。

（4）合上出线侧开关，确认电能表正常工作，客户可以正常用电。

（5）带负荷观察电能表脉冲闪烁频率与负荷大小的对应关系，以此判断电能表工作状态。

二维码 3-10 高供高计三相三线电能表接线、三相三线电能表联合接线

（6）用验电笔测试电能表外壳、零线端子、接地端子应无电压。

（7）检查电能表相线、中性（零）线的接线。

1）用万用表测量电能表三相间的线电压，正常情况下，电压值在 100V 左右；

2）测量电源线同相的相电压和线电压，与电能表尾压差应小于 1V；

3）对照电能表显示电压数据，核对电压与表尾测量值应一致。

（8）测量相序。用相序表测量相序：正转，正相序；反转，逆向序，需要断开电源，并将其中两相电压、电流同时对调。

（9）测量电流值。用钳形电流表测量每相电流值，对照电能表显示电流数据，核对电流值与互感器二次电流测量值一致。

（10）核对互感器倍率。用大量程钳形电流表测量电源线上的每相电流值。将所测得的同相一次电流值与之前测得的二次电流做比值，与电流互感器变比核对，倍率值应基本相等。

（11）核对电能表和互感器接线方式。对电能计量装置接入极性、断流、分流、断压等错误进行检查。

（12）空载检查。检查电能表在电压线圈是否有电压，电流线圈无电流情况下脉冲灯有无闪烁（正常情况下在空载状态下电能表脉冲灯应不闪烁）。

（七）收工

1. 实施封印

确认安装无误后，正确记录电能表各项读数，对电能表、计量柜（箱）、联合接线盒、互感器加装安装封，记录封印编号。

2. 填写装拆工作单

完成电能表装拆工作单的填写。

3. 清理现场

清点工器具，打扫施工现场，做到工完、料净、场地清。

4. 现场完工

请客户现场签字确认。

5. 办理工作票终结

办理工作票终结手续；拆除现场安全措施。

项目四　电能计量装置接线检查与分析

项目描述

电能计量装置是准确获取供用电双方电能量数据的工具，同时也是企业加强内部管理、实行经济核算必不可少的手段，因此，电能计量装置准确性、正确性越来越受到人们的重视。要确保计量装置准确、可靠，必须确保：

（1）电能表和互感器的误差合格；

（2）互感器的极性、组别及变比、电能表倍率都正确；

（3）电能表铭牌参数与实际的电压、电流、频率数据相对应；

（4）根据电路的实际情况合理选择电能表接线方式；

（5）二次回路的负荷应不超过电流互感器或电压互感器的额定值；

（6）电压互感器二次回路电压降应满足要求；

（7）电能表接线正确。

经过检定的电能表或互感器其基本误差一般都较小，但错误的接线所带来的误差可能高达百分之几十，因此，正确的接线也是保证准确计量的前提。

在电力系统和电力用户中，计量装置的错误接线是有可能发生的，若有人为窃电，错误的接线更是花样百出。除互感器二次开路、短路、熔丝断路等明显造成计量不准确的电路状态外，还有一些常见的错误接线，如一相或二相电流反接；电流二次接线相位错误；电压互感器二次线相位错误；电流和电压相位、相别不对应等。

单相电能表或直接接入式三相电能表，其接线较为简单，差错少，即使接线有错误也比较容易发现和改正；而高压用户所使用的经互感器接入的三相三线电能表，则比较容易发生错误接线。因为是电流、电压二次回路两者的组合，再加上极性接反和断线等就有几百种可能的错误接线方式，所以，研究三相三线电能表的接线是具有代表意义的。三相三线接线的检查方法也同样适用于经互感器接入的三相四线电能表接线的检查。

电能计量装置一旦发生错误接线，后果很严重，在查出错误接线后，应尽快加以改造，并进行退补电量计算。

本项目主要学习数据测量方法、分析判断错误接线形式、进行更正系数计算、更正接线等内容。学习完本项目应具备以下专业能力、方法能力、社会能力：

（1）专业能力：具备电能表接线图识图、绘图的能力。

（2）方法能力：具备单相电能表、三相电能表接线分析的能力。

（3）社会能力：具备服从指挥、遵章守纪、吃苦耐劳、主动思考、认真细致地安全作业的能力。

学习目标

一、知识目标
(1) 熟悉电能表的接线形式；
(2) 掌握相量图的含义和相量图绘制方法；
(3) 掌握电能计量装置错误接线更正系数的计算方法。

二、能力目标
(1) 能说出电能表的接线形式；
(2) 能进行电能计量装置的接线检查分析；
(3) 能进行电能计量装置接线图绘制。

三、素质目标
(1) 愿意交流、主动思考，善于在反思中进步；
(2) 学会服从指挥、遵章守纪、吃苦耐劳、安全作业；
(3) 学会团队协作、认真细致、保证目标实现。

知识背景

一、相量图

（一）相量的基本概念

相量是电子电工学中用以表示正弦量大小和相位的矢量。当频率一定时，相量表征了正弦量。将同频率的正弦量相量画在同一个复平面中（极坐标系），称为相量图。在作相量图时，先用一个交流量作为参考相量，一般将参考相量画在纵轴或横轴上，再根据其他相量对这个相量的相角差即可画出各个相量。

我国交流系统中，交流电的频率是 50Hz，则周期为 0.02s，从图 4-1 所示的正弦交流电的瞬时值图可知，电流滞后电压 0.005s，即相角差为 φ，$\varphi = 360°ft = 360° \times 50 \times 0.005 = 90°$，以 $\dot{U}$ 为基准作参考相量，按顺时针方向旋转 90°的位置上按比例即可画出 $\dot{I}$。如图 4-2 所示。

图 4-1 电压 $\dot{U}$ 与电流 $\dot{I}$ 的瞬时值图

在相量图上以这样的方法来定相量的超前及滞后：固定一位置 N（见图 4-2），使相量图逆时针旋转，先经过 N 位置的相量为超前，后经过 N 位置的相量为滞后，它们之间的夹角即为相角差。当相量图逆时针旋转时，$\dot{U}$ 先经过 N 位置再旋转 90°后 $\dot{I}$ 经过 N 位置，所以称 $\dot{U}$ 超前 $\dot{I}$ 的角度为 90°，或称 $\dot{I}$ 滞后 $\dot{U}$ 的角度为 90°。记住超前和滞后的意义，对于了解和掌握相量图的画法很必要。

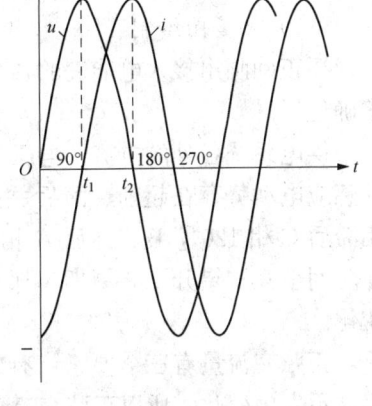

图 4-2 电压 $\dot{U}$ 与电流 $\dot{I}$ 相量图

（二）相量图作图的一般规定

用相量表示正弦交流电，一般应按如下规定作图：

（1）同频率的正弦变化相量可以画在一个相量图中，不同频率的正弦变化量的相量不能画在一个相量图中；

（2）正弦变化的量能用相量图表示，非正弦变化的量不能用相量图表示；

（3）在画相量时，不用正弦交流电的最大值作为代表相量的长度，应按有效值表示相量图的长度；

（4）在一个相量图中，同单位量的比例尺应相同；

（5）一般要先设某一个相量为参考相量，参考相量一般画在纵轴或横轴上，然后再根据其他相量图与参考相量的相角差，画出其他各相量；

（6）相量可以平移而其相位与性质无变化，在相量图中任意不同相位的两个相量都有夹角，采用不大于180°的相应角度表示它们的相位差；

（7）相量画好后，需写上表示何种正弦电学物理量（如电压、电流等）的字母符号。字母符号一般写在箭头处，并在字母上方加一点"·"。

（三）相量图法使用条件

相量图法是利用一些电气仪表测出各相的电压、电流的大小和相位，绘出表示各电压、电流间相互关系的相量图，然后结合负载的运行情况，判断三相电能表的接线是否正确，并从相量图中找到改正错误接线的途径。因此，相量图法是检查三相电能表错误接线常用有效的方法。它使用的条件是：

（1）三相电压相量已知，且基本对称；

（2）电压和电流都比较稳定；

（3）已知负荷性质（感性或容性）和功率因数大致范围，且三相负载基本平衡。

（四）相量图绘制

要正确画出接入电能表的各个电流、电压的相量图，首先需要画出三相电路中各相量的正确位置。

供电系统各处的电流、电压的瞬时值按正弦规律变化，这是由于发电机源头上三相绕组的感应电动势存在超前、滞后关系，而在时间相位上都是互相错开的，即在时间相位上A相滞后C相120°，B相滞后A相120°，C相再滞后B相120°，因此，电流、电压的最大值在时间上互相错开1/3周期，那么其他各瞬时值也随之错开1/3周期，瞬时值按正弦规律变化。

正弦交流量有三个要素：有效值、初相位、频率，频率在供电系统中是个相对稳定的值，不发生变化，所以正弦交流量的关键值是有效值和初相位，初相位的超前、滞后关系决定了一个正弦量在所有时间内的超前、滞后关系。

为了形象地表示这种超前、滞后关系，也为了分析的方便，把A、B、C三相的电压、电流用一个带箭头的直线来表示，直线的长度代表电压、电流的大小，即表示有效值的大小；垂直向上方向为零度方向，直线与垂直向上方向之间的夹角就是该电压或电流的初相位。带箭头的直线尾端相聚在一个点上，相当于直角坐标系中的原点，这个点周围的360°刚好可模拟在360°范围内相互超前、滞后的各个电压、电流量。这种从一个点发散开来的带箭头的直线图称为相量图，其中带箭头的直线分别称为电压、电流相量。相量可在相量图中平移，平移时其大小和方向不变。

要画出、识别、判断多种错误接线相量图，应对三相电路中各相量的正确位置了如指掌。画相量图，将垂直向上的位置定为 0°，这个位置上的相量称为参考相量，一般以 $\dot{U}_a$ 为参考相量，其他位置上相量的超前、滞后角度都是相对于这个相量而言的。

按以下步骤来理解三相电路中各相量的正确位置：

(1) 先将相电压 $\dot{U}_a$ 定在垂直向上的位置上，设其初相角为零，以 $\dot{U}_a$ 为参考，顺时针旋转为相对 $\dot{U}_a$ 滞后，逆时针旋转为相对 $\dot{U}_a$ 超前，三相电路中，$\dot{U}_b$ 滞后 $\dot{U}_a$ 的角度为 120°，$\dot{U}_c$ 超前 $\dot{U}_a$ 的角度为 120°，即三个相电压如图 4-3 (a) 所示。

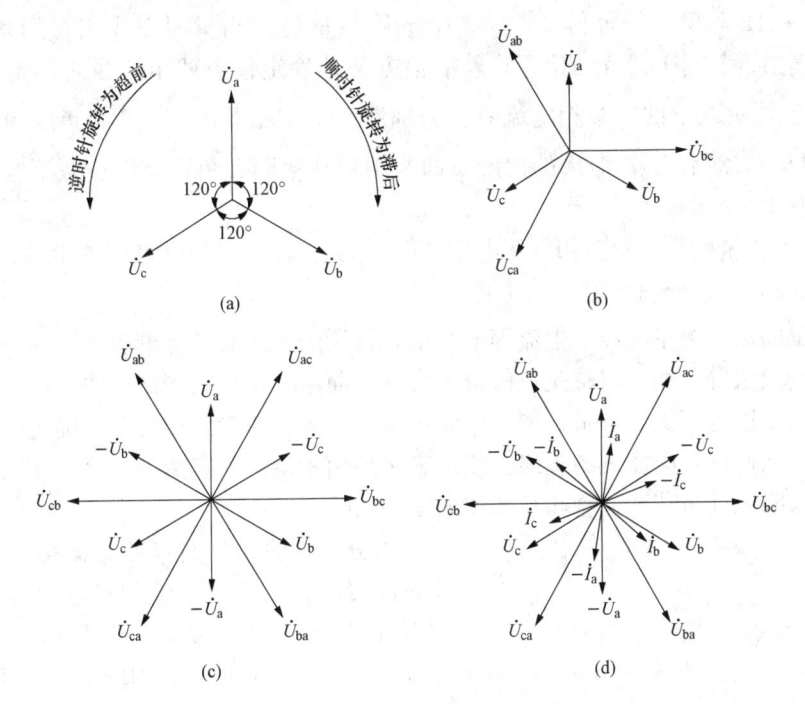

图 4-3 三相电压和电流的相量
(a) 三个相电压；(b) 三对相电压、线电压；
(c) 12 个电压每个电压相差 30°；(d) 12 个电压和 6 个相电流

(2) 在图 4-3 (a) 的基础上画出与各相电压成一对的线电压，如图 4-3 (b) 所示，其中 $\dot{U}_{ab}$ 和 $\dot{U}_a$、$\dot{U}_{bc}$ 和 $\dot{U}_b$、$\dot{U}_{ca}$ 和 $\dot{U}_c$ 分别是一对，三个线电压按 ab-bc-ca 顺序依次滞后，每一对相、线电压的前下标相同，一对相、线电压之间才有线电压超前相电压 30°的关系。图 4-3 (b) 有三对共 6 个相量。

(3) 再画出图 4-3 (b) 的 6 个电压相量的相反相量，如图 4-3 (c) 所示。两相反相量是有效值相等、相位角相差 180°的相量，如 $\dot{U}_{ab}$ 和 $\dot{U}_{ba}$ 两个就是相反相量。

(4) 画出三个感性负荷下的相电流。$\dot{I}_a$、$\dot{I}_b$、$\dot{I}_c$ 分别滞后本相电压 $\dot{U}_a$、$\dot{U}_b$、$\dot{U}_c$ 一个 φ 角；最后画出 $\dot{I}_a$、$\dot{I}_b$、$\dot{I}_c$ 的相反相量 $-\dot{I}_a$、$-\dot{I}_b$、$-\dot{I}_c$，分别滞后 $-\dot{U}_a$、$-\dot{U}_b$、$-\dot{U}_c$ 的角度也为 φ 角，如图 4-3 (d) 所示，共有 18 个相量，它们分别是：

1) 相电压：$\dot{U}_a$、$\dot{U}_b$、$\dot{U}_c$；
2) 相电压的相反相量：$-\dot{U}_a$、$-\dot{U}_b$、$-\dot{U}_c$；

3) 线电压：$\dot{U}_{ab}$、$\dot{U}_{bc}$、$\dot{U}_{ca}$；

4) 线电压的相反相量：$\dot{U}_{ba}$、$\dot{U}_{cb}$、$\dot{U}_{ac}$；

5) 相电流：$\dot{I}_a$、$\dot{I}_b$、$\dot{I}_c$；

6) 相电流的相反相量：$-\dot{I}_a$、$-\dot{I}_b$、$-\dot{I}_c$。

以上 6 组相量均是对称相量，每组中的三个相量间互差 120°。正相序时，c 相超前 a 相，b 相滞后 a 相，注意逆时针走向为超前，顺时针走向为滞后。12 个电压相量将四个象限 360°分成了 12 等份，每等份 30°，12 个电压相量是在相量图中找相量间角度的坐标。只要记熟了这 12 个电压相量的位置，就能很方便地确定任意两个相量之间的角度。另外还要记住，感性负载下的三个相电流只能分别滞后本相相电压一个小角度 φ 角，即 $\dot{I}_a$ 滞后 $\dot{U}_a$、$\dot{I}_b$ 滞后 $\dot{U}_b$、$\dot{I}_c$ 滞后 $\dot{U}_c$，滞后的角度 φ 即为用户功率因数角。容性负载下则应是相电流超前本相电压。

以上 18 个相量就是表示三相电压电流，电流滞后电压（阻感性负荷）时的全相量图。

（五）相位表法绘制相量图

绘制相量图需要测量电压、电流等电气量，常用的方法有：标准表法、瓦特表法、相位表法、时间倒数法等。相位表法是目前最为直观、简单、快捷的测试方法。

相位表法是以电压为参考量，测量电流相量与电压参考量的相位差，确定电流、电压的相位、相序，从而确定电能表的接线。相位表法是用相位伏安表测量并绘制六角图，其中电流滞后电压（阻感性负荷）的全相量图如图 4-4 所示。

本分析方法是针对经互感器接入的电能计量装置的接线。相位表法绘制相量图的方法与步骤如下（以三相三线有功电能表为例）：

(1) 测量三相电压端钮间的线电压。

(2) 检查接地点，判别 B 相电压线。

(3) 测定电压相序，确定表尾三相电压接入方式。

(4) 检查电流二次回路接地点。

(5) 测量三相负载电流。

(6) 测量第一元件和第二元件电压与电流间相位角。

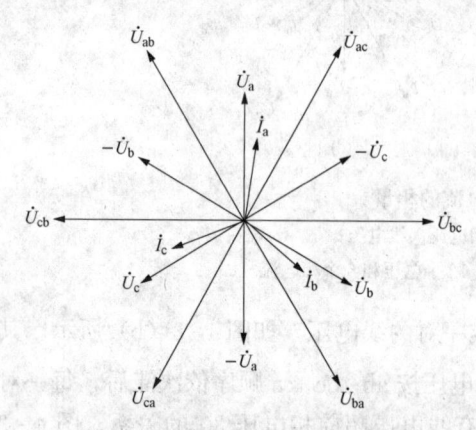

图 4-4 电流滞后电压（阻感性负荷）的全相量图

(7) 根据测量数据画相量图：首先画好三相互差 120°的相电压相量，然后画出接入表第一元件和第二元件的线电压相量，最后画出接入表第一元件和第二元件的电流相量，并分别标注各自相量字母（如 $\dot{U}_a$、$\dot{I}_a$ 等）。

(8) 相量关系分析：相量图画好后可着手进行相量关系分析，确定各量的相量之间的相位关系。一般是先对各元件所接的电压相量进行相位关系分析，以便找出它的已知相角，简称已知角。然后再找出相应相电流与相电压之间的夹角，称这个夹角为未知相角，简称未知角。用 φ 角表示，一般称 φ 角为每相的功率因数角。最后确定各元件所接电压与相应电流之间的相量夹角（相位差），并将夹角标在相量图上。

(9) 根据相量图，写出功率表达式，画出接线图。

二、电能计量装置接线中容易出现的错误接线

（一）电压接线中容易出现的错误接线

(1) 电压开路；

(2) 表尾电压错相序；

(3) 有 TV 的计量装置可能出现互感器接反。

（二）电流接线中容易出现的错误接线

(1) TA 开路；

(2) TA 短路；

(3) TA 极性接反；

(4) 电流进错相；

(5) 电流表表尾反接。

三、更正系数的计算方法

根据《供电营业规则》第八十一条："用电计量装置接线错误、保险熔断、倍率不符等原因，使电能计量或计算出现差错时，供电企业应按下列规定退补相应电量的电费：1. 计费计量装置接线错误的，以其实际记录的电量为基数，按正确与错误接线的差额率退补电量，退补时间从上次校验或换装投入之日起至接线错误更正之日止。2. 电压互感器保险熔断的，按规定计算方法计算值补收相应电量的电费，无法计算的，以用户正常月份用电量为基准，按正常月与故障月的差额补收相应电量的电费，补收时间接抄表记录或按失压自动记录仪记录确定。3. 计算电量的倍率或铭牌倍率与实际不符的，以实际倍率为基准，按正确与错误倍率的差值退补电量，退补时间以抄表记录为准确定。退补电量未正式确定前，用户应先按正常月用电量交付电费。"

上述条文提及的第一款退补电量方案即为更正系数法。从定义上说，更正系数 K 是在同一功率因数下，电能表正确接线应计电量 A 与错误接线时电能所计电量 A' 之比，即

$$K = \frac{A}{A'}$$

所以只要知道错误接线时的更正系数 K，就可以算出错误接线时实际消耗电量 A，即

$$A = KA'$$

更正系数法因以比较错误接线和正确接线两方式下的实际电量所得，直接反映了用户真实用电情况，是错误接线更正电量最有效和客观的方法。因此，当出现错误接线时，应优先采用更正系数法追补电量。

需注意的是，更正系数法不适用于引起电能表不计量的错误接线方式（更正系数为无穷大），而需要考虑其他途径确定更正电量。但不论采用哪种方法，都应了解和查实错误接线发生的时间和结束时间，可根据多功能电能表的负荷曲线或查询营销系统、计量自动化系统电流、电压、表码及电量等相关数据变化趋势确认错误接线起止时间。

更正系数 K，可用下述两种方法。

1. 测试法

原有电能表仍然按照错误接线运行，在该回路中按正确接线接入一只误差合格的电能

表，选取具有代表性的负载和功率因数同时运行一段时间，便可求得更正系数 K

$$K = \frac{A(\text{正确接线电能表的电量})}{A'(\text{错误接线电能表的电量})}$$

2. 计算法

电能表无论在正确接线和错误接线情况下测定的电量都与加入的功率成正比，因此可根据功率表达式算出更正系数。先求出错误接线时的功率表达式，再算出更正系数 K

$$K = \frac{P(\text{正确接线功率表达式})}{P'(\text{错误接线功率表达式})}$$

错误接线时电能表所记录的功率可先按元件计算，每一元件实际所接电压、电流及电压与电流间夹角的余弦的乘积即为该元件的功率，再将电能表所有元件的功率相加就可得到总的功率，以三相三线电能表为例，功率表达式如下

$$P' = P'_1 + P'_2 = U_1 I_1 \cos\varphi_1 + U_2 I_2 \cos\varphi_2$$

如上式表示，在接线正确情况下，$\varphi_1 = 30° + \varphi_a$，$\varphi_2 = 30° - \varphi_c$，因此，三相三线电能表的功率表达式也可用下列表达式描述

$$P' = P'_1 + P'_2 = U_{ab} I_a \cos(30° + \varphi_a) + U_{cb} I_c \cos(30° - \varphi_c)$$

采用计算法时，须先确认三相负荷平衡情况，进行电源相序检测和功率因数的测定，如实绘出错误接线图和相应的相量图，从而计算和化简更正系数表达式。其中功率因数应为正确接线下正常用电一段时间内的平均功率因数，可根据正确接线正常用电时的有功电能和无功电能算出计算功率因数。

四、常用三角函数的计算

（一）常用三角函数

$$\cos(\pi + \varphi) = -\cos\varphi$$
$$\cos(\pi - \varphi) = -\cos\varphi$$
$$\sin(\pi + \varphi) = -\sin\varphi$$
$$\sin(\pi - \varphi) = \sin\varphi$$

正切：
$$\tan\varphi = \frac{\sin\varphi}{\cos\varphi}$$

余切：
$$\cot\varphi = \frac{\cos\varphi}{\sin\varphi}$$

（二）角度和（差）的三角函数

$$\sin(x \pm y) = \sin x \cos y \pm \cos x \sin y$$
$$\cos(x \pm y) = \cos x \cos y \mp \sin x \sin y$$

（三）特殊函数附录表

φ	0°	30°	60°	90°	120°	150°	180°	210°	240°	270°	300°	330°	360°
$\sin\varphi$	0	$\frac{1}{2}$	$\frac{\sqrt{3}}{2}$	1	$\frac{\sqrt{3}}{2}$	$\frac{1}{2}$	0	$-\frac{1}{2}$	$-\frac{\sqrt{3}}{2}$	-1	$-\frac{\sqrt{3}}{2}$	$-\frac{1}{2}$	0
$\cos\varphi$	1	$\frac{\sqrt{3}}{2}$	$\frac{1}{2}$	0	$-\frac{1}{2}$	$-\frac{\sqrt{3}}{2}$	1	$-\frac{\sqrt{3}}{2}$	$-\frac{1}{2}$	0	$\frac{1}{2}$	$\frac{\sqrt{3}}{2}$	1

任务一　单相电能计量装置接线检查与分析

任务描述

单相电能计量装置接线检查与分析包含单相电能计量装置接线形式、常见接线错误类型等内容。通过原理分析、图解示意、任务练习，掌握单相电能计量装置的接线检查与分析方法。

学习目标

一、知识目标

(1) 熟悉单相电能表的接线形式。
(2) 熟悉单相电能表的配置要求。

二、能力目标

(1) 能绘制单相电能表的接线图。
(2) 能阐述单相电能表错误接线形式。

三、素质目标

(1) 主动学习，按要求完成布置的任务。
(2) 认真细致，准确判断计量装置接线情况。
(3) 在进行单相电能计量装置接线检查过程中发现问题、分析问题和处理问题。

基本知识

一、低压用户计量方式

(1) 目前低压配电网为中性点直接接地系统。用户的供电方式应根据用户报装容量，参照电能计量装置典型设计要求选择单相供电或三相四线供电。

(2) 低压供电方式为单相应选用单相电能表。现在使用的单相电能表都统一为宽量程的单相电能表，电流、电压采样回路采用直接接入式，无需配置互感器使用。

(3) 低压供电方式为三相者应选用三相四线电能表，并视报装容量选择合适规格的计量装置，即确定采用直接接入式三相四线电能表，还是经互感器接入式电能表和应配置的电流互感器变比。具体配置根据用电客户类别、用电容量、使用条件，用电客户电能表配置规定，见表4-1。

表 4-1　　　　　　　各类别用电客户计量电能表配置参考表

计量需求类别	容量（kW）	电能表	备注
低供低计	$P<8$	单相电能表 5 (80) A、2.0级	直接接入式
	$5 \leqslant P<15$	单相电能表 5 (80) A、2.0级	直接接入式
	$10 \leqslant P<20$	三相电能表 5 (80) A、1.0级	直接接入式
	$20 \leqslant P<30$	三相电能表 5 (80) A、1.0级	直接接入式
	$25 \leqslant P<100$	三相电能表 1 (10) A、1.0级	配互感器
公用变压器计量点	—	三相四线配电变压器监测计量终端 1 (10) A、1.0级	配互感器

二、单相电能表的接线

（一）直接接入式

接线原则：电流线圈与负载串联；电压线圈与负载并列。其接线方式如图 4-5 所示。实际工作中接线按照电能表接线端子盒盖上面的接线图进行接线。

（二）经电流互感器接入式

当 $I>60A$ 时，需经互感器接入。经电流互感器接入的电流、电压分开方式接线图如图 4-6 所示。

任务实施

单相电能表错误接线分析如下：

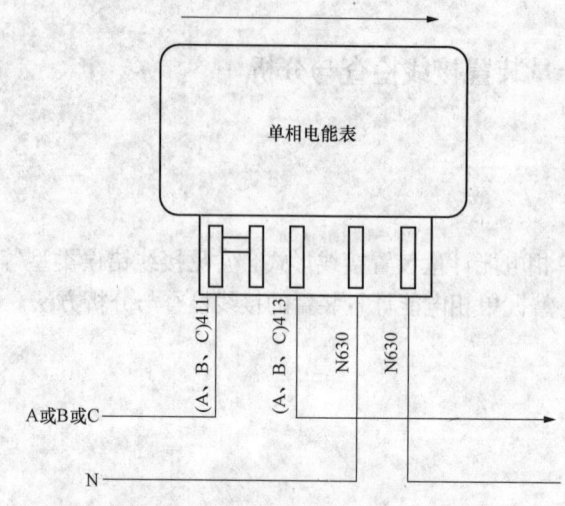

图 4-5 单相计量负荷直接接入式

1. 相线、零线反接且相线接地

这种接法，在正常情况下能正确计量。但当表线有接地漏电时会漏计电能，或者给用户提供窃电的条件。如图 4-7 所示。

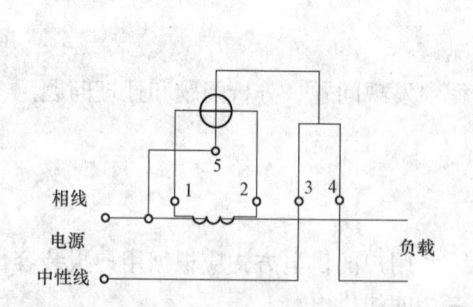

图 4-6 单相计量负荷经电流互感器接入式

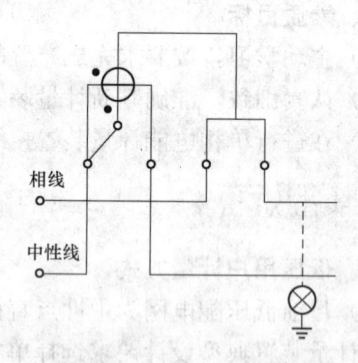

图 4-7 相线、中性线反接且相线接地

功率计算式为

$$P = (-U_A)(-I_A)\cos\varphi$$

2. 电流反接

这种接法，将会使电能表反转。如图 4-8 所示。

3. 直接经电流线圈短路

这种接线将导致电能表烧坏。这种接线方式将电流线圈并联于线路，而将电压线圈串联于线路，是非常危险的，在电压引线不加装熔断器时能将电能表烧毁。电压线圈串接于线路中，将引起用户的电压失常。如果电压线圈是接在电流互感器二次侧，则将电流互感器烧毁。所以，在接电能表时，必须认清电压线圈及电流线圈。如图 4-9 所示。

4. 电压线圈连接片未连接

这种接法的后果会使电能表不计量。如图 4-10 所示。

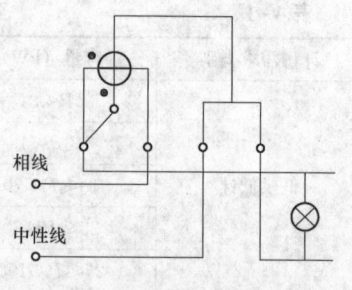

图 4-8 电流反接

5. 电压线圈电压取自电流线圈负荷端

这种接线容易产生潜动，因电压线圈的励磁电流通过了电流线圈，如图4-11所示。

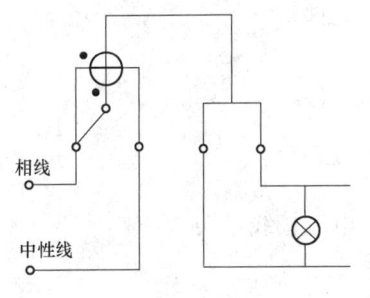

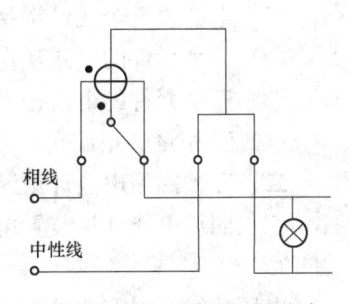

图4-9　直接经电流线圈短路　　　图4-10　电压线圈连接片未连接　　　图4-11　电压线圈电压取自电流线圈负荷端

任务二　三相四线电能计量装置接线检查与分析

任务描述

三相四线有功计量装置用于三相四线制计量，如110kV及以上高电压、大电流系统或低压配电系统的计量。本任务重点讲述低压三相四线带TA标准配置计量装置错误接线分析的数据测量、相序判别、相量图绘制、功率表达式化简、更正系数计算、电量追补计算、接线原理图绘制、接线更正等。

学习目标

一、知识目标

（1）能阐述三相四线电能表接线、结构。
（2）能熟知三相四线电能表的错误接线分析、判别、计算方法与步骤。

二、能力目标

（1）能正确使用仪表测量数据。
（2）能进行三相四线电能计量装置的接线检查分析判断。
（3）能进行三相四线电能计量装置的更正系数的计算及改正错误。

三、素质目标

（1）主动学习，按要求完成布置的任务。
（2）认真细致，准确判断计量装置接线情况。
（3）在进行三相四线电能计量装置接线检查过程中发现问题、分析问题和处理问题。

基本知识

一、三相四线电能计量装置

低压计量时不用电压互感器，但大多数需配电流互感器。三相四线有功计量装置正确计量时的功率为

$$P = U_a I_a \cos\varphi_a + U_b I_b \cos\varphi_b + U_c I_c \cos\varphi_c = 3UI\cos\varphi$$

参数约定：
(1) 电能表三个元件按接线端从左到右排列，分1、2、3元件；
(2) 三个元件的电压从左到右排列，分U_1、U_2、U_3；
(3) 三个元件的电流按"进端"从左到右排列，分I_1、I_2、I_3；
(4) U_a相量的相位定在时钟的"0点"位置。

二、三相四线电能计量装置错误接线种类

三相四线电能计量装置的错误接线可分为电压接线错误、电流接线错误。

1. 电压接线

电压接线错误有两种：

(1) TV二次输出端出现极性反接、断相。此次分析的三相四线接线没有电压互感器接入，所以不用考虑这种情况。

(2) 电压错相，即：接入电能表输入端的三根电压线可能出现的依次轮错或互相交叉。电压接线有6种可能，其中依次轮错接线3种（$U_{a\text{-}b\text{-}c}$、$U_{b\text{-}c\text{-}a}$、$U_{c\text{-}a\text{-}b}$），交叉接线3种（$U_{b\text{-}a\text{-}c}$、$U_{a\text{-}c\text{-}b}$、$U_{c\text{-}b\text{-}a}$）。

2. 电流接线

电流接线错误可以归结为三种情况：

(1) TA二次输入端极性反接、短路；
(2) 电流错相，即：接入电能表输入端的电流线可能出现互相交叉；
(3) 电能表电流输入端与电流输出端互相反接，即电流进线、出线反接。

在三相四线制接线时，计量装置中含有3个TA，每个TA的二次接线有3种可能，即正确接线、极性反接和短路，因此有$3 \times 3 \times 3 = 27$种接线可能，电流错相有6种可能（$I_{a\text{-}b\text{-}c}$、$I_{a\text{-}c\text{-}b}$、$I_{b\text{-}a\text{-}c}$、$I_{b\text{-}c\text{-}a}$、$I_{c\text{-}b\text{-}a}$、$I_{c\text{-}a\text{-}b}$），电能表电流进、出反接有8种（$I_a I_b I_c$、$I_a I_b\text{-}I_c$、$I_a\text{-}I_b I_c$、$I_a\text{-}I_b\text{-}I_c$、$-I_a I_b I_c$、$-I_a I_b\text{-}I_c$、$-I_a\text{-}I_b I_c$、$-I_a\text{-}I_b\text{-}I_c$）。

从以上分析可以看出，电压接线有一种情况，电流接线有三种情况，这四种情况可以随机组合出现，因此，共有$6 \times 27 \times 6 \times 8 = 7776$种接线。

任务实施

一、作业前准备

（一）作业表单及工作单准备

(1)《电能计量装置故障确认单》（见附录C）；
(2)《计量自动化系统故障通知工单》（见附录D）；
(3)《计量自动化终端故障处理记录单》（见附录E）；
(4)《客户电能计量装置故障处理作业表单》（见附录F）；
(5)《电能计量装置错误接线答题纸（三相四线）》（见附录G）。

（二）规范穿戴

进入现场必须戴安全帽，穿棉质长袖工作服，穿绝缘鞋，穿戴相应电压等级的合格的绝缘手套。

(三)仪器仪表、工器具准备及检查

仪器仪表准备、检查：本作业需使用相位伏安表、钳形电流表、万用表。使用前需对仪表进行检查，主要对测量用仪表在使用前状态进行检查和确认。

(1) 相位伏安表。相位伏安表是一种具有多种电量测量功能的便携式仪表。该仪表最大特点是可以测量两路电压之间、两路电流之间及电压与电流之间的相位。

相位伏安表使用前检查包括：检查仪表外观完好无损，配件齐备；检查相位仪配件及导线绝缘外皮完好无损；检查铭牌信息清晰，检验合格，未过期；检查电池电量足够，按键、显示正常；检查电流钳的钳口极性标识清晰；检查电流钳的钳口干净；检查电流钳开合松紧适度；检查各个连接插口连接紧密；检查电压夹松紧适度，各个连接插口连接紧密。

相位伏安表测量交流电压值、交流电流值、两电压之间、两电流之间及电压、电流之间的相位的使用方法如下：

1) 测量交流电压。将功能量程开关旋至参数对应的电压量程，将被测电压从测的两个插孔输入即可进行测量。测量电压时注意事项：不得在输入被测电压时在表壳上拔插电压或电流测试线，不得用手触及输入插孔表面，以免触电；测量电压不得高于500V；仪表后盖未固定好时切勿使用；不得随便改动、调整内部电路。

2) 测量交流电流。将功能量程开关旋至参数对应的电流量程，将被测电流从插孔输入即可进行测量。

3) 测量两电压之间的相位差。测量滞后的相位差时，将功能量程开关旋至参数 U_1、U_2，在 U_1、U_2 插孔分别输入待测量电压即可。测量相位时，电压输入插孔旁边有红色指引线的为同名端插孔。

4) 测量两电流之间的相位差。测量 I_2 滞后 I_1 的相位差时，将功能量程开关旋至参数 I_1、I_2。在 I_1、I_2 插孔分别输入待测量电流即可。测量过程中，可随时顺时针功能量程开关至参数 I_1 的每个量程，测量输入电流，或逆时针功能量程开关至参数 I_2 的每个量程，测量输入的电流。注意：引入钳口电流的方向应和标志所示一致。

5) 测量电压与电流之间的相位差。将电压从 U_1 插孔输入，电流从 I_2 插孔输入，开关旋至 U_1I_2 参数位置，测量所测得的数据为电流滞后电压的角度。也可将电压从 U_2 插孔输入，电流则从 I_1 插孔输入，将开关旋至 U_2I_1 参数位置进行测量，所测得的数据为电流超前电压的角度。

(2) 钳形电流表。钳形电流表是利用电流互感器的原理，相当于在电流互感器的二次绕组中接入一个电流表，进行电流的测量。

钳形电流表的使用：将钳形电流表的电源打开，将挡位选择在交流电流挡的合适量程，把钳形电流表卡在要测量的电流回路上，可以进行交流电流的测试；使用时一定要注意挡位及量程的选择，钳形电流表使用时的注意事项如下：

1) 量程选择要合适，当对被测量不清楚时，应选最大量程粗测，然后进行调整；

2) 钳口相接处应保持清洁，以保证测量准确性；

3) 被测导线应置于钳口中央；

4) 不得带电切换量程；

5) 测量时应戴绝缘手套，穿绝缘鞋；

6）测量时应逐相测量，当引入多相电流时，测量结果为它们的相量和；

7）当测量裸导线时，应注意相间短路和触电；

8）测量结束应将开关选至空挡或交流电压的最高挡。

（3）万用表。

万用表以测量电压、电流和电阻为主要用途。万用表使用前需做如下检查：

1）将电源开关置于 ON 状态，液晶显示器应有符号显示，若此时显示电池形符号，应更换表内的电池。

2）短路检测：将功能、量程开关转到"▇▇"位置，两表笔分别测试点，若有短路，则蜂鸣器会响。

万用表使用方法：

1）测量前对万用表的检查，如表壳损坏、表头指针位置是否回零等；

2）调节转换开关，注意测量功能的选择与量程的选择；

3）将万用表接入被测电路；

4）读数与数据处理。

万用表注意事项：

1）选择量程时，在对被测量对象不清楚时，应先选万用表的最大量程进行粗测，然后进行适当调整（调整量程后应注意指针是否回零）；

2）不得带电测量电阻；

3）不得带电切换量程；

4）对于指针式万用表在读数时应注意视角，数据处理时应注意所选量程的刻度（倍率）；

5）测量结束后，应将表计开关选至空挡或交流电压最大挡。

（四）风险分析

本作业存在的风险及防控措施有：

（1）走错位置。防控措施：工作前核准工作位置。

（2）工作中误碰带电部位。防控措施：观察工作位置与周围带电设备及带电部位，确保安全距离足够，同时站在绝缘垫上工作，使用绝缘工具。

（3）工作中有电压二次回路接地或短路，电流二次回路开路的风险。防控措施：使用专用工具，有人监护。

二、作业过程

（一）布置现场安全措施

（1）核对工单信息，确认工作位置，核对设备名称编号、电能表编号；

（2）观察周围环境确认符合作业安全要求，用围栏设立工作区域，在工作地点铺设绝缘垫。

（二）验电

验电时需用验电三步法验明设备外壳不带电，才能触及设备，注意采用直接接触形式的验电笔（有金属探测头和尾端金属部分）验电时不能戴手套，用手指按住验电笔尾部的金属部分。

（1）检查验电笔：在带电插座上检查验电笔是否正常；

(2) 对计量柜体验电：对柜体金属裸露部位进行有效验电；
(3) 复检验电笔：再在带电插座上复检验电笔。

（三）安全交代

以工作负责人身份向作业人员交代本次作业的任务、地点、作业安全风险与待落实预控措施。

(1) 交代工作任务、地点；
(2) 交代风险点、预控措施：作业过程中禁止走出作业间隔；禁止触碰其他带电设备；防止电压二次回路短路及接地，防止电流二次回路开路。

（四）测量前检查

1. 检查计量装置整体情况

(1) 检查柜门封印无异常打开柜门；
(2) 检查接线盒、电能表封印；
(3) 检查接线盒连接片状态；
(4) 检查接线盒与电能表连线；
(5) 观察电能表告警信息，转动情况；
(6) 按规则要求位置接入测量仪器；
(7) 检查无异常后拆下测试仪表接入位置的封印并记录在工单上。

2. 检查电能表运行数据

(1) 记录电能表的当前运行象限性质；
(2) 记录电能表电压相序、电流方向情况；
(3) 按显电能表检查日期时间、时段信息；
(4) 按显电能表检查抄录电量数据，包括当前正、反向有功，无功总及分时电量，月冻结电量；
(5) 按显电能表检查抄录电压、电流、功率、功率因数等数据。

（五）数据测量

1. 测幅值

测量电能表三相电压、三相电流的大小，通过这个步骤能判断接线回路中是否存在断线问题；电压可以用万用表或相位伏安表进行测量，电流可以用钳形电流表或相位伏安表进行测量，测量数据包括 U1、U2、U3、I1、I2、I3。测电压时将第一组电压测试线插入相位伏安表 U1 口，选择 500V 量程，接线时留意区分电压插入口的正负，功能旋钮旋转到 U1 处，分别测量 U1、U2、U3，接线方式如图 4-12 所示。

图中①~⑩表示电能表的接线孔，其中①、③为第一元件的电流进线、出线孔，④、⑥为第二元件的电流进线，⑦、⑨为第三元件的电流进线、出线孔，②、⑤、⑧分别为电能表三个电压元件的接线孔，⑩为零线的接线孔。

测量电流时将一组电流测试线插入相位伏安表 I2 口，将功能旋钮旋转到 I2 处，如图 4-13 所示。

2. 确定参考点

设置参考点的目的是进一步确定哪一元件接入的是 A 相电压，具体方法是用万用表交流 500V 挡位测量，黑表笔接触培训装置 Ua 电压参考点，红表笔分别接触表尾三元件电压

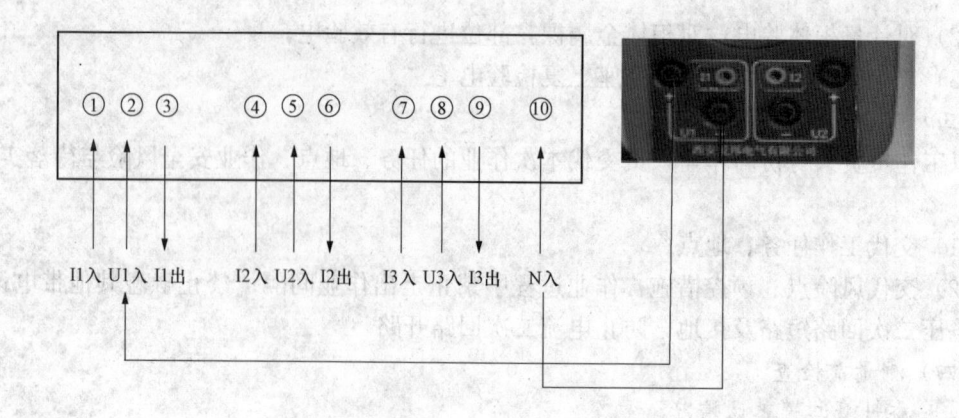

图 4-12 测量相电压的接线

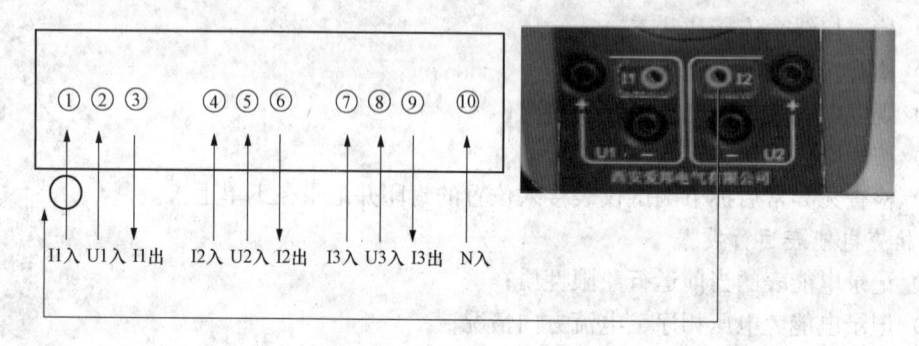

图 4-13 测量相电流的接线

U1、U2、U3，接线如图 4-14 所示。在 Ua 不断相的情况下，哪相与 Ua 参考点电位差为零，则表尾的该元件为 Ua，例如表尾 U2＝Ua，则表明 U2 为 Ua。

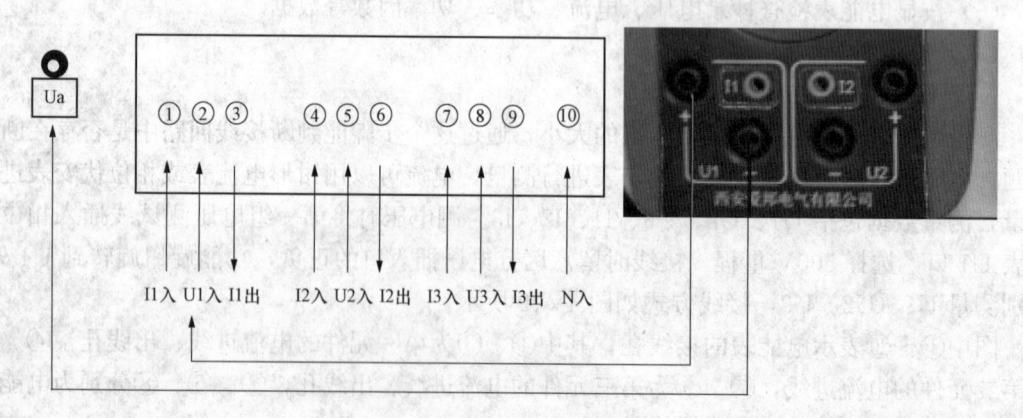

图 4-14 测量参考点电位差的接线

3. 测量电压相序

测量相序可用相序表或相位伏安表，对相序进行测量，确定表尾电压相序。测量滞后的相位差时，将功能量程开关旋至参数 U1、U2，在 U1、U2 插孔分别输入待测量电压即可，测量方式如图 4-15 所示。

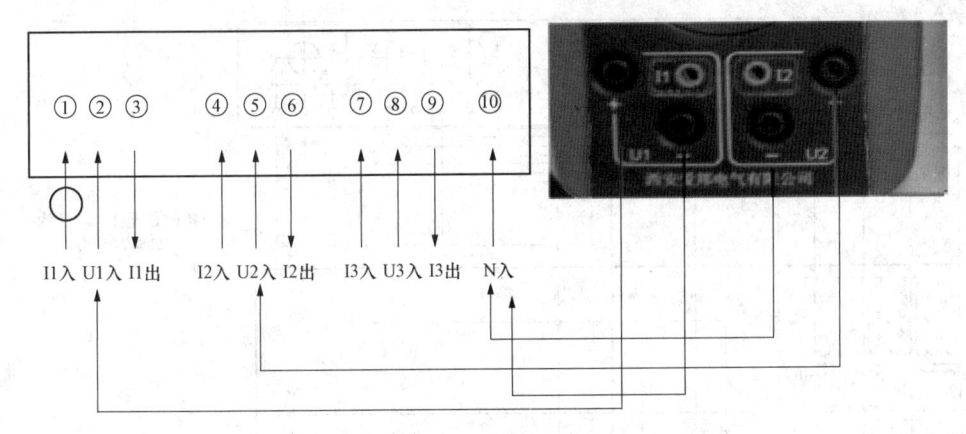

图 4-15 测量电压与电压之间相位差的接线

在三相交流电相位的先后顺序中,其瞬时值按时间先后从负值向正值变化,经零值的依次顺序称正相序,反之叫逆相序。

其中,正相序三种形式:A-B-C、B-C-A、C-A-B;

逆相序三种形式:A-C-B、B-A-C、C-B-A。

判断表尾电压相序,判断方法为:

(1) $\angle \dot{U}_{1N}\dot{U}_{2N}=120°$、$\angle \dot{U}_{1N}\dot{U}_{3N}=240°$,则电压相序为正相序;

(2) $\angle \dot{U}_{1N}\dot{U}_{2N}=240°$、$\angle \dot{U}_{1N}\dot{U}_{3N}=120°$,则电压相序为逆相序。

4. 测量电流相位

用相位伏安表测量电压电流之间的角度,确定电压电流的位置关系,需要测量的相位角度为:$\angle \dot{U}_1 \dot{I}_2$、$\angle \dot{U}_1 \dot{I}_2$、$\angle \dot{U}_1 \dot{I}_3$,测量 $\dot{U}_1$ 和 $\dot{I}_1$ 之间相位差 $\angle \dot{U}_1 \dot{I}_1$ 如图 4-16 所示。

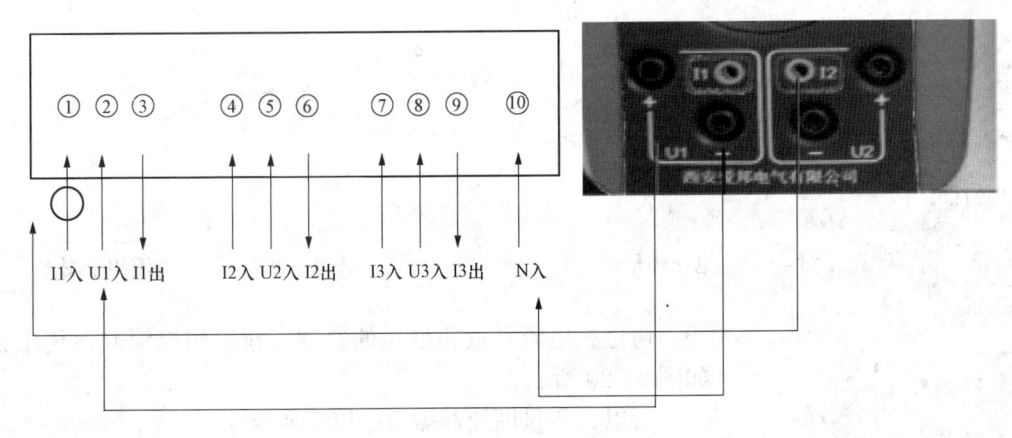

图 4-16 测量相位差 $\angle \dot{U}_1 \dot{I}_1$

5. 绘制相量图

根据上述测量画相量图,画相量图时要注意把元件和相别分开,元件的相量指的是表尾测得的相量,一般用 1、2、3 来表示,相别用 a、b、c 来表示,传统上用 u、v、w 来表示,如图 4-17 所示。

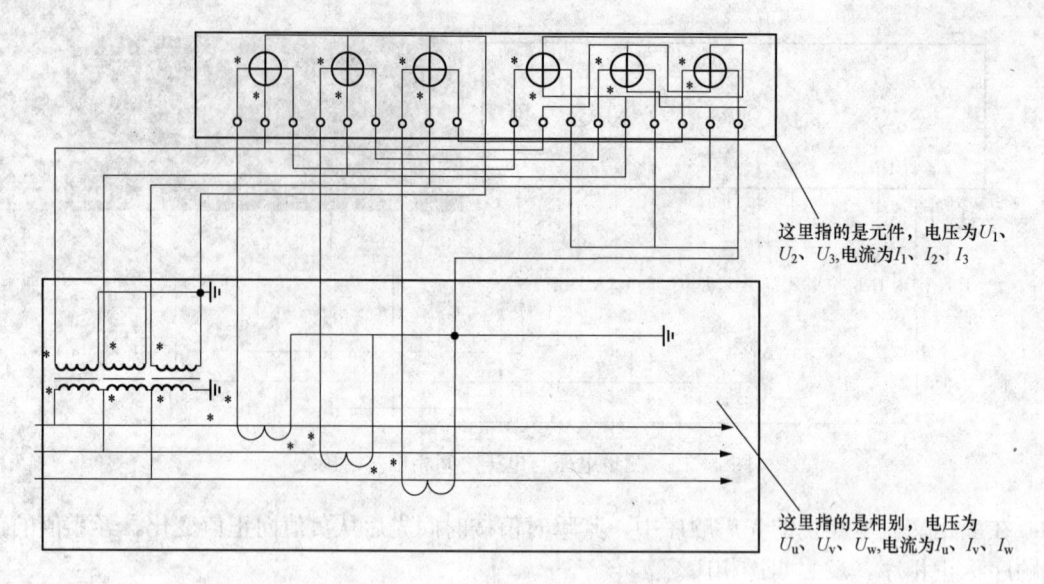

图 4-17 三相四线计量接线图

这里指的是元件，电压为 U_1、U_2、U_3，电流为 I_1、I_2、I_3

这里指的是相别，电压为 U_u、U_v、U_w，电流为 I_u、I_v、I_w

可以先以相别定坐标，建立坐标系，然后根据电压相序标注元件电压（以相序 U_{abc} 为例，$\dot{U}_a$ 为 $\dot{U}_1$，$\dot{U}_b$ 为 $\dot{U}_2$，$\dot{U}_c$ 为 $\dot{U}_3$），见图 4-18。

根据表尾电压、电流的相位确定电流的位置，画出电流相量并标注元件电流，如果测量的 $\angle \dot{U}_1 \dot{I}_1$ 的角度为 38°，$\angle \dot{U}_1 \dot{I}_2$ 的角度为 278°，$\angle \dot{U}_1 \dot{I}_3$ 的角度为 158°，则相量图如图 4-19 所示。

图 4-18 电压相量图

图 4-19 电压、电流相量图 1

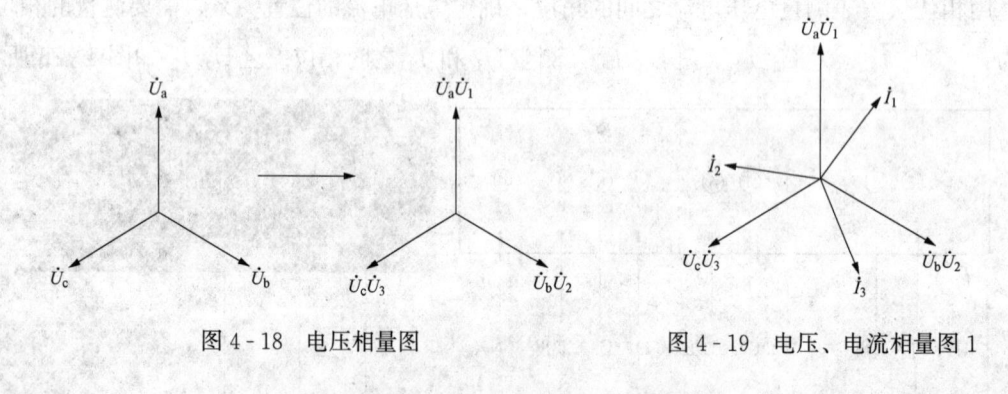

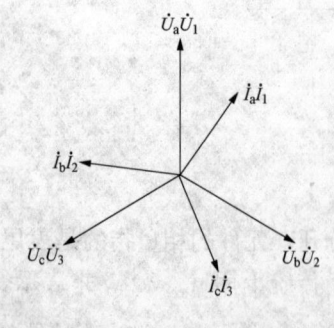

图 4-20 电压、电流相量图 2

通过相电流靠近相电压的原理，找出相电流并标注上去，如图 4-20 所示。

所以，相量图绘制需遵循以下四个原则：

（1）遵循一个坐标原则，即以相别建立坐标系绘制相量图。

（2）区分元件和相别。三相四线电能表为三元件表，第一、二、三元件对应的电压分别为 $\dot{U}_1$、$\dot{U}_2$、$\dot{U}_3$。所以 $\dot{U}_1$、$\dot{U}_2$、$\dot{U}_3$ 为元件，$\dot{U}_a$、$\dot{U}_b$、$\dot{U}_c$ 为相别。

(3) 明确电压、电流的相位关系。根据测得的数据，标出功率因数角和第一元件电压 $\dot{U}_\mathrm{a}$ 与 $\dot{I}_\mathrm{a}$ 夹角、第二元件电压 $\dot{U}_\mathrm{b}$ 与 $\dot{I}_\mathrm{b}$ 夹角、第三元件电压 $\dot{U}_\mathrm{c}$ 与 $\dot{I}_\mathrm{c}$ 夹角。

(4) 靠近原则，即相电流靠近相电压的原则，与相电压靠近的被认为同相的可能性最大。

6. 根据相量图写出各元件的功率表达式及总功率表达式

$$P'_1 = U_1 I_1 \cos(x+\varphi)$$
$$P'_2 = U_2 I_2 \cos(y+\varphi)$$
$$P'_3 = U_3 I_3 \cos(z+\varphi)$$
$$P' = P'_1 + P'_2 + P'_3$$

7. 计算更正系数

$$K = \frac{P}{P'} = \frac{3UI\cos\varphi}{P'_1 + P'_2 + P'_3}$$

8. 追补电量计算

当更正系数 K 值为∞，或者 K 值无法求出时，退补电量已无法根据更正系数来确定。此时应复核发生错误接线的时间，再以错误接线前的平均用电量作参考进行电量退补。

还应注意的是，错误的接线方式有许多种，特别是功率表达式为负值时电能表反转所带来的附加误差是相当大的，有时因功率因数的变化电能表转向不定，有的不能肯定发生错误接线的时间以及三相电路严重不对称的影响等，这些情况只能根据相关规程的规定与用户协商来确定退补电量。

9. 绘制接线原理图

接线原理图一般示出如下内容：电流互感器、电能表的相对位置、文字符号、端子号等，文字符号以及接线端子的编号应与电路图中的标注一致，以便对照检查接线。

绘图要点：

(1) 错误接线在二次侧呈现；

(2) 电能表、电流互感器、电压互感器布局合理；

(3) 符号规范，标示完整。

10. 更正接线

绘出电压、电流的相量图经过分析，判明电能表的错误接线方式后，应使电能表接线改为正确接线方式，以便准确计量电能。在改正接线前，要认真做好记录，用户签名确认。在改正接线过程中要注意安全，特别要防止电流互感器二次回路开路和电压互感器二次回路短路。如果仅为改正反相序接线，要注意把 A、C 相的电压、电流一并调换。改正接线后，还应进行一次全面的检查，测定电压、电流值和相序，测量电压、电流间相位，绘制相量图进行分析，直至确认电能表接线正确无误。然后还要测试电能表在实际负荷下的误差。

三、工作终结

(1) 检查确认电能表、终端及接线盒接线正确后，将测量仪表与被测设备连接拆除，盖好所有被测设备盖子重新加装封印，作业完成后关上计量柜门，重新加装封印，所有封印编号记录并拍照保存。

(2) 按照规范填写工单：抄录电能表、负控终端、资产编号等信息，抄录电能表电量信息，抄录负控终端 SIM 卡信息，记录封印信息等。完善作业表单和分析记录单，测量数据需清晰。

(3) 清点工具：对照领出的工器具清单进行清点，务必一一对应。

(4) 拆除围栏：确认所有工作人员已撤离作业现场，拆除安全围栏、警示牌，整理安全工器具。

(5) 恢复现场：工作负责人办理工作终结手续。

(6) 工作负责人向作业人员交代工作结束，作业人员全部撤离现场。

四、实际操作

(1) 实测数据如下，负载为感性。

1) 电压、电流数据见表4-2。

表4-2　　　　　　　　　　　实测电压、电流数据

U_1 (V)	U_2 (V)	U_3 (V)	I_1 (A)	I_2 (A)	I_3 (A)
223	219	221	4.91	4.95	4.93

由于$U_1 \approx U_2 \approx U_3 \approx 220V$，表明电能表电压接线没有断线情况；

由于$I_1 \approx I_2 \approx I_3 \approx 5A$，表明电能表电流接线没有断线或短路情况。

2) 电流相位数据见表4-3。

表4-3　　　　　　　　　　　实测电流相位数据

电压＼相位	电流相位测量记录（滞后于参考电压$\dot{U}_1$）				
	$\dot{U}_2$	$\dot{U}_3$	$\dot{I}_1$	$\dot{I}_2$	$\dot{I}_3$
$\dot{U}_1$（参考相位）	120°	240°	95°	156°	215°

由于$\dot{U}_1$超前$\dot{U}_2$为120°，说明电压相序为正相序。

3) 电压相量的确定。以A相作为参考点，各相对A相电压差见表4-4。

表4-4　　　　　　　　　　　各相电压对参考点的电压差

与A相参考点电压	U_{1a}	U_{2a}	U_{3a}
	0V	380V	380V

由于U_1与a相参考点电压差为0V，确定：$U_1 = U_a$。以U_1为参考相位，U_2、U_3与U_1之间的夹角见表4-5。

表4-5　　　　　　　　　　　各相与参考相位之间的夹角

电压＼相位	$\dot{U}_2$	$\dot{U}_3$
$\dot{U}_1$（参考相位）	120°	240°

由于上一步确定电压相序为正相序，$U_1 = U_a$，则电压相别为：a-b-c，在六角图上绘制出$\dot{U}_a$、$\dot{U}_b$、$\dot{U}_c$，其中$\dot{U}_a$与$\dot{U}_1$重合、$\dot{U}_b$与$\dot{U}_2$重合、$\dot{U}_c$与$\dot{U}_3$重合，如图4-21所示。

4) 电流相量的确定。实测各相电流与U_1之间的夹角见表4-6。

表 4-6　　　　　　　　　　　　各相电流与 U_1 之间的夹角

电压 \ 相位	$\dot{I}_1$	$\dot{I}_2$	$\dot{I}_3$
$\dot{U}_1$（参考相位）	95°	156°	215°

根据测量结果看出，$\dot{I}_1$ 滞后 $\dot{U}_1$ 角度为 95°，那么 $\dot{I}_1$ 的位置在 $\dot{U}_1$ 按顺时针旋转 95°的位置，绘制出 $\dot{I}_1$ 的位置如图 4-22 所示，按此方式分别绘制 $\dot{I}_2$、$\dot{I}_3$。

根据电流跟随电压原则，调转电流相量方向，电流 $\dot{I}_1$、$\dot{I}_3$ 反向，并且标注出每相的功率因数角 φ，如图 4-23 所示。

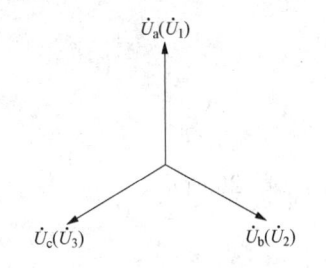

图 4-21　电压相量图 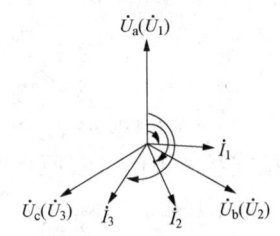　　　　图 4-22　电流相量图 1 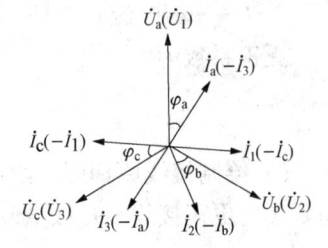　　　　图 4-23　电流相量图 2

5）各元件电流、电压确定。

综上可知，$U_1=U_a$，$U_2=U_b$，$U_3=U_c$，$I_1=-I_c$，$I_2=I_b$，$I_3=-I_a$

第一元件电压电流分别为：$\dot{U}_a$、$-\dot{I}_c$

第二元件电压电流分别为：$\dot{U}_b$、$\dot{I}_b$

第三元件电压电流分别为：$\dot{U}_c$、$\dot{I}_a$

三个元件的接线方式为：U_a—U_b—U_c，$(-I_c)$—(I_b)—$(-I_a)$

各元件电流、电压相量图如图 4-24 所示。

6）找出各元件电压与电流相位差。

第一元件 $\angle \dot{U}_1 \dot{I}_1 = 60° + \varphi_c$

第二元件 $\angle \dot{U}_2 \dot{I}_2 = \varphi_b$

第三元件 $\angle \dot{U}_3 \dot{I}_3 = 60° - \varphi_a$

各元件电压与电流相位差如图 4-25 所示。

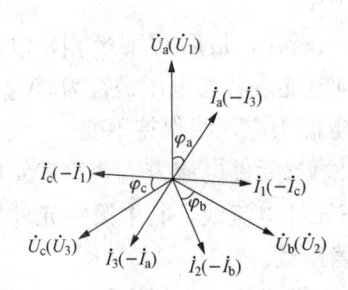

图 4-24　各元件电流、电压相量图 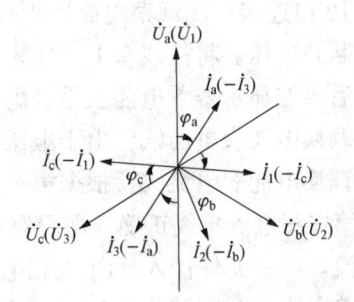　　　　图 4-25　各元件电流、电压相位差

7) 错误功率的计算。
$$P' = P'_1 + P'_2 + P'_3$$
$$= U_1 I_1 \cos\varphi_1 + U_2 I_2 \cos\varphi_2 + U_3 I_3 \cos\varphi_3$$
$$= U_a(-I_c)\cos(60°+\varphi_c) + U_b I_b \cos\varphi_b + U_c(-I_a)\cos(60°-\varphi_c)$$
$$= UI(2\cos60°\cos\varphi + \cos\varphi)$$
$$= 2UI\cos\varphi$$

8) 更正系数计算。三相四线三元件的正确功率表达式为
$$P = P_a + P_b + P_c = 3UI\cos\varphi$$

式中 U——相电压；
I——相电流。

更正系数为
$$K = \frac{P}{P'} = \frac{3UI\cos\varphi}{2UI\cos\varphi} = \frac{3}{2}$$

9) 绘制接线原理图。绘制错误接线状态下的接线原理图，如图 4-26 所示。
10) 更正接线。接线盒端口标识如图 4-27 所示。

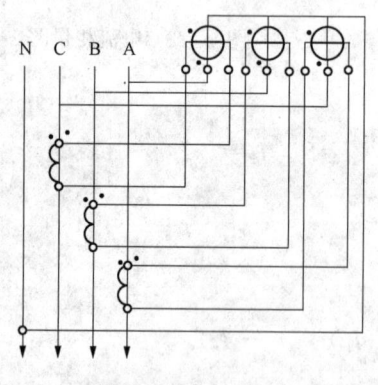

图 4-26 错误接线状态下的接线原理图

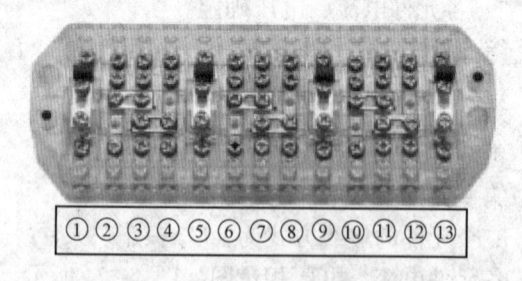

图 4-27 接线盒端口标识

①短接电流。首先在电能表的接线端子盒处设置监控，用电流钳随时监测短接效果，同时将电能表按显示读取电流的界面。由于该案例中第二元件的电流正常，故第二元件电流不做处理，此处需要短接第一、第三元件电流，在接线盒按计量典设要求接线使用的情况下，短接第一元件电流 3-4 口连接片，观察电流逐步减小直至稳定为接近 0A，短接第三元件电流 11-12 口连接片，观察电流逐步减小直至稳定接近 0A。

②断开电压。将接线盒上 ABC 三相电压连接片逐一断开，最后断开 N 相，电能表显示屏熄灭后再按显示查看电能表是否熄屏，用万用表测量电能表各相电压是否为 0V。

③调换电能表电压线。由于电压相序 ABC，因此电能表电压线保持不变。

④调换电能表电流线。根据第一元件电流为 $-I_c$，第二元件电流为 I_b，第三元件电流为 $-I_a$。第二相电流接线正确，需要调换第一元件和第三元件电流线，其中第一元件接入反向 C 相电流，第三元件接入反向 A 相电流，将其改成正确接线。

⑤恢复电压。将接线盒 13 口（N 相）电压连接片恢复连接，逐相恢复 1 口（A 相）、5 口（B）相、9 口（C）相电压连接片连接，查看电能表是否亮屏显示，按显电能表查看 A

相、B 相、C 相电压大小是否恢复至 220V 左右。

⑥恢复电流。在接线盒断开第一元件电流 3-4 口连接片，按显电能表观察 A 相电流是否逐步恢复至原来的电流大小 5A 左右，在接线盒断开第二元件电流 7-8 口连接片，按显电能表观察 B 相电流是否逐步恢复至原来的电流大小 5A 左右，在接线盒断开第三元件电流 11-12 口连接片，观察 C 相电流是否逐步恢复至原来的电流大小 5A 左右。

⑦再次测试数据。按照之前的测量方法测量相位角 $\angle \dot{U}_{1N} \dot{U}_{2N}$、$\angle \dot{U}_{1N} \dot{I}_1$、$\angle \dot{U}_{1N} \dot{I}_2$、$\angle \dot{U}_{1N} \dot{I}_3$，电压 U_{1a} 大小，得出正确数据 $U_{1a}=0V$、$\angle \dot{U}_{1N} \dot{U}_{2N} = 120°$、$\angle \dot{U}_{1N} \dot{I}_1 = 15°$、$\angle \dot{U}_{1N} \dot{I}_2 = 135°$、$\angle \dot{U}_{1N} \dot{I}_3 = 255°$。再次按显示查看电能表各项数据电压、电流、功率因数大小是否正常。

⑧绘制正确接线相量图和接线原理图。绘制三相四线电能表的正确接线相量图和接线原理图如图 4-28 和图 4-29 所示。

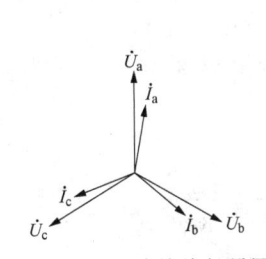

图 4-28 正确接线相量图

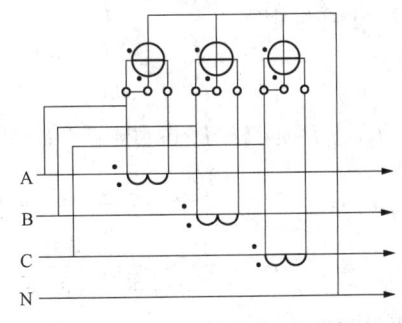

图 4-29 正确接线原理图

(2) 常见错误接线分析。

1) 电压错相序。电压错相序指的是进表的电压相序不再是 U_{abc} 的形式，而是其他形式，如 U_{bca}、U_{cab}、U_{bac} 等进线序别。

已知：为三相四线（经 TA、无 TV，TA 六线制）低压接线方式，感性负载。

测量：在电能表尾处用万用表测量电压为 $U_1=U_2=U_3=220V$，$U_1=U_a$；

用钳形电流表测 $I_1=I_2=I_3=1.5A$；

用相位伏安表测得的电压相序为：逆相序；

用相位伏安表测量的电压、电流之间的角度为：$\angle \dot{U}_1 \dot{I}_1 = 27°$、$\angle \dot{U}_2 \dot{I}_2 = 267°$、$\angle \dot{U}_3 \dot{I}_3 = 147°$，由测量条件可知电压相序为 U_{acb}，画相量图如图 4-30 所示。

错误接线说明：此接线为 U_{acb}、I_{abc}。

错误接线的功率表达式为

$$P_1 = U_1 I_1 \cos(x+\varphi) = U_a I_a \cos\varphi$$
$$P_2 = U_2 I_2 \cos(y+\varphi) = U_c I_b \cos(240°+\varphi)$$
$$P_3 = U_3 I_3 \cos(z+\varphi) = U_b I_c \cos(120°+\varphi)$$
$$P = P_1 + P_2 + P_3 = U_a I_a \cos\varphi + U_c I_b \cos(240°+\varphi) + U_b I_c \cos(120°+\varphi) = 0$$
$$K = \frac{P}{P'} = \frac{3UI\cos\varphi}{P_1+P_2+P_3} = \infty$$

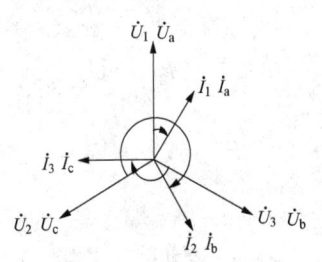

图 4-30 电压错相序相量图

2) 电流错相序。

已知：三相四线（经 TA、无 TV，TA 六线制）低压接线方式，感性负载。

测量：在电能表尾处用万用表测量电压 $U_1=U_2=U_3=220\text{V}$，$U_1=U_a$；

用钳形电流表测量 $I_1=I_2=I_3=1.5\text{A}$；

用相位伏安表测得的电压的相序：正相序；

用相位伏安表测量的电压电流之间的角度：$\angle \dot{U}_1 \dot{I}_1 = 259°$，$\angle \dot{U}_2 \dot{I}_2 = 259°$，$\angle \dot{U}_3 \dot{I}_3 = 259°$；

由测量条件可知电压相序为 U_{abc}，画相量图如图 4-31 所示。

错误接线说明：此接线为 U_{abc}，I_{cab}

错误接线的功率表达式为

$$P'_1 = U_1 I_1 \cos(x+\varphi) = U_a I_c \cos(240°+\varphi)$$
$$P'_2 = U_2 I_2 \cos(y+\varphi) = U_b I_a \cos(240°+\varphi)$$
$$P'_3 = U_3 I_3 \cos(z+\varphi) = U_c I_b \cos(240°+\varphi)$$
$$P' = P'_1 + P'_2 + P'_3 = U_a I_c \cos(240°+\varphi) + U_b I_a \cos(240°+\varphi) + U_c I_b \cos(240°+\varphi)$$
$$= -\frac{3}{2}UI(\cos\varphi - \sqrt{3}\sin\varphi)$$

$$K = \frac{P}{P'} = \frac{3UI\cos\varphi}{3UI\cos(240°+\varphi)} = \frac{-2}{1-\sqrt{3}\tan\varphi}$$

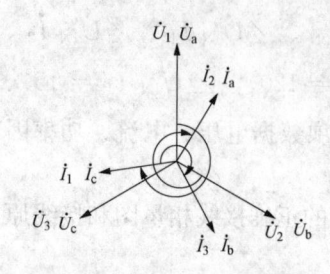

图 4-31 电流错相序相量图

3) 电流极性反接。

已知：三相四线（经 TA、无 TV，TA 六线制）低压接线方式，感性负载。

测量：在电能表尾处用万用表测量电压 $U_1=U_2=U_3=220\text{V}$，$U_1=U_a$；

用钳形电流表测量 $I_1=I_2=I_3=1.5\text{A}$；

用相位伏安表测得的电压的相序：正相序；

用相位伏安表测量的电压、电流之间的角度是：$\angle \dot{U}_1 \dot{I}_1 = 201°$，$\angle \dot{U}_2 \dot{I}_2 = 21°$，$\angle \dot{U}_3 \dot{I}_3 = 21°$；

由测量条件可知电压相序为 U_{abc}，画相量图如图 4-32 所示。

错误接线说明：此接线方式为 U_{abc}，I_{abc} 且 a 相电流反接。

错误接线的功率表达式为

$$P'_1 = U_1 I_1 \cos(x+\varphi) = U_a I_a \cos(180°+\varphi)$$
$$P'_2 = U_2 I_2 \cos(y+\varphi) = U_b I_b \cos\varphi$$
$$P'_3 = U_3 I_3 \cos(z+\varphi) = U_c I_c \cos\varphi$$
$$P' = P'_1 + P'_2 + P'_3 = U_a I_a \cos(180°+\varphi) + U_b I_b \cos\varphi + U_c I_c \cos\varphi = UI\cos\varphi$$

$$K = \frac{P}{P'} = \frac{3UI\cos\varphi}{P'_1 + P'_2 + P'_3} = 3$$

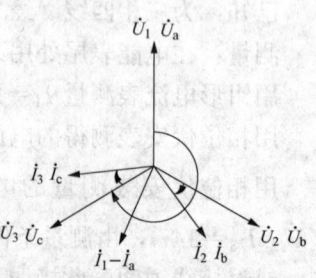

图 4-32 电流极性反相量图

4) 电流开路。

已知：三相四线（经 TA、无 TV，TA 六线制）低压接线方式，感性负载。

测量：在电能表尾处用万用表测量电压 $U_1=U_2=U_3=220\text{V}$，$U_1=U_a$；

用钳形电能表测量 $I_1=0\text{A}$，$I_2=I_3=1.5\text{A}$；

用相位伏安表测得的电压的相序：正相序；

用相位伏安表测量的电压、电流之间的角度是：$\angle \dot{U}_1 \dot{I}_1 = 201°$，$\angle \dot{U}_2 \dot{I}_2 = 21°$，$\angle \dot{U}_3 \dot{I}_3 = 21°$；

由测量条件可知电压相序为 U_{abc}，且电流回路有故障，画相量图如图 4-33 所示。

错误接线说明：此接线方式为 U_{abc}，I_{abc} 且 a 相电流开路。

错误接线的功率表达式为

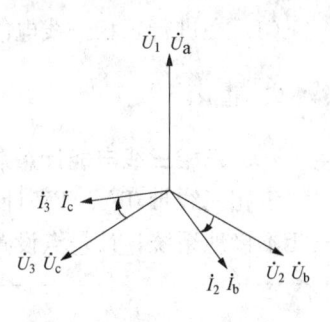

图 4-33 电流开路相量图

$$P'_1 = U_1 I_1 \cos(x+\varphi) = 0$$
$$P'_2 = U_2 I_2 \cos(y+\varphi) = U_b I_b \cos\varphi$$
$$P'_3 = U_3 I_3 \cos(z+\varphi) = U_c I_c \cos\varphi$$
$$P' = P'_1 + P'_2 + P'_3 = 0 + U_b I_b \cos\varphi + U_c I_c \cos\varphi = 2UI\cos\varphi$$
$$K = \frac{P}{P'} = \frac{3UI\cos\varphi}{P_1+P_2+P_3} = \frac{3}{2}$$

任务三　三相三线带 TA、TV 标准配置计量装置错误接线分析

任务描述

三相三线制电能计量装置应用于中性点绝缘系统的高压计量，电压互感器通常用两台单相电压互感器按 Vv 方式接线。虽然装置的数量比低压计量的少，但比高压大电流接地系统的多，且用户的重要程度高，计费倍率高，计量的电能量大，往往表计指示值"差之分毫"，却可能使最终电量数"失之千里"，因此应该足够重视。

本任务重点讲述三相三线带 TA、TV 标准配置计量装置错误接线分析的数据测量、相序判别、相量图绘制、功率表达式化简、更正系数计算、电量追补计算、接线原理图绘制、接线更正等。

学习目标

一、知识目标

（1）熟悉三相三线电能表的接线形式。
（2）掌握三相三线电能表的退补电量方法。

二、能力目标

（1）能说出三相三线电能表的接线形式。
（2）能进行三相三线电能计量装置的接线检查分析。
（3）能进行三相三线电能计量装置退补电量计算。

三、素质目标

（1）主动学习，按要求完成布置的任务。
（2）认真细致，准确判断计量装置接线情况。

(3) 在进行三相三线电能计量装置接线检查过程中发现问题、分析问题和处理问题。

基本知识

一、三相三线电能计量装置

三相三线带 TA、TV 计量方式的特点是 b 相没有电流回路，三相三线电能计量适用于三相不接地系统，计量点设置在高压侧，即为高供高计。电能表的正确接线孔接线示意图如图 4-34 所示，为便于分析表达，将电能表各端子的参数做如下约定：

电能表两个元件按接线端从左到右排列，分第 1、第 2 元件；

两个元件的电压从左到右排列，分 U1、U3，中间为 U2 隔开；

两个元件的电流按"进端"从左到右排列，分 I1、I2；

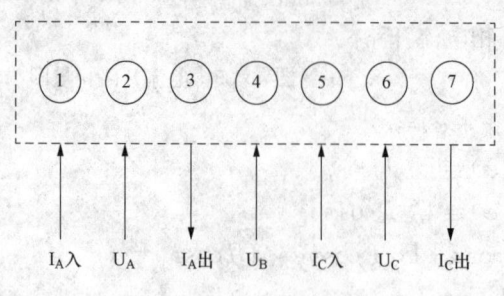

图 4-34 电能表的正确接线孔接线示意图

（端子标注：I_A入、U_A、I_A出、U_B、I_C入、U_C、I_C出）

$\dot{U}_a$ 相量的相位定在时钟的"0"点位置。

二、三相三线电能计量装置错误接线种类

错误接线可分为电压接线错误、电流接线错误。

（一）电压接线

电压部分的接线错误可以归结为以下两种情况：

(1) TV 二次输出端极性反接、断相。三相三线制接线时，有 2 个 TV，每个 TV 二次的接线都有 3 种可能：正确接线、极性反接和断相。除正确接线外，极性反接和断相都分别有 3 种情况，因此有 7 种接线可能，其中 6 种是错误接线。

(2) 电压错相。接入电能表输入端的三根电压线可能出现的依次轮错或互相交叉。电压错相有 6 种可能，其中依次轮错 3 种（Ua-b-c、Ub-c-a、Uc-a-b），交叉接线 3 种（Ub-a-c、Ua-c-b、Uc-b-a）。

（二）电流接线

电流部分的接线错误可以归结为三种情况：

(1) TA 二次输入端极性反接、短路。在三相三线制接线时，有 2 个 TA，每个 TA 的二次接线有 3 种可能：正确接线、极性反接和短路。除正确接线外，极性反接和短路都分别有 3 种情况，因此有 7 种接线可能，其中 6 种是错误接线。

(2) 电流错相。接入电能表输入端的电流线可能出现互相交叉。电流错相有 2 种可能，（Ia、Ic 和 Ic、Ia）。

(3) 电能表电流输入端与电流输出端互相反接，即电流进、出线反接。电能表电流进线、出线反接有 4 种：正确接线 1 种、全反接 1 种、1 个元件反接 2 种。

从以上分析可以看出，电压接线有两种情况，电流接线有三种情况，这五种情况可以随机组合出现，因此共有 7×6×7×2×4＝2352（种）接线。

由于三相三线接线错误接线类型众多，本任务主要探讨 48 种基本接线。即假设电压互感器二次同名端没有接错，同时取消了电流互感器二次回路公共回线。与电能表相连的电压互感器采用 V/v 接线，在电互感器同名端为正，接入电能表电压端钮 A、B、C 的电压有三

种组合可能：正相序 abc、bca、cab，逆相序 acb、bac、cba 共 6 种。

与电能表相连的电流互感器一般采用两相星形接线，接入电能表的电流有 I_a 和 $-I_a$，I_c 和 $-I_c$，四个电流可以构成 8 个电流组合：①I_a、I_c；②I_a、$-I_c$；③$-I_a$、I_c；④$-I_a$、$-I_c$；⑤I_c、I_a；⑥I_c、$-I_a$；⑦$-I_c$、I_a；⑧$-I_c$、$-I_a$。

假设没有 b 相电流接入电流表的电流线圈，则由 6 种电压相序配接 8 种可能的电流二次接线，得到三相三线有功计量装置常见的 48 种基本接线方式。

三、三相三线电能表接线图绘制

（一）判断电能表各元件所加的电压与电流

判断电能表各元件接入的电压和电流的原则是：

(1) 将电压互感器和电流互感器的同极性端（即标有"·"或"*"符号的端子）视为电压、电流输出的正方向。

(2) 如果电压或电流的正方向从电能表的同极性端（即标有"·"端）加入，则认为电能表所加的是正向电压或电流。反之，如果电压或电流的正方向从电能表的异极性端（即没有标有"·"的一端）加入，则认为电能表所加的是反向电压或电流。

（二）画出相量图

根据以上原则判断出电能表各元件所接入的电压和电流，就可以很容易地画出电压、电流的相量图。画相量图时，通常只需要画出有关的电压和电流即可，并且使电流滞后相应相电压一个角度（假定负载是感性负载，这种假设不影响功率表达式的推算），并标出电压与电流的相位角。

相量图的特点如下：

(1) 相电流超前或滞后（决定于负载性质）于相应相电压一定的角度；

(2) 线电压垂直于该线电压下标中未出现相的相电压。如：$\dot{U}_{ab}$ 垂直 c 相电压；

(3) 线电压的方向为该线电压下标由后边的相标指向前面的相标。如：$\dot{U}_{ab}$ 的方向为由 b 指向 a，如图 4-35 所示。

（三）建立计量功率的数学表达式

有功电能表的转矩与通过电能表的有功功率成正比，因为某元件产生的转矩与施加于该元件上的电压和电流有功分量的积成正比。

(1) 某元件上所记录的功率等于该元件上的电流乘电压，再乘电流与电压之间夹角的余弦；

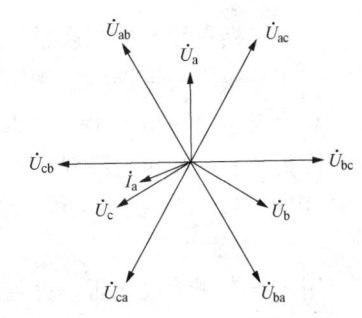

图 4-35 相量图 1

(2) 夹角的确定：该交角为电压至电流对应相的相电压之间的交角再加上或减去功率因数角；

(3) 加、减号的确定：如果电流在上述旋转角内，则取减号；反之取加号。如图 4-36 所示相量图，假设 U_{ab} 与 I_c 作用于同一组元件，则它的功率表达式为

$$P' = U_{ab} I_c \cos(90° - \varphi_c)$$

或
$$P' = U_{ab} I_c \cos(270° + \varphi_c)$$

式中　U、I——该元件所接入的电压与电流；

φ——电压与电流之间的相位夹角。

（四）运用三角函数关系进行化简

(1) 为了便于分析，通常做如下假定：

为使分析电能表接线的计量功率表达式简单化，通常假定三相负载是平衡对称的，即有如下关系：$U_a=U_b=U_c=U_{ph}$，$I_a=I_b=I_c=I$。

上述表达式中的电压 U、电流 I 只表示数值的大小，不表示相量，因此符号上不再打点。符号的下标只表明所加电压、电流的相别，所有计量功率的表达式均可利用初等三角函数知识进行化简。

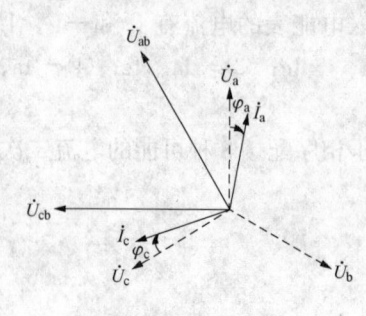

图 4-36 相量图 2

图中各电压、电流相量的数值大小有如下关系

$$I_a = I_b = I_c = -I_a = -I_b = -I_c = I$$
$$U_a = U_b = U_c = -U_a = -U_b = -U_c = U_{ph}$$
$$U_{ab} = U_{bc} = U_{ca} = U_{ac} = U_{ba} = U_{cb} = U$$
$$\varphi_a = \varphi_b = \varphi_c = \varphi$$

(2) 三角函数关系式为

$$\cos(\alpha \pm \beta) = \cos\alpha\cos\beta \mp \sin\alpha\sin\beta$$

（五）退、补电量的计算

定义：更正系数就是正确电量与错误电量（错误接线期间的抄见电量）之比。根据更正系数，求出退补电量。

有功功率 $\qquad P' = P'_1 + P'_2 = U_{12}I_1\cos\varphi_1 + U_{32}I_3\cos\varphi_2$

更正系数 $\qquad K = \dfrac{P}{P'} = \dfrac{\sqrt{3}UI\cos\varphi}{U_{12}I_1\cos\varphi_1 + U_{32}I_3\cos\varphi_2}$

四、三相三线制电能表错误接线分析步骤

三相三线制的错误接线判别方法与三相四线的判别方法一样，但要注意测量数据有所变化，其中电压需测量三个线电压 U_{12}、U_{32}、U_{31}，三相电压对地电压值，电流需要测量两个电流值 I_1、I_2，相位差需要测量三个线电压与电流的相位差 $\angle U_{12}I_1$、$\angle U_{12}I_2$，另外，出现173V电压时说明 a 或 c 必有一个电压互感器反接。

（一）测量电压

用电压表测量线电压，可判断电压互感器熔丝是否熔断、极性是否正确、电压互感器和电流互感器二次侧是否接地。

原理：在正常情况下三相电压是平衡的，即可测 U_{ab}、U_{bc}、U_{ca} 或 U_{ac}、U_{cb}、U_{ba}，且 $U_{ab}=U_{bc}=U_{ca}=100$V；若测得 $U_{bo}=0$，则电压互感器为 V/v 接线，且二次侧 b 相接地；如果测得 $U_{ao}=U_{ao}=U_{co}=\dfrac{100}{\sqrt{3}}$V，则电压互感器 Yy 接线，二次侧中性点接地。

如果三相线电压值不相等，且差别较大时，则说明互感器极性接错或电压回路有断线或熔丝断等故障，可根据电压测量结果、互感器的接线方式以及二次负载状况进行分析，做出判断。例如：当互感器为 V 形接线 C 相极性接反，则电压相量 U_{bc} 与 U_{BC} 相位差为 180°，$\dot{U}_{ac}=\dot{U}_{ca}=\dot{U}_{cb}+\dot{U}_{bc}$，$\dot{U}_{ca}=\sqrt{3}\dot{U}_{ab}=\sqrt{3}\dot{U}_{bc}\approx 173$V，接线图、电压相量图如图

4-37所示。

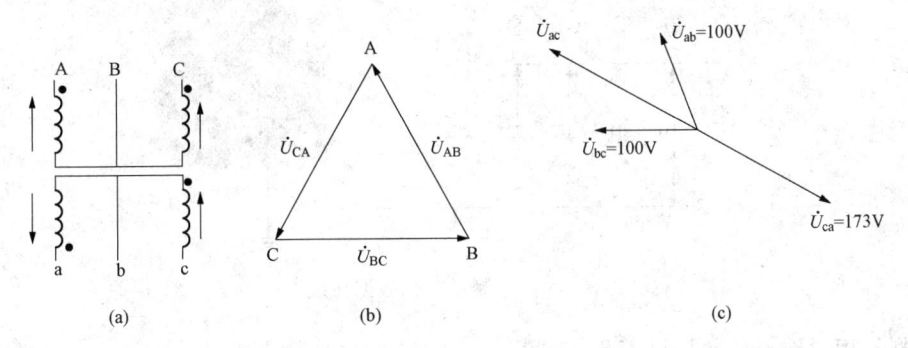

图4-37 当互感器为V形接线C相极性接反时，三相电压相量图
(a) 接线图；(b) 一次相量图；(c) 二次相量

三相三线计量装置测量时，测试电压为线电压 U_{12}、U_{32}、U_{31}。测电压时将第一组电压测试线插入相位伏安表 U1 口，需分正负，功能旋钮旋转到 U1 处，如图4-38和图4-39所示。

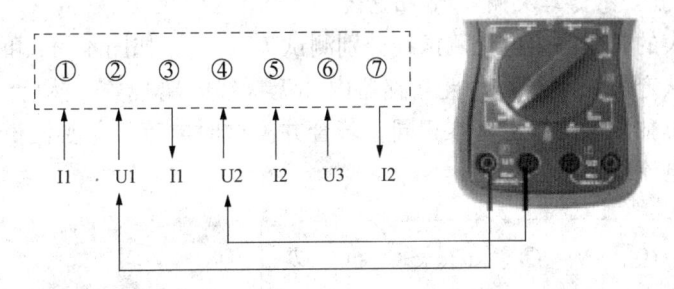

图4-38 测量第一相对第二相的电压 U_{12} 的接线

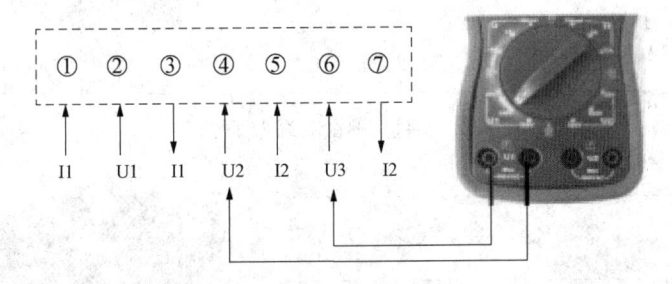

图4-39 测量第三相对第一相的电压 U_{32} 的接线

实测：测得 $U_{12}=100\text{V}$，$U_{32}=100\text{V}$，$U_{31}=100\text{V}$，三个线电压相等，确定三相电压对称，说明互感器极性没有接错或电压回路有断线或熔丝熔断等故障。

（二）判断 b 相

测量每一相对电压参考点（接地处）电压数据，可用相位伏安表交流 500V 挡位测量，黑表笔接触装置接地点参考点，红表笔分别接触表尾元件电压 U_1、U_2、U_3，接线如图4-40所示。若哪一相与接地参考点电位差为零，则判断哪相电压为 b 相（0V）。

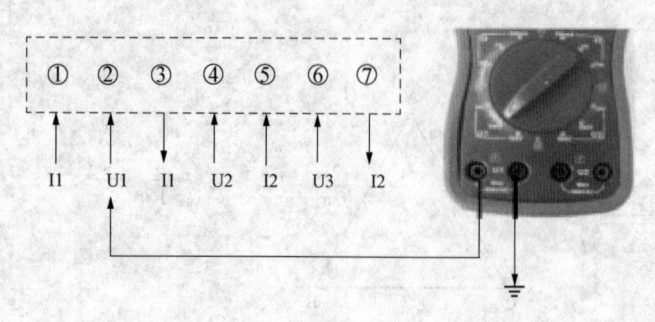

图 4-40 测量电压数据接线

实测各相对地电压数据见表 4-7。

表 4-7　　　　　实测各相对地电压

对地电压	U_{1N}	U_{2N}	U_{3N}	结论：U_1 为 b 相
	0V	100V	100V	

（三）测量电流互感器二次侧 a、c 相电流

用钳形电流表的其中一组电流测试线分别测试 I_1 和 I_2，如图 4-41 和图 4-42 所示，一般数值相近便可认定电流平衡，并且互感器内部无接线差错现象；然后将两相电流合并测试，其读数应与单独测试的数值基本相同。若合并测试时电流比单独测试大 1.73 倍，则说明有且只有一相电流反向了。

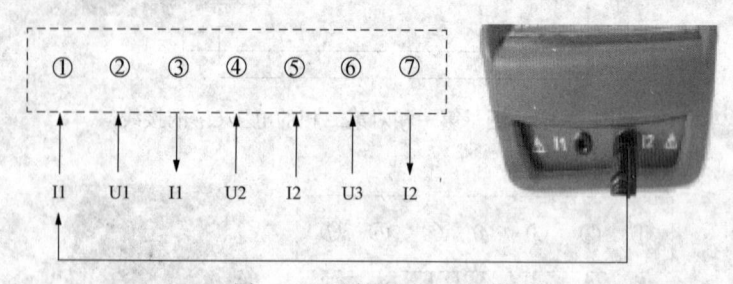

图 4-41 测量电流 I_1 接线

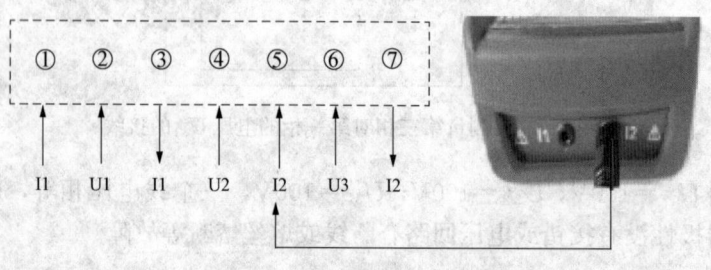

图 4-42 测量电流 I_2 接线

实测：$I_1=I_2=5A$，表明电流接线没有异常。

（四）测量相序

1. 相序的确定

用相序表或相位伏安表对相序进行测量，确定表尾电压相序。如使用相位伏安表，则测

量 $\dot{U}_{12}$ 与 $\dot{U}_{32}$ 的相位角，接线方式如图 4-43 所示。

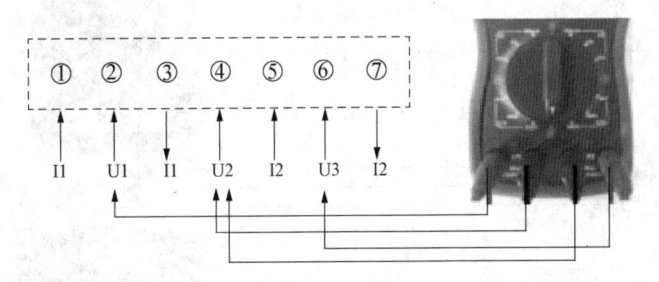

图 4-43 测量 $\dot{U}_{12}$ 与 $\dot{U}_{32}$ 的相位角的接线

用表尾线电压相位差的大小判断相序的方法有两种，分别为：

第一种方法：电压极性正确下，测 U_{12} 对 U_{23} 的相位角，相位角为 120°时，相序为正相序，相位角为 240°时，相序为逆相序。

第二种方法：电压极性正确下，测 U_{12} 对 U_{32} 的相位角，相位角为 300°时，相序为正相序，相位角为 60°时，相序为逆相序。

2. 电压相序的排列

三种正相序：abc、bca、cab

三种逆相序：acb、bac、cba

以 U_{12} 为参考相位，实测 U_{23}、U_{31} 与 U_{12} 之间的夹角数据见表 4-8。

表 4-8　　　　　　　　　　U_{23}、U_{31} 与 U_{12} 之间的夹角

项目	U_{23}	U_{31}
U_{12}（参考相位）	240°	120°

判断相序：逆相序；

相别：bac，$\dot{U}_{12} = \dot{U}_{ba}$，$\dot{U}_{32} = \dot{U}_{ca}$

相量图如图 4-44 所示。

（五）测量电流与电压之间的相位差

根据前面的测量结果分析，然后以某个量为参考，测量其他量与它的相位差。以 $\dot{U}_{12}$ 为参考相位，测相电流 $\dot{I}_1$、$\dot{I}_2$ 的相位（φ_1、φ_2），测试时应注意两个量之间的超前或滞后的关系。电流与电压之间的相位差的接线方式如图 4-45 和图 4-46 所示。

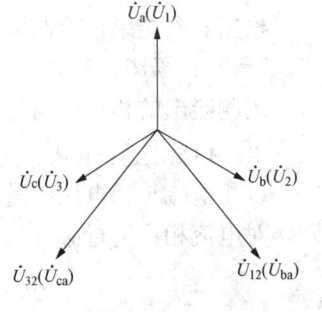

图 4-44 电压相量图

以电压 $\dot{U}_{12}$ 为初始相位，实测电流 $\dot{I}_1$、$\dot{I}_2$ 滞后参与电压 U_{12} 的角度见表 4-9。

表 4-9　　　　　　　　　　电流相位测量数据

电流相位测量记录（滞后于参考电压 $\dot{U}_{12}$）		
项目	$\dot{I}_1$	$\dot{I}_2$
$\dot{U}_{12}$（初始相位）	$\varphi_1 = 57°$	$\varphi_2 = 296°$

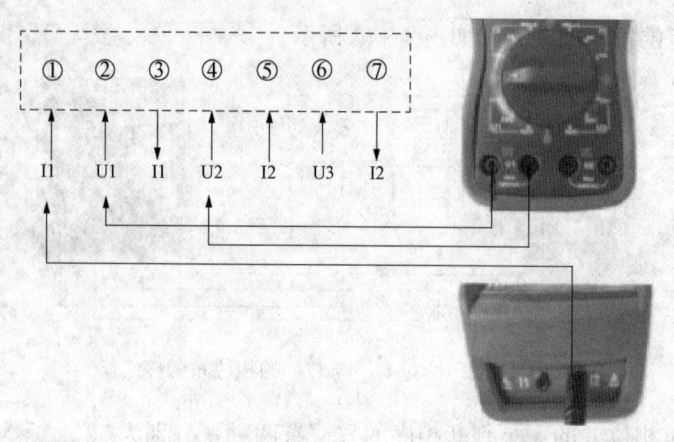

图 4-45 测量 U_{12} 对 I_1 的相位角的接线

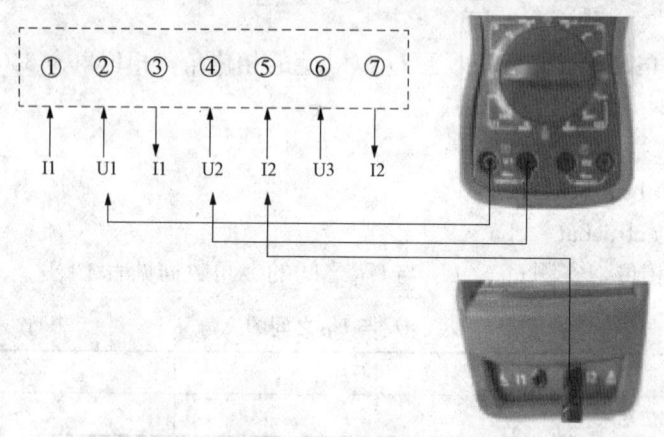

图 4-46 测量 U_{12} 对 I_2 的相位角的接线

根据实测结果，绘制电流相位如图 4-47 所示。

（六）根据测量的相位关系画出相量图

用测绘出的相量图与标准相量图进行比较分析，判断电能表的接线方式。

电流相量表达：以 $\dot{U}_{12}$ 为初始相位，顺时针方向根据测定的 φ_1、φ_2，确定 $\dot{I}_1$、$\dot{I}_2$ 的相量。以相电流与相电压跟随，容性负载时电流超前相电压，感性负载时电流滞后相电压为原则，对电流相量进行必要的调转。相量图如图 4-48 所示。

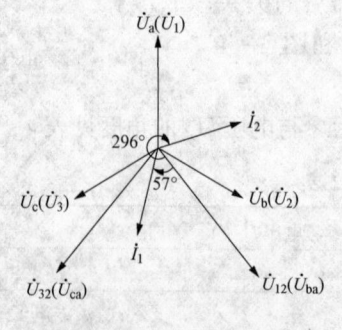

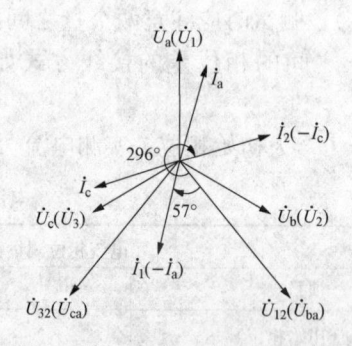

图 4-47 电流相位　　图 4-48 电流、电压相量图

设定负荷为感性，功率因数为 0.8~0.9，对上例相量进行调整。

（七）确定各相量的相别

电压：$\dot{U}_1$、$\dot{U}_2$、$\dot{U}_3$ 分别是 $\dot{U}_b$、$\dot{U}_a$、$\dot{U}_c$；

电流：$\dot{I}_1$、$\dot{I}_2$ 分别是 $-\dot{I}_a$、$-\dot{I}_c$；

经过上述分析，确定了电压相别、电流相别，便可确定两个计量元件接入的电流、电压。本例中，$\dot{U}_1$、$\dot{U}_2$、$\dot{U}_3$ 对应相别为 $\dot{U}_b$、$\dot{U}_a$、$\dot{U}_c$；$\dot{I}_1$、$\dot{I}_2$ 对应相别为 $-\dot{I}_a$、$-\dot{I}_c$。两个计量元件接入的电压、电流（即错接线方式）分别是：

第一元件：$\dot{U}_{ba}$、$-\dot{I}_a$；

第二元件：$\dot{U}_{ca}$、$-\dot{I}_c$。

（八）错误接线功率因数角

第一元件 $\dot{U}_{12}$ 与 $\dot{I}_1$ 的相位角为：$30°+\varphi_a$

第一元件 $\dot{U}_{32}$ 与 $\dot{I}_2$ 的相位角为：$150°-\varphi_c$

（九）确定错误功率表达式

$$P' = P'_1 + P'_2 = U_{12}I_1\cos\varphi_1 + U_{32}I_2\cos\varphi_2$$
$$= U_{ba}(-I_a)\cos(30°+\varphi_a) + U_{ca}(-I_c)\cos(150°-\varphi_c)$$
$$= UI(\cos30°\cos\varphi - \sin30°\sin\varphi + \cos150°\cos\varphi + \sin150°\sin\varphi)$$
$$= 0$$

（十）计算更正系数

更正系数为：

$$K = \frac{P}{P'} = \frac{3UI\cos\varphi}{0} = \infty$$

以上只是判断电能表错误接线的一般步骤，具体情况还应灵活使用。

任务实施

（1）利用仿真软件设置三相三线电能计量装置错误接线类型，测量三相三线电能计量装置数据并进行计算分析，完成附录 H 的电能计量装置错误接线答题纸（三相三线）。

（2）接线原理图和相量图如图 4-49 和图 4-50 所示。接线方式为 $\dot{U}_{ab}$、$-\dot{I}_a$ 和 $\dot{U}_{cb}$、$-\dot{I}_c$，计算错误接线时的功率及更正系数。

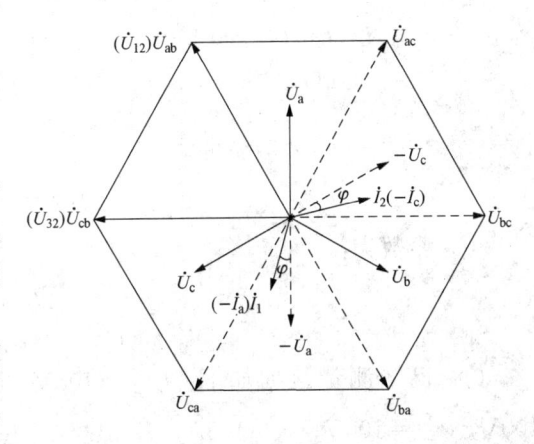

图 4-49 a、c 两相电流反接相量图

错误接线时功率为

$$P' = P'_1 + P'_2 = U_{12}I_1\cos\varphi_1 + U_{32}I_2\cos\varphi_2$$
$$= U_{ab}(-I_a)\cos(150°-\varphi_a) + U_{cb}(-I_c)\cos(150°+\varphi_c)$$
$$= UI\cos(150°-\varphi) + UI\cos(30°-\varphi)$$
$$= -\sqrt{3}UI\cos\varphi$$

更正系数为

$$K = \frac{P}{P'} = \frac{\sqrt{3}UI\cos\varphi}{-\sqrt{3}UI\cos\varphi} = -1$$

（3）已知测试数据如下：$I_1 = I_2 = 3.2\text{A}$，$U_{12} = U_{23} = U_{31} = 101\text{V}$，$U_{3N} = 0\text{V}$；$\angle \dot{U}_{12}\dot{U}_{23} = 120°$，$\angle \dot{U}_{12}\dot{U}_{31} = 240°$；$\angle \dot{U}_{12}\dot{I}_1 = 236°$，$\angle \dot{U}_{12}\dot{I}_2 = 175°$；负载为感性，功率因数为 0.9 左右。计算错误接线时的功率及更正系数。

判断过程：

1) 首先满足电压、电流基本平衡条件，负载为感性。

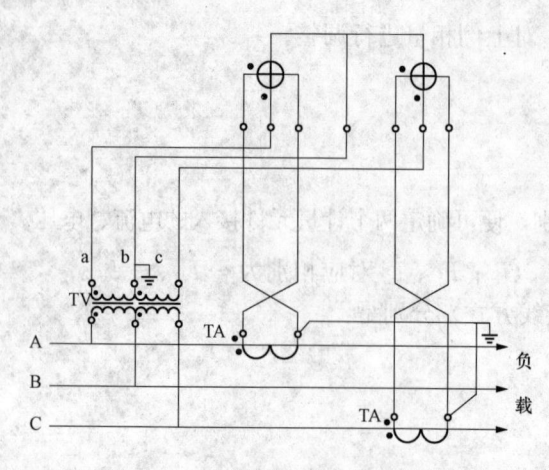

图 4-50　a、c 两相电流反接接线原理图

2) $U_{3N} = 0\text{V}$，可知 $U_{3N} = U_b$。

3) 判断相序：$\angle \dot{U}_{12}\dot{U}_{23} = 120°$，$\angle \dot{U}_{12}\dot{U}_{31} = 240°$，判断电压相序为正相序。

4) 判断相别：结合 b 相，相别为 c、a、b。

5) 判断两个元件：根据 $\angle \dot{U}_{12}\dot{I}_1 = 236°$，画出电流 $\dot{I}_1$ 相量，根据 $\angle \dot{U}_{12}\dot{I}_2 = 175°$，画出电流 $\dot{I}_2$ 相量，如图 4-51 所示。

则第 1 元件：$\dot{U}_{12} = \dot{U}_{ca}$、$\dot{I}_1 = -\dot{I}_c$；第 2 元件：$\dot{U}_{32} = \dot{U}_{ba}$、$\dot{I}_2 = \dot{I}_a$。

6) 功率表达式为

$$\begin{aligned}P' &= P'_1 + P'_2 = U_{12}I_1\cos\varphi_1 + U_{32}I_2\cos\varphi_2 \\ &= U_{ca}(-I_c)\cos(150° - \varphi_c) + U_{ba}I_a\cos(150° - \varphi_a) \\ &= 2UI(\cos150°\cos\varphi + \sin150°\sin\varphi) \\ &= 2UI\left(\frac{\sqrt{3}}{2}\cos\varphi + \frac{1}{2}\sin\varphi\right) \\ &= UI(\sqrt{3}\cos\varphi + \sin\varphi)\end{aligned}$$

图 4-51　a、c 两相电流反接接线原理图

更正系数为：

$$K = \frac{P}{P'} = \frac{\sqrt{3}UI\cos\varphi}{UI(\sqrt{3}\cos\varphi + \sin\varphi)} = \frac{\sqrt{3}}{\sqrt{3} + \tan\varphi}$$

（4）已知测量数据如下：$U_{12} = 100\text{V}$，$U_{32} = 100\text{V}$，$U_{31} = 100\text{V}$；$U_{1N} = 0\text{V}$，$U_{2N} = 100\text{V}$，$U_{3N} = 100\text{V}$；$I_1 = 1.5\text{A}$，$I_2 = 1.5\text{A}$；$\angle \dot{U}_{12}\dot{I}_1 = 120°$，$\angle \dot{U}_{32}\dot{I}_2 = 0°$，$\angle \dot{U}_{32}\dot{I}_1 = 60°$。计算错误接线时的功率及更正系数。

判断过程：

1) 根据 $U_{12} = 100\text{V}$，$U_{32} = 100\text{V}$，$U_{31} = 100\text{V}$，判断电压正常。

2) 判断相序。

根据 $\varphi = \angle \dot{U}_{12}\dot{U}_{22} = \angle \dot{U}_{12}\dot{I}_1 - \angle \dot{U}_{32}\dot{I}_1 = 120° - 60° = 60°$，判断电压为逆相序。

3) 判断电压相别。

根据 $U_{1N}=0$，$U_{2N}=100\text{V}$，$U_{3N}=100\text{V}$，确定 U_1 为 U_b。

电压相别为 bac，$\dot{U}_{12}=\dot{U}_{ba}$，$\dot{U}_{32}=\dot{U}_{ca}$。

4）绘出电压相量图，如图 4-52 所示。

5）根据 $\angle\dot{U}_{12}\dot{I}_1=120°$，$\angle\dot{U}_{32}\dot{I}_2=0°$ 找到两个元件的电流 $\dot{I}_1$ 和 $\dot{I}_2$，并最终确定电流相别：$\dot{I}_c$ 和 $-\dot{I}_a$。

6）根据相量图写出各元件的功率表达式为

$$P'_1 = U_{ba}I_c\cos(90°+\varphi)$$
$$P'_2 = U_{ca}I_a\cos(30°-\varphi)$$

7）根据功率表达式写出更正系数的表达式。

实测功率为

$$P' = P'_1 + P'_2$$

实际功率为

$$P = \sqrt{3}UI\cos\varphi$$

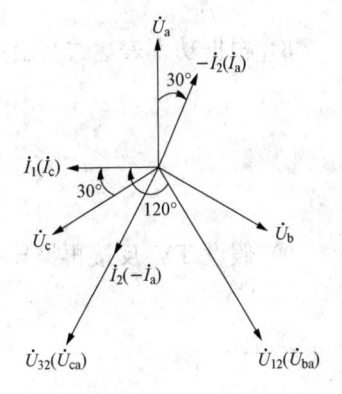

图 4-52 电压、电流相量图

更正系数表达式为

$$G_x = \frac{P}{P'}$$

(5) 已知测量数据如下：$U_{12}=173\text{V}$，$U_{32}=100\text{V}$，$U_{31}=100\text{V}$；$I_1=1.5\text{A}$，$I_2=1.5\text{A}$；$\angle\dot{U}_{12}\dot{I}_1=150°$，$\angle\dot{U}_{32}\dot{I}_2=300°$，$\angle\dot{U}_{32}\dot{I}_1=180°$；$U_{1N}=100\text{V}$，$U_{2N}=100\text{V}$，$U_{3N}=0\text{V}$。计算错误接线时的功率及更正系数。

判断过程：

1）$U_{12}=173\text{V}$，说明有一个 TV 反接。

2）判断相序：$\varphi=330°>180°$，判断相序为逆相序。

3）$U_{3N}=0\text{V}$，U_3 为 U_b，确定电压相别：a、c、b。

4）假设 TV_A 反接，画出电压部分接线图如图 4-53 所示。

5）根据电压相别及 TV 反接的情况确定电压：

$\dot{U}_{12}=\dot{U}_{ba}+\dot{U}_{bc}$，$\dot{U}_{32}=\dot{U}_{bc}$，绘出电压相量图 $\dot{U}_{12}(\dot{U}_{ac})$，如图 4-54 所示。

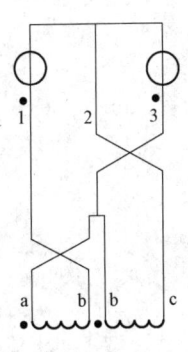

图 4-53 电压部分接线图

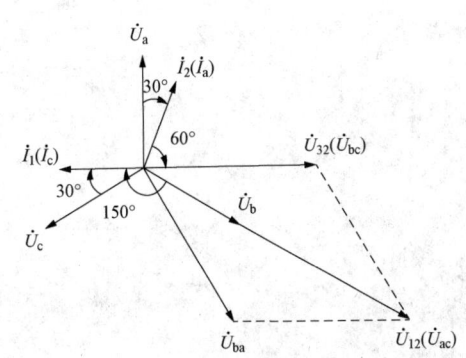

图 4-54 电压相量图

6）根据 $\angle\dot{U}_{12}\dot{I}_1$、$\angle\dot{U}_{32}\dot{I}_2$ 找到两个元件的电流，采取随相判别法确定电流（需知道

负载性质，$\cos\varphi$ 一般为感性），如哪个电流不随相则反相此电流再行判断。

7) 根据相量图写出各元件的功率表达式为
$$P'_1 = U'_{AC}I_c\cos(120°+\varphi)$$
$$P'_2 = U_{BC}I_A\cos(90°-\varphi)$$

8) 根据功率表达式写出更正系数表达式为
$$P' = P'_1 + P'_2$$
$$P = \sqrt{3}UI\cos\varphi$$
$$G_x = \frac{P}{P'}$$

9) 假设 TV_C 反接再推导一遍。

用电检查基础

项目五　违约用电、窃电判断及取证

项目描述

违约用电与窃电行为严重侵害了供电企业的利益，侵吞了国有财产，破坏了正常的供用电秩序，带来了不稳定因素。不仅造成电量漏计，管理线损升高，供电企业蒙受巨大的经济损失，还严重破坏了供用电设施和电能计量装置，用电毫无节制，肆无忌惮，造成变压器、电力线路重载、过载，危及供用电安全以及其他用电用户的用电权益。做好用电检查工作，及时发现窃电行为与违约用电现象，采取相应的措施，对挽回和保障电力企业的利益，有着积极的作用。

本项目主要学习违约用电与简单窃电的判断、取证处理等。学习完本项目应具备以下专业能力、方法能力、社会能力：

（1）专业能力：具备熟悉违约用电与窃电的判别能力；具备进行违约用电与窃电的检查、取证及处理能力；具备熟练使用反窃电检查工具的能力。

（2）方法能力：具备对用户违约用电和窃电进行分析的能力。

（3）社会能力：具备服从指挥、遵章守纪、吃苦耐劳、主动思考、善于交流、团结协作、认真细致地安全作业的能力。

学习目标

一、知识目标

（1）熟悉违约用电与窃电的界限。
（2）熟悉违约用电与简单窃电的判断方法。
（3）熟悉窃电疑点分析方法。
（4）掌握违约用电与窃电的取证方法和内容。

二、能力目标

（1）能判别用户违约用电行为与窃电行为。
（2）能正确使用反窃电检查工具进行违约用电与窃电的检查取证。

三、素质目标

（1）愿意交流、主动思考、善于在反思中进步。
（2）学会服从指挥、遵章守纪、吃苦耐劳、安全作业。
（3）学会团队协作、认真细致、保证目标实现。

知识背景

一、电能损耗的基本概念

（一）线损电量

电能从发电机发出输送到用户，必须经过输、变、配设备，由于这些设备存在着阻抗，因此电能通过时，就会产生电能损耗，并以热能的形式散失在周围介质中。另外，由于管理不善，在供用电过程中偷、漏、丢、送等原因造成电能损失。这些电能损失电量称为线损电量，简称线损，计算公式为：

$$线损电量 = 供电量 - 售电量$$

1. 供电量

供电量是指供电企业供电生产活动的全部投入量，由以下几部分组成：

（1）发电厂上网电量：该电量的计量点规定在发电厂出线侧，上网电量为发电厂送入电网的电量。

（2）外购电量：电网向地方电厂、用户自备电厂购入的电量。

（3）电网输入、输出电量：指电网（地区）之间互供电量。

2. 售电量

售电量是指供电企业出售给客户的电量（包括趸售电量）。

（二）线损电量的组成

线损电量主要由固定损失、变动损失和其他损失三部分组成。

1. 固定损失

固定损失也称为空载损耗（铁损）或基本损失，一般情况下不随负荷变化而变化，只要设备带有电压，就要产生电能损耗。但是，固定损失也不是固定不变的，它随着外加电压的高低而发生变化。实际上，由于电网电压正常情况下波动不大，认为电压是恒定的，因此，这部分损失基本上是固定的。固定损失主要包括：

（1）发电厂、变电站的升、降压变压器及配电变压器的铁损。

（2）高压线路的电晕损失。

（3）调相机、调压器、电抗器、互感器、消弧线圈等设备的铁损及绝缘子损失。

（4）电容器和电缆的介质损失。

（5）电能表的电压线圈损失。

2. 变动损失

变动损失也称为可变损失或短路损失，是随着负荷变动而变化的，它与电流的平方成正比，电流越大，损失越大。变动损失主要包括：

（1）发电厂、变电站的升、降压变压器及配电变压器的铜损。

（2）输、配电线路的损失，即电流通过导线所产生的损失。

（3）调相机、调压器、电抗器、互感器、消弧线圈等设备的铜损。

（4）电能表电流线圈的铜损。

3. 其他损失

其他损失也称为管理损失或不明损失，是由于管理不善，在供用电过程中偷、漏、丢、送等原因造成的损失。

二、线损的分类及影响因素

线损的分类有多种形式，从损耗产生的来源可分为技术类损耗和管理类损耗两类。

（一）技术类线损

技术类损耗是指电能在发、送、配过程中，由于潮流分布在电气元件中产生的功率损耗，这些损耗不可避免，只能通过新技术、新设备等技术手段减小。

1. 分类

(1) 与电流平方成正比的电阻发热引起的损耗。

(2) 与电压平方成正比的泄漏损耗。

(3) 与电流平方和频率成正比的介质磁化损耗。

(4) 与电压平方和频率成正比的介质极化损耗。

(5) 高压设备的电晕损耗。

2. 影响因素

(1) 电网的运行电压。电网功率损耗与运行电压的平方成反比，对电网进行升压改造，提高运行电压，提高线路输送容量，降低线路损耗。

(2) 电网的经济运行方式。电网潮流分布是否合理对线损影响很大，可以通过调整电网的运行方式，合理控制电网潮流来降低线损。

(3) 变压器的运行方式。单台主变压器运行时，所带负荷在变压器额定容量的50%~70%时损耗最小，多台变压器运行时，应根据负荷变化情况决定是否并列运行（并列运行要满足变压器组别相同、变比相等、短路电压相等的条件）。

(4) 系统的功率因数以及无功补偿方式。系统的功率因数对线损影响很大，可通过合理的无功补偿方式，提高功率因数，减少线路中无功电流分量引起的线损。

(5) 导线的截面积。导线的截面越大，电阻越小，线损也就越小。但导线的截面积也不是越大越好。一般采用经济电流密度选取导线截面积，在兼顾经济效益的同时保证电流的合理通过，减少线路损耗。

(二) 管理类线损

1. 分类

(1) 电能计量装置的误差。如表计错误接线、计量装置故障、互感器倍率错误、二次回路电压降、熔断器熔断等引起的线损。

(2) 用电营销环节中由于抄表不到位，存在估抄、漏抄、错抄、错算电量等现象引起的线损。

(3) 供、售电量抄表时间不一致引起的线损。

(4) 带电设备绝缘不良引起的泄漏电流所产生的损耗。

(5) 客户窃电等引起的线损。

2. 影响因素

(1) 抄表例日的变动导致线路损耗统计值的变化。

(2) 错抄、漏抄影响线损统计异常。

(3) 由于季节、负荷变化等原因使电网潮流发生较大变化导致运行方式不合理。

(4) 供售不同期电量的大小以及当年新增送电用户、季节性用电户的数量导致线损统计异常。

(5) 无损用户电量增减会导致区域电网经营企业无损电量的变化，从而影响整体线损值的变化。

(6) 电能表计的正负误差影响线损变化。

(7) 客户窃电。

三、违约用电

违约用电是指危害供电、用电安全,扰乱正常供电、用电秩序的行为。

违约用电行为包括:

(1) 擅自改变用电类别,即在原报装核定电价低的供电线路上,擅自接用电价高的用电设备或私自改变用电类别的;

(2) 擅自超过供用电双方合同约定的用电设备容量用电的;

(3) 在电力负荷供应能力不足的情况,擅自超过政府下达的用电计划分配指标用电的,或在电网高峰段内拒不执行政府批准的错峰、避峰方案仍继续用电的;

(4) 擅自使用已经在供电企业办理暂停或临时减容手续的电力设备,或者擅自启用已经被供电企业封存的电力设备的;

(5) 擅自迁移、更动和擅自操作供电企业的用电计量装置、电力负荷控制装置、供电设施以及约定由供电企业调度的客户受电设备的;

(6) 未经供电企业许可,擅自引入、供出电源或者将自备电源擅自并网。

四、窃电

(一) 窃电的定义

窃电是指以不交或者少交电费为目的,采用隐蔽或者其他手段以达到不计量或者少计量非法占用电能的行为。

二维码 5-1 窃电与违约用电

(二) 窃电行为

窃电行为包括:

(1) 在供电企业的供电设施上,擅自接线用电;

(2) 绕越供电企业用电计量装置用电;

(3) 伪造或者开启供电企业加封的用电计量装置封印用电;

(4) 故意损坏供电企业用电计量装置;

(5) 故意使供电企业用电计量装置不准或者失效;

(6) 采用其他方法窃电。

根据《供电营业规则》第一百零四条,因违约用电或窃电造成供电企业的供电设施损坏的,责任者必须承担供电设施的修复费用或进行赔偿。因违约用电或窃电导致他人财产、人身安全受到侵害的,受害人有权要求违约用电或窃电者停止侵害,赔偿损失。供电企业应予协助。

供电企业应按照规定对本供电营业区内的用户进行用电检查,用户应当接受检查并为供电企业的用电检查提供方便。

二维码 5-2 窃电行为

任务一 违约用电与窃电的判断

任务描述

违约用电与窃电是供电企业经营发展面临的一大顽疾。近年来,各地发现的违约用电与窃电现象屡见不鲜,违约用电与窃电手段日趋隐蔽,呈现出多样化、智能化、产业化的发展趋势，使供电企业每年蒙受巨大的经济损失。本任务主要学习违约用电与简单窃电的判断方法，通过案例分析，能够进行违约用电与简单窃电的判断。

学习目标

知识目标：
(1) 熟悉违约用电的判断方法。
(2) 熟悉简单窃电的判断方法。
能力目标：
(1) 能识别用户的违约用电方法。
(2) 能识别用户的窃电方法。
素质目标：
(1) 主动学习，按要求完成布置的任务。
(2) 在用电检查的过程中认真仔细，发现违约用电用户与窃电用户。

基本知识

一、违约用电的判断

(1) 擅自改变用电类别。该类型一般是未按照原业扩报装时期确定的电价用电，用电性质已发生了改变，通常是在低电价的线路上从事高电价的生产经营活动，以此来逃避差价电费缴纳。

该类型判别方法：主要是通过营销自动化系统或核算台账筛选执行电价低且用电量大的客户，可列为主要检查对象。

(2) 擅自超过合同约定的容量用电。该类型判别有以下三种方式：
1) 通过用电信息采集系统来查看其某一阶段最大用电负荷。
2) 根据售电量、生产班次折算其用电负荷。
3) 通过高低压钳形电流表现场测试其用电负荷。

对用电负荷超出设备运行容量125%的用户，应重点检查、核对相关用电设备。首先，应要求其提供各变压器（高压电动机）的明细，询问清楚有关安装位置；其次，根据提供明细现场复核，检查是否存在设备无铭牌或铭牌更换现象。在上述复核无误后，还应查清负荷出线柜出线电缆条数，按照电缆走径，逐一核对用电设备。

(3) 擅自超过计划分配指标用电。该类型主要是通过调度运行监控系统或用电信息采集系统监测，对发现用电负荷超过计划分配指标的，应进行现场检查，对检查属实的可要求其承担违约责任。

(4) 擅自使用办理暂停或临时减容手续的电力设备，或者擅自启用已经封存的电力设备。该类型判别有以下两种方法：
1) 根据用电信息采集系统监测其最大用电负荷。
2) 根据售电量、生产班次折算其用电负荷。

对用电负荷明显超出办理暂停后设备总容量，或超出临时减容手续后设备容量的，可列为重点检查对象。同时，对现场检查发现有私自更动或伪造负荷开关封印的，也可视为存在擅自开启使用的违约嫌疑。

（5）擅自迁移、更动和擅自操作用电计量装置、电力负荷控制装置、供电设备以及约定由供电企业调度的客户受电设备。该类型判别有以下三种方式：

1）查看用电计量装置封印的完好性。

2）检查相关负控装置、供电设施的位置是否发生了改变。

3）检查约定同供电企业调度的受电设备是否存在更动现象。

（6）未经供电企业许可，擅自引入、供出电源或者将自备电源擅自并网。该类型判别有以下三种方式：

1）检查本区域或客户用电量是否异常减少，此时可能其引入第二电源。

2）检查本区域或客户用电量是否突然增大，此时可能其存在转供电问题。

3）在供电设施计划检修或临时检修时，检查客户是否存在自供用电现象。对该类客户重点检查其发电机并网手续及相关安全措施。

二、窃电判断

窃电是一直存在的问题，长期困扰着供电部门。一些个人或企业，将盗窃电能作为获利手段，采取各种方法不计或少计电量，以达到不交或者少交电费的目的，造成电能的大量流失，损失惊人。窃电严重危害了供电企业的合法权益，扰乱了正常的供用电秩序，而且给安全用电带来威胁。

电能与功率成正比，与用电时间成正比，即

$$W = Pt$$

式中　P——有功功率；

　　　t——用电时间。

单相有功功率为

$$P = U_{ph}I_{ph}\cos\varphi$$

式中　U_{ph}、I_{ph}——相电压、相电流；

　　　$\cos\varphi$——功率因数。

三相四线制三表法有功功率测量为三个单相功率之和，其表达式为

$$P = U_u I_u \cos\varphi_u + U_v I_v \cos\varphi_v + U_w I_w \cos\varphi_w$$

三相三线两表法有功功率为

$$P = U_{uv}I_u\cos(30° + \varphi_u) + U_{wv}I_w\cos(30° - \varphi_w)$$

可见，要使电能计量装置正确计量，三个因素不能忽视：电压、电流和功率因数。

常见的窃电方法如下：

1. 欠压法窃电

窃电者故意改变电能计量电压回路的正常接线或故意造成电压回路故障，使电能表的电压线圈失压或电压降低，从而达到少计电量。常见手法有：

二维码 5-3　窃电判断

（1）使电压回路开路。拉开 TV 熔断器或弄断熔断器内熔丝；松开电压回路的接线端子或人为制造接触面的氧化层；高压用户折断电压回路导线的线芯；松开电能表的电压连接片或人为制造接触面的氧化层。

（2）在电压回路串入电阻降压。在 TV 的二次回路串入电阻降压；断开单相表进线侧的中性线而在出线至地（或另一个用户的中性线）之间串入电阻降压。

(3) 改变电路接法。将三个单相 TV 组织 Yy 接线的 V 相二次反接；将三相四线三元件电能表或用三只单相表计量三相四线负荷时的中线取消，同时在某相再并入一只单相电能表；将三相四线三元件电能表的表尾中性线接到某相的相线上。

2. 欠流法窃电

窃电者故意改变电能计量电流回路的正常接线或故意造成电流回路故障，使电能表电流线圈无电流通过或只通过部分电流，从而达到少计电量。常见手法有：

(1) 使电流回路开路。松开 TA 二次出线端子、电能表电流端子或中间端子排的接线端子；断开电流回路导线线芯；人为制造 TA 二次回路中接线端子的接触不良故障，使之形成虚接而近乎开路。

(2) 短接电流回路。短接电能表的电流端子；短接 TA 一次或二次侧；短接电流回路中的端子排。

(3) 改变 TA 变比。更换不同变比的 TA；改变抽头式 TA 的二次抽头；改变穿芯式 TA 一次侧匝数；将一次侧有串、并联组合的接线方式改变。

(4) 改变电流回路接法。单相表相线和中性线互换，同时利用地线作中性线或接邻户线；加接旁路线使部分负荷电流绕越电能表；在低压三相三线两元件电能表计量的 V 相接入单相用电负荷。

3. 移相法窃电

窃电者故意改变电能计量电压回路的正常接线或接入与电能表线圈无电联系的电压、电流，或利用电感或电容特定接法，从而改变电能表线圈中电压、电流的正常相位关系，使电能表慢转甚至倒转。常见手法有：

(1) 改变电流回路接法。调换 TA 一次侧的进出线；调换 TA 二次侧的同名端；调换电能表电流端子的进出线；调换 TA 至电能表连线的相别。

(2) 改变电压回路接线。调换单相 TV 一次或二次的极性；调换 TV 至电能表连线的相别。

(3) 用变流器或变压器附加电流。用一台一、二次侧没有电联系的变流器或二次侧匝数较少的电焊变压器的二次侧倒进入电能表的电流线圈。

(4) 用外部电源使电能表倒转。用一台具有电压输出和电流输出的手摇发电机接入电表；用逆变电源接入电能表。

(5) 用一台一、二次侧没有电联系的升压变压器将某相电压升高后反相加入表尾中性线。

(6) 用电感或电容移相等。在三相三线两元件电能表负荷侧 U 相接入电感或 W 相接入电容。

4. 扩差法窃电

窃电者通过改变电能表内部的结构性能，导致电能表误差增大；或利用电流或机械力损坏电能表、改变电能表安装条件，使电能表少计电量。常见手法有：

(1) 改变表内部结构性能。如减少电流线圈匝数或短接电流线圈；增大电压线圈的串联电阻或断开电压线圈；更换传动齿轮或减少齿数；增大机械阻力；调节电气特性；改变表内其他零件参数、接法或制造其他各种故障等。

(2) 机械力损坏或用大电流冲击电能表。用过载电流烧坏电流线圈；用短路电流的电动力冲击电能表；用机械外力损坏电能表。

（3）改变电能表安装条件。改变电能表安装角度；用机械振动干扰电能表；用永久磁铁产生的强磁场干扰电能表等。

5. 无表法窃电

未经报装入户就私自在供电企业的线路上接线用电，或有表客户私自甩表用电，叫作无表法窃电。这类窃电手法与前述四类在性质上有所不同，前四类窃电手法基本上属于偷偷摸摸的窃电行为，而无表法窃电则是明目张胆的带抢劫性质的窃电行为，并且其危害性更大，容易造成很坏的社会负面影响，此现象一经发现，应严惩不贷。

三、高科技窃电

由于防窃电产品的广泛应用，以及供电部门自身反窃电管理的加强，使传统的窃电用户频频成为打击的对象，所以越来越多的窃电分子采用更隐蔽的高科技窃电逃避供电部门的反窃电监查，目前已知的高科技窃电有如下几种：

1. 遥控器窃电

随着高供高计改造的深入，高压计量箱在电能计量中的应用越来越广泛，由于计量在高压侧，传统窃电越来越困难，但窃电分子受巨额利润的驱使，千方百计采取各种手段进行窃电，其窃电方法日趋高科技化和隐蔽化，例如，在高压计量箱内使用电子遥控装置进行窃电的方法。窃电分子私自在电能计量装置内安装一个由无线接收器和继电器组成的装置与电压回路串联或与电流回路并联，在外部利用遥控器自由控制电能计量装置电压回路、电流回路，使其指令接通或断开，造成分流或失压。

××年9月，×××供电公司曾在×××市××县查处一起采用遥控器进行窃电的高科技窃电案件，该起窃电案件是窃电分子私自在电能计量装置内安装由无线接收器和继电器组成的分流装置与U、W两相电流回路并联，使用遥控器控制其通断进行窃电，如图5-1所示。

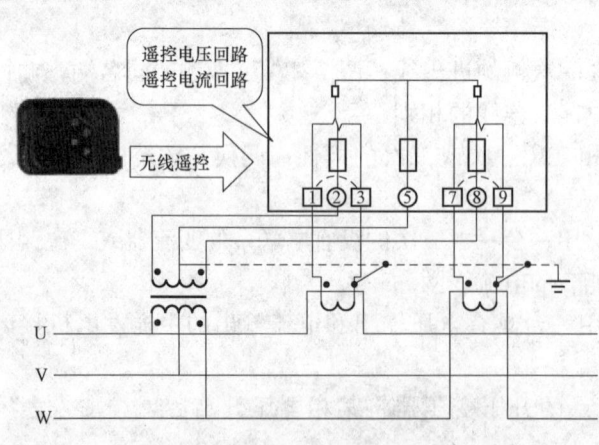

图5-1 电能表内部加无线遥控器方式窃电

2. 改变电能表内部采样电阻窃电

智能电表计量芯片无法直接处理电流信号，需要转换成电压信号进行处理。通过改变电流回路采样电阻，达到少计电量的目的，如图5-2所示。

减小采样电阻的方式如下：

（1）将采样电阻更换为阻值更小的电阻；

（2）并联电阻；

（3）将采样电阻短接。

3. 强磁窃电

强磁窃电不需要打开表箱，破坏封印，主要通过在表计周围加装强磁铁，使表计内部采样TA磁路饱和，影响电表采样电流，致使少计电量，达到窃电目的。

强磁铁对电能表的影响:

(1) 对感应式电能表,使磁路饱和,电能表少计量。

(2) 对电子式电能表,使电源部分的工频变压器(单相电能表有 1 只变压器,三相电能表有 3 只变压器)的铁芯或者高频变压器(1 只)的磁芯饱和,使直流供电电源降低,直至消失,造成电能表少计量或不计量。

(3) 对电子式电能表内部二次变换用的电流互感器、电压互感器,使其磁路饱和,输出减小,直至消失,造成电能表少计电量。

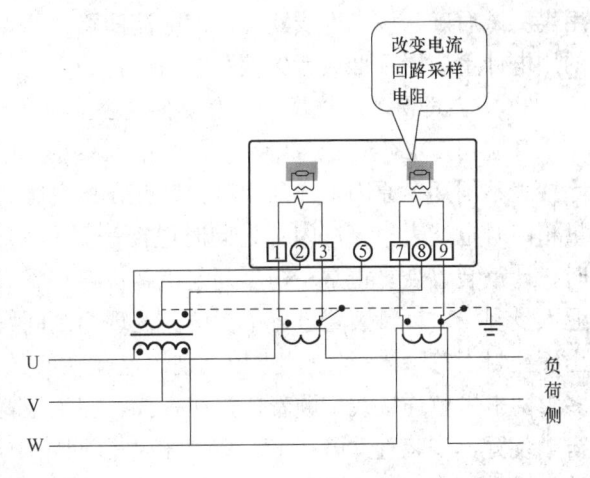

图 5-2 改电能表内部采样电阻示意图

(4) 对使用脉冲计度器的电能表,强磁场使脉冲计度器的步进电机磁路饱和而停走,造成电能表少计电量。

(5) 对采用工频变压器、二次电压互感器结合电能表,强磁场使变压器磁路饱和,既影响直流电源,又影响二次电压。

4. 高频窃电

使用功率极高的高频干扰源,主设备放在离计量装置较近的房屋,接上 220V 电源,将线缆拉至计量装置处,将电缆头放在表箱附近,用产生的高频脉冲信号直接干扰电能表 CPU,在强干扰条件下,计量芯片会不断复位或出于死机状态,导致不能正常计量。利用高频设备干扰多功能电能表示意图如图 5-3 所示。

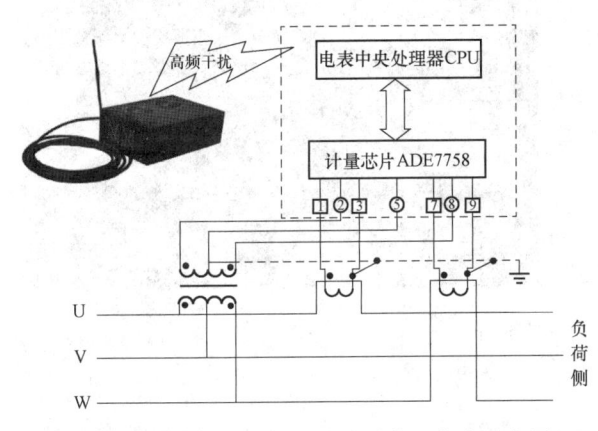

图 5-3 利用高频设备干扰多功能电能表示意图

四、用户窃电行为案例

二维码 5-4 常见的窃电手段、窃电位置

1. 某公司绕越供电企业用电计量装置用电的窃电行为

某铸造公司,行业类别为其他金属制品制造,受电电压为 10kV,变压器总容量为 3600kVA,线损始终居高不下。该户三班生产的红火生产形势与每月用电量差距较大,与其他规模相同的厂家电量比较明显偏少。经查,该公司擅自将总受柜内三相 10kV 端子用电缆越过总受开关柜、计量柜和 1 号变压器柜连接到 2 号变压器柜内。当断开总开关时,厂区用电形成全部窃电不计量;当合上总开关时,厂区用电形成分流窃电少计量。属于"绕越供电企业用电计量装置用电"的窃电手法,如图 5-4 所示。

2. 某旅馆故意使供电企业的用电计量装置不准或者失效的窃电行为

用电检查人员在日常检查中发现,某旅馆一次电流及二次电流比值与互感器变比差值较大,经仔细检查后,发现该户 W 相电流互感器二次电流线有明显折痕,检查人员使用万用表测试后确认该二次线断开，使电流回路开路，达到少计电量目的，属"故意使供电企业的用电计量装置不准或者失效"的窃电行为。

3. 某公司使用遥控器，故意使供电企业用电计量装置不准或者失效的窃电行为

某公司 10kV 516 号线路 2 号公用台区线损指标异常，连续几个月线损率居高不下，排除抄表不同期等原因，怀疑因该台区存在窃电客户。用电检查人员检查该客户时发现打开计量箱门时电能表报警灯闪烁，同时电能表显示 U、V 两相同时失流，当该企业负责人出面时，计量装置恢复正常。初步判定该客户存在重大窃电嫌疑，随后，用电检查人员、计量专业人员现场对计量装置进行了拆解。发现两个问题：一是计量装置封印被破坏（现场铅封和出厂铅封不符）；二是表计主板个别焊点存在问题，通过细致检查，发现较正常计量表主板多出两根黑色连接线，顺着连接线查找，在主板背面发现装有信号接收装置及继电器构成的窃电装置，该装置并联在 U、W 两相电流回路中，并且用双面胶粘贴在表计主板背面。经技术认定，该客户的窃电方法是采用遥控装置对安装在表内的继电器进行操作，对电能计量装置 U、W 两相进行分流窃电，如图 5-5 所示。该窃电行为属《供电营业规则》第一百零一条第六款故意使供电企业用电计量装置不准或者失效。

图 5-4 案例 1 示意图　　　　图 5-5 案例 3 示意图

任务实施

（1）判断下面的行为属于窃电还是违约用电。
1）伪造或者开启供电企业加封的电能计量装置封印用电。（　　）
2）私自迁移、更改和擅自操作供电企业的电能计量装置。（　　）
3）故意损坏供电企业电能计量装置。（　　）
4）在供电企业的供电设施上，擅自接线用电。（　　）
5）故意使供电企业用电计量装置不准或失效。（　　）
6）用户擅自超过合同约定的容量用电。（　　）
7）已批准的未装表的临时用电户，在规定时间外使用电力。（　　）
8）用户私自改变计量装置接线，使电能表计量少计电量。（　　）

（2）窃电行为分析。

【窃电行为 1】某私营饼屋利用失压法窃电。

××年 6 月 15 日，某供电公司"95598"电力服务热线接到群众举报，称在古楼西街

16 号有一私营饼屋长期窃电。获得该信息后,供电公司营销稽查处开具了"用电检查工作单",派两名用电检查员组织营业所人员赴该处检查。

到检查现场后,用电检查员向该店人员出示了用电检查证件,请其协助检查。

在检查中,检查人员发现该饼屋为低压单相制供电,计量表计安装于屋内墙上,用电负荷为两个电烤箱、一个电吹风、一个电视机、一台冰箱及照明灯,单相电能表尾部铅封已脱落,表尾电压连接片被打开,电能表由于失电压已处于停止工作状态。查证窃电属实后,检查人员立即对该店窃电行为进行了制止,并对窃电现象及设备进行现场拍照取证,向该店下发了"用电检查结果通知",要求店主确认窃电事实,到供电企业接受处理,否则,将对其停止供电。在确凿的事实面前,店主最终承认了窃电行为,在"用电检查结果通知"书上签字确认了窃电事实,并同意到供电企业接受处理。

在处理中,根据店主出示的房屋租赁期限、现场用电设备及用电时间,按照《供电营业规则》相关规定,共对其追补电费 960 元,追补违约使用电费 2880 元,挽回了企业的经济损失。

分析:一般窃电者通常采用欠压法、断流法和无表法窃电,其中打开电压连接片就属于欠压法的一种,也是目前单相表窃电的常用手法。上述案例中,窃电者就是利用电能表在其墙体上安装的便利条件,打开电压连接片造成表内电压回路断开实施窃电,以达到不交电费的目的。

【窃电行为 2】 ××年 6 月,某供电公司在检查用户用电情况时,发现某宾馆计费的三相四线电能表的表尾铅封有伪造痕迹,且打开该电能表表尾盖,发现其一相电压虚接,用电检查人员现场判定该用户窃电,取证后立即向该宾馆下达"违约用电、窃电通知书",并对其中止供电。该宾馆负责人对供电公司的检查行为不予配合,并拒绝在通知书上签字。

停电两周后,该宾馆负责人向供电公司递交"恢复供电申请",并补交了电费,承担了违约使用电费,供电公司即对宾馆恢复了供电。但 7 月,宾馆以供电公司违法停电给宾馆造成了经济损失为由,向当地人民法院提起诉讼,请求判令供电公司承担赔偿责任。

原告诉称:供电公司在用电检查时发现电压虚接,即认为原告窃电,证据不足。被告停止供电的行为违法,原告补交电费和承担违约使用电费的理由是为了恢复用电,请求法院判决被告为原告恢复名誉、退还已承担的违约使用电费,赔偿因停电造成的经济损失。

试分析:

(1) 作为用电检查人员,你认为该宾馆是否存有窃电行为?

(2) 你将以什么理由向法院进行抗诉?

分析:

(1) 该案中的"宾馆的计费电能表的表尾铅封有伪造痕迹,电能表表尾盒电压虚接"的现象,分别符合《电力供应与使用条例》第三十一条所规定的禁止窃电行为中的"(三)伪造或者开启法定的或者授权的计量鉴定机构加封的用电计量装置封印用电;(五)故意使供电企业的用电计量装置不准或者失效"的窃电行为。

因此认为该宾馆的窃电行为成立。

(2) 抗诉理由如下:

1) 供电公司依照《用电检查管理办法》的有关规定,对原告进行用电检查,行为合法有据。

2) 被告的"计费电能表的表尾铅封有伪造痕迹，电能表表尾两相电压与电流连接片脱开"的现象，符合《电力供应与使用条例》所规定窃电的表现形式，应认定为窃电行为。

3) 供电公司应向法院提交拍摄的原告窃电现场照片、伪造的铅封封印，原告正常月份的用电量电费清单，原告补交电费和违约使用电费单据等证据。

4)《供电营业规则》第一百零二条规定："供电企业对查获的窃电者，应予制止并可当场中止供电。窃电者应按所窃电量补交电费，并承担补交电费三倍的违约使用电费。拒绝承担窃电责任的，供电企业应报请电力管理部门依法处理。窃电数额较大或情节严重的，供电企业应提请司法机关依法追究刑事责任。"

5) 虽然原告未在"违约用电、窃电通知书"上签字认可，但原告补交电费和承担违约使用电费的行为，足以表明原告认可了自己的行为，现在又翻供否认，与事实不符，请求法院驳回原告的诉讼请求。

任务二　窃电疑点的分析

任务描述

随着近几年法律法规的健全，供电企业打击窃电力度逐渐加大，各地区窃电现象逐年减少，但还是有一些不法分子胆大冒险，更动电能计量装置，在供电企业的供电设施上擅自接线用电等进行窃电。进行窃电疑点分析，是反窃电、防窃电不可缺少的重要环节。通过本任务的学习，熟悉窃电疑点查证方法及分析方法，能够进行窃电疑点分析。

学习目标

知识目标：
（1）熟悉窃电疑点查证方法。
（2）熟悉窃电疑点分析方法。

能力目标：
能够进行窃电疑点分析。

素质目标：
（1）主动学习，熟悉窃电疑点分析方法。
（2）爱岗敬业，在用电检查过程中发现问题、分析问题。

基本知识

一、窃电疑点分析

（一）电量异常

用电检查人员应了解用户的生产工艺流程及生产周期，了解其用电设备使用情况、生产班次和生产用电时间，根据了解掌握的情况对客户正常情况下当月用电量做出一个大致的估计判断，然后对比抄录电量，分析该户是否

二维码 5-5　窃电疑点分析

存在可能窃电行为。一般来说，应对以下几种异常用电客户实施重点监控：

（1）本月用电量为零，即零电量用户。

（2）本月用电量较上月大幅减少，一般减少幅度超过50%的客户。

（3）本月用电量较前几个月平均用电量大幅减少的，减少幅度超过30%的客户。

（4）连续数月用电量均为零的用户。

（5）从用电量异常较少月开始，对比前3～4个月平均用电量，连续数月均异常缩小的客户。

（二）负荷异常

（1）用电检查人员熟练掌握用户用电负荷变化规律，充分利用电能量采集系统或负荷管理系统对用户用电负荷进行实时监控。特别是对于当前用电负荷违背实际变化规律，较上月或前几月某段时间运行负荷大幅度减少的，应列为重点监控和检查对象。此时用户即有可能采取欠流或欠电压的方式窃电，从而导致实际监控负荷减少。

（2）了解用户生产班次及每日用电时间，根据抄录用电量分析用户平均用电负荷。

$$客户月平均用电负荷 = \frac{本次抄录用电量}{本月生产时间}$$

本月生产时间一般按照一班制180h、两班制360h、三班制540h计算。如果某用户用电负荷异常缩小，计算出的月平均负荷小于其用电变压器容量的30%，则应将该户列为重点监控和检查对象。此分析方法特别适用于大工业用户。

（三）计量装置异常

1. 计量装置外观异常

（1）计量装置封印丢失或松动，封印线有被重新穿线或改动的痕迹。

（2）计量装置封印存在被伪造嫌疑。

（3）电能表外壳发生机械性破坏，表壳存在钻孔现象；接线盒遭受外力损坏或固定螺钉松动。

（4）电能表安装处有明显磁场干扰源。

（5）电能表安装角度发生明显变化，倾斜角度已大于2°。

（6）电能表运转时出现摩擦声和间断性卡阻声响。

（7）互感器外部铭牌与核算账卡登记不一致。

（8）互感器至电能表连线存在断线或折痕，部分连接点似通非通。

（9）失压计时仪被损坏或连接线出现断线、折痕。

（10）检查TV二次熔断器和一次熔断器是否开路，特别是二次熔断器是否拧紧，接触面是否氧化。

（11）检查所有接线端子，包括电能表、端子排、TV和TA的接线端子是否松动，有无氧化层或电压绝缘材料造成的虚接或假接现象。

2. 计量装置检测异常

（1）检测电能表线电压异常。

（2）检测电能表相电压异常。

（3）检测三元件电能表中性线断线。

（4）检测电能表电流异常。

(5) 检测电能表电压相序异常。

(6) 检测电能表电压、电流各量之间的相位异常。

(四) 封印异常

(1) 用电计量装置无封印（包括计量箱封印、电能表耳封及尾封、接线盒封印、失电压计时仪封印等）。

(2) 用户处电能计量表计封印是否与供电企业封印不相符。

(3) 计量装置封印松动，封印线存在被重新穿线或改动的痕迹。

(4) 封印线被抽出。

(五) 接户线异常

(1) 接户线上搭接有其他用电线路。

(2) 接户线有明显破裂处或金属裸露点。

(3) 接户线太长，线路走向不清晰。

(六) 计量环境异常

(1) 计量装置脱离原安装位置。

(2) 计费电能表周围存在较强磁场源。

(3) 存在高科技窃电设备（如电磁干扰仪、永久磁铁窃电器等）。

(4) 单相电焊机接入两元件电能表 U 相，单相电容接入两元件电能表 W 相。

(5) 计量箱（柜）锁失效。

(七) 举报窃电

(1) 被举报用户连续数月用电量为零或异常减少。

(2) 被举报用户本月用电量较上月有大幅度减少。

二、窃电疑点的查证

(一) 直观检查法

所谓直观检查法，就是通过人的感官，采用口问、眼看、鼻闻、耳听、手摸的手段，检查电能表，检查计量互感器、连接线，从中发现窃电的蛛丝马迹。

二维码 5-6 窃电疑点的查证——直观检查法

1. 检查电能表

(1) 检查表壳是否完好。主要查看有无机械性损坏，表盖及接线盒的螺钉是否齐全和紧固。

(2) 检查感应式电能表安装是否正确。检查是否倾斜，正常情况下应垂直安装，倾斜度应不大于1°；进出线预留是否太长；安装处是否有机械振动、热源、磁场干扰；是否已加锁锁好。

(3) 检查电能表安装是否牢固。检查固定螺钉是否完好牢固，进出线标志是否清晰，接线是否有序固定排列。

(4) 电能表选择是否正确。检查电能表型号选择是否正确；电流容量选择是否正确，正常情况下的负荷电流应在电能表额定电流的 10%～100%额定电流范围内；对于负荷变化较大的是否选择宽负载电能表，经电流互感器接入的还应选用与互感器二次电流相匹配的电能表。

(5) 检查电能表运转情况。看转盘，负荷正常连续的情况下转速应平稳且无反转；听声音，不应出现摩擦声和间断性卡阻声响；摸振动，正常情况下用手摸表壳应无振动感，否则说明表内机械传动不平稳。

(6) 检查电能表封印。封印检查是电能表检查时最细致、最重要的一步。检查铅封主要应注意以下三个步骤：

1) 检查铅封是否被启封过。可通过眼睛仔细察看，必要时也可用放大镜进一步细看，正常的铅封表面应光滑平整、完好无损，一旦启封过也就破坏了原貌，要想复原是不可能的。此外，也可采用手指轻轻触摸铅封表面，通过手感加以判断。

2) 检查铅封的种类是否正确。即根据本地供电铅封的分类及使用范围的规定，检查铅封的标识字样，若不对应即是窃电行为。

3) 判断铅封是否被伪造。可自带各类铅封，与现场铅封进行对照检查。检查字迹、符号是否相同。检查是否有防伪识别，以及识别标记是否相符。通常，铅封字迹要防伪得天衣无缝是相当困难的，仔细辨认都不难区分。如果适当增加某些不易觉察的防伪标记，而且这些标记保密程度较高，则防伪效果更好，判断真伪也更容易。

2. 检查接线

主要从直观上检查计量电流回路和电压回路的接线是否正确完好，例如有无开路或短路、有无更改和错接，还应检查有无绕越电能表的接线或私拉乱接，检查二次回路导线是否符合要求等。

(1) 检查接线有无开路或接触不良。检查二次电压线是否开路，尤其要注意是否拧紧，接触面是否氧化；检查所有接线端子，包括电能表，端子排，二次电压、电流接线端子等，接头的机械性固定应良好，而且其金属导体应可靠接触，要防止氧化层或绝缘材料造成的虚接或假接现象；检查绝缘导线的线芯，要注意线芯被故意弄断而造成开路或似接非接故障，例如，有些单相用户采用欠压法窃电时故意把中性线的线芯折断而导致电能表不能正常计量。

(2) 检查接线有无短路。主要看电能表进线孔有无 U 形短路线，接线盒内有无被短接；检查经互感器接入的电能表，除了要检查电能表进线端，还应检查互感器的二次或一次有无被短路，以及二次端子至电能表间二次线有无短路，尤其要注意检查中间端子排接线是否有短接和二次线绝缘层破损造成短接。

(3) 检查接线有无改接和错接。改接是指原计量回路接线更改过，而错接是指计量回路的接线不符合正常计量要求。检查时对于没有经过互感器的低压用户，电能表的简单接线可凭经验做出直观判断，而对于经互感器接入的计量回路可对照接线图进行检查。详细检查通常还要利用仪表测量确定。

(4) 检查有无越表接线和私拉乱接。对于高供低计用户，注意在配电变压器低压出线端至计量装置前有无旁路接线，另外，尤其要注意该段导线有无被剥接过的痕迹；对于普通低压用户，要注意检查进入电能表前的导线靠墙、交叉等较隐蔽处有无旁路接线，还要注意检查邻户之间有无非正常接线。检查那些未经报装入户就私自在供电线路上接线用电的私拉乱接现象。

(5) 检查接线是否符合要求。检查电压、电流线二次回路的导线截面积是否满足不大于 2.5mm^2 的要求；计量二次回路是否相对独立，如有其他串联负载是否造成二次总阻抗过大；计量二次线是否太长，如有其他并联负载是否造成二次负载过重。

3. 检查互感器

(1) 检查互感器的铭牌参数是否和用户手册相符。高供高计用户应同时检查电压和电流互感器倍率；高供低计用户和普通低压用户应防止其实际更换大容量电流互感器，而表面粘贴原互感器铭牌的现象。

(2) 检查互感器的变比选择是否正确。电压互感器变比选择应与电能表的额定电压相符。电流互感器变比选择应满足准确计量的要求，实际负荷电流应在电流互感器额定电流的30%～100%范围内，最大不超过120%的额定电流，最小不少于10%的额定电流；电压连接组应和电流连接组相对应，以保证电流、电压间的正常相位关系。

(3) 检查互感器的实际接线和变比。检查电压互感器和电流互感器的接线和变比，特别是电流互感器为多变比的，由于可通过改变一次侧匝数而得到不同的变比倍率，因此应着重检查。

(4) 检查互感器的运行工作情况。观察外表有无断线或过热、烧焦现象。倾听声音是否正常，电流互感器开路时会有明显的"嗡嗡"声。停电后马上检查电压互感器、电流互感器，电压互感器过载或电流互感器开路时用手触摸有灼热感，电压互感器开路时手感温度会明显低于正常值，电压、电流互感器内部故障引起过热的同时还会有绝缘材料遇热挥发的臭味等。

(二) 电量检查法

1. 对照容量查电量

二维码5-7 窃电疑点的查证——电量检查法

根据用户的用电设备容量及其构成，结合考虑实际使用情况对照检查实际计量的电度数。通常用户的用电设备容量与其用电量有一定比例关系，检查时应注意：

(1) 用户的用电设备容量是指其实际使用容量，而不是客户的报装容量。

(2) 用电设备构成情况主要是指连续性负载和间断性负载各占百分之多少，而不是动力负载和照明负载各占多少。例如：①对于家庭用电，照明、风扇、电视、洗衣机等属于间断性负载；而电冰箱就属于长期性负载，空调机在天气炎热时也属于间断性负载；②对于工厂用电，照明和动力往往是同时使用的，如果是三班制生产的则基本是连续性负载，否则就是间断性负载；③对于宾馆、酒店、办公楼一类用电，空调的容量往往占了很大比例，因而其季节性变化很大。

(3) 检查实际使用情况应注意现场核实，并考虑以下几个因素：

1) 气候的变化；

2) 生产、经营形势变化；

3) 经济支付能力的变化。

因为这些情况的变化将影响设备的实际投用率，最终影响用电量的变化。

2. 对照负荷查电量

根据实测用户负荷情况，估算出用电量，然后以电能表的计算对照检查。具体做法有：

(1) 连续性负荷电量测算法。适用于三班制生产的工厂和天气炎热时的宾馆这一类客户。

1) 选择几个代表日，例如选一个白天、一个晚上，或者选两个白天、两个晚上，取其平均值为代表负荷；

2）用钳形电流表到现场实测出一次电流，或测出二次电流再换算成一次电流值；

3）根据用户实测电流估算出平均每天用电量，并将电能表的记录电度换算成日平均电量加以对照，正常情况下两者应较接近，否则就有可能是电能表少计或者测算有误，应进一步查明原因。

(2) 间断性负荷测算法。这类负荷是指一天24h出现间断性用电，例如单班制或两班制的工厂、一般居民用电、办公楼用电等。测算这类负荷的用电量除了要遵循连续性负荷电量测算法的基本步骤外，还应把一天24h分成若干个代表时段，分别测出代表时段的负荷电流值，并分别计算出各个代表时段的电量值，然后累计一天的用电量。为了简化计算，通常可选两个代表日，每个代表日选2~3个代表时段即可。例如测算一般居民（无空调）的用电量，可选晚上6~10时高峰用电期为第一时段，测出该时段的代表负荷并估算出该时段的电量；其低谷期间为第二时段，测出该时段的代表负荷并估算出相应电量，峰期电量和谷期电量相加即为代表日的用电量。

3. 前后对照查电量

即把用户当月的用电量与上月电量或前几个月的用电量对照检查。如发现突然增加或突然减少都应查明原因。电量突然比上月增加，则重点查上个月；电量突然减少，则重点查本月份。

(1) 查用电量增加的原因：

1）抄表日期是否推后了；

2）抄表进程是否有误，如抄错读数、乘错倍率等；

3）季节变化、生产经营形势变化等原因引起实际用电量增加；

4）上月及前几个月窃电较严重而本月窃电较少或无窃电了。

(2) 查用电量减少的原因：

1）抄表日期是否提前；

2）抄表过程有误，造成本月少抄；

3）实际用电量减少；

4）本月发生窃电。

(3) 电量无明显变化，也不能轻易认为无窃电。如有的用户一开始就有窃电；用电量多时窃电而用电量少时不窃电，或多用多窃、少用少窃。

(三) 仪表检查法

通过采用普通的电流表、电压表、相位表进行现场检测，从而对计量设备的正常与否做出判断，必要时还可用标准电能表校验用户电表。

二维码 5-8 窃电疑点的查证——仪表检查法

1. 电流检查

(1) 用钳形电流表检查电流。这种方法主要用于检查电能表不经电流互感器接入电路的单相客户和小容量三相用户。检查时将相线、中性线同时穿过钳口，测出相线、中性线电流之和。单相表的相线、中性线电流应相等，和为零；三相的各相电流可能不相等，中性线电流不一定为零，但中性线、相线电流之和应为零，否则必有窃电或漏电。

(2) 用钳形电流表或普通电流表检查有关回路的电流。

此举目的主要是：

1）检查互感器变比是否正确。对于低压互感器，检测时应分别测量一次和二次电流值，计算电流变比并与互感器铭牌对照。

2）检查互感器有无开路、短路或极性接错。若互感器二次电流为零或明显小于理论值，则通常是互感器断线或短路。

3）通过测量电流值粗略校对电能表。测量期间负荷应相对稳定，并根据用电设备的负荷性质估算出电能表的实测功率（也可用盘面有功功率表读数换算），读取某一时段内电能表的转数，再与当时负荷下理论转数对照检查。

2. 电压检查

可用普通电压表或万能表的电压挡，检测计量电压回路的电压是否正常。

（1）检查有无开路或接触不良造成失电压和电压偏低。通常先检测电能表进出线端子，单相用户电能表的检测。正常时电压端子的电压应等于外部电压，无压则为电压小钩开路或电能表的进出中性线开路，电压偏低则可能是电压小钩接触不良或电表接中性线串的高电阻。

（2）检查有无电压极性错造成电压异常。

（3）检查电压线端至电能表的回路压降。正常情况下压降不大于2%。

3. 相位检查

用相位表测量电能表的回路的相位关系，并确认电压正常、相序无误，注意负荷潮流方向和电能表转向。

4. 电能表检查

当互感器及二次接线经检查确认无误而怀疑是电能表不准时，可用准确的电能表现场校对或在校表室校验。

（1）在校表室校表，将被校表装上试验台，测出某一时段内标准表与被校表的转盘转数，然后进行换算比较。

（2）在现场校表。宜选用与被校表同型号的正常电能表作为参考表串入被校表电路中，校验表盘转数的方法与试验室常规校表的方法相同。若怀疑表内字车有问题，校验的方法是：

1）抄出被校表与参考表的起始码；

2）装好参考表后宜将电能表封死，然后投入运行；

3）几小时后或1~2天后读取被校表与参考表的读数，计算出各自电量；

4）计算被校表误差，判断字车是否正常，若误差较大则说明字车有问题。

用电能表检查时应注意，用电能表转盘转数校验认为正常的电能表，其实际记录电量都未必正常。这是因为电能表计数器是累积式的，在短时区内（例如几分钟内）读数的变化不能代表准确的电量变化，尤其是采用机械计数器的电能表，通常是转盘转动数几十转至几百转才跳字一次，因此，通过校验转盘无误的电能表有时还要校字车。

（四）经济分析法

经济分析法包括两方面：一方面是对供电部门的电网经济运行状况进行调查分析，从线损率指标入手侦查窃电；另一方面是从用户的单位产品耗电量及功率因数考核入手侦查窃电。

1. 线损率分析法

电网的线损率由理论线损和管理线损构成。其中由电网设备参数和运行工况决定的线损为理论线损，这部分线损电量通常可以采用计算、估算、在线实测得到；由供电部门的管理因素和人为因素造成的线损电量为管理线损，这里除了供电部门的自身因素，就是窃电造成的电量损失。从线损率指标入手侦查窃电的方法步骤如下：

（1）做好统计线损率的计算和分析。及时掌握线损动态，不但要做好线损的统计分析，同时应逐条回路、逐台配电变压器及低压用户的统计、分析、比较。

（2）做好理论线损的在线实测工作。

（3）加强管理，减少用电营业人员人为因素造成的电量损失。

（4）从时间上对线损率变化情况进行纵向对比。例如某线路或某台配电变压器的线损率在某个时间段突然增加或突然减少（尤其注意突增情况）。

2. 用户单位产品耗电量分析法

单位产品耗电量分析法通常只适用于工矿企业，而不适用于一般的小用户。由于用户的产品总数难以掌握，要求查电人员必须经常了解客户的生产情况和经营状况。

3. 用户功率因数分析法

一般用户的用电设备吸收有功电能和无功电能时，其有功功率和无功功率的比例就反映出了该设备的自然功率因数，而对于某一固定的生产设备其自然功率是比较稳定的。计算功率因数的公式为

$$\cos\varphi = \frac{P}{S} = \frac{P}{\sqrt{P^2+Q^2}}$$

式中　P——有功功率，kW；

　　　Q——无功功率，kvar；

　　　S——视在功率，kVA。

对于某一种类型的企业或生产厂家，由于其生产设备大同小异，而且用户的生产设备是相对固定的，所以说一个生产稳定的用户从电能计量所反映出来的有功功率和无功功率的比例是相对稳定的。一般的窃电者比较难保持从计量装置反映出来的功率因数不变，因此，对用户功率因数的监视也是一种侦查窃电的方法。

功率因数分析法的具体内容比较简单。首先从用户的历史用电量中掌握用户过去的功率因数变化情况，以及与该用户生产类型和情况相似的厂家的功率因数或参考有关资料记载。然后通过本次抄见电量计算用户的功率因数，再与历史功率因数或相关数据比较。一般用户的功率因数变化都在10%以内，或有接近10%或超过者，需查明原因。在检查用户功率因数出现异常时，除了要检查该用户的电能计量装置之外，鉴于实际操作中经常遇到由于无功补偿装置故障而引起用户功率因数突变的情况，因此，还要重点检查客户有没有安装无功补偿装置及其运行状况。

任务实施

窃电疑点分析案例

【案例1】 窑厂窃电案例。

某窑厂10kV供电，专用变压器315kVA和200kVA各一台，执行大工业电价，采用高

供低计计量方式。两台变压器各安装林洋 DDS71-1.5（6）A 单相电子式电能表三块。接到 95598 举报窑厂窃电电话，通过对该窑厂月用电量分析，确认变压器负荷率异常，怀疑窑厂存在窃电行为。当该用户到营业厅缴纳电费时，工作人员提醒：变压器负荷率低，一个月基本电费要缴纳一万多元，提高了经营成本。根据目前的情况建议办理减容业务，减少基本电费的支出。该用户表现出愿意承担一万多元的基本电费而不想办理减容，基本上确定窑厂存在窃电行为。

窃电疑点分析：

（1）电量异常。该窑厂 4、5 月电量大幅度减少，经了解其生产经营状况并没有发生变化，结合窃电举报电话，怀疑有窃电行为。

（2）负荷异常。利用窑厂 4、5 月的抄见电量，计算出的平均用电负荷不到其用电变压器容量的 30%，变压器负荷率过低，对于一个执行大工业电价的用户来说，为了降低生产成本，正常情况下是要办理减容的。当营业厅收费人员告知基本电费情况时，该用户不以为然，更加重工作人员对其窃电的怀疑。

6 月 6 日，县供电公司计量专家和辖区供电所人员到窑厂，对其配电室的电能计量装置进行检查。现场检查情况：表尾铅封正常，表计检验合格证有动过痕迹；现场对六块电能表进行校验，表慢 20% 左右。随即通知窑厂负责人到场，打开其中一块表计，发现电能表线路板"V10"焊点粗糙，有重新焊接过的痕迹。对现场进行了近景、远景拍照取证，把其余的五块表全部拆掉送计量室上台校验。上台校验误差情况：四块表慢 17%，一块表慢 33%。拆开一块没有使用的林洋 DDS71—1.5（6）A 单相电子式电能表，进行对比，确认"V10"元件被更换。

调查处理：窑厂负责人承认是本厂电工在 4 月 6 日伙同他人采用专用工具打开表盖更换了"V10"元件，愿意接受处理。辖区供电所根据窑厂正常情况下的月用电量补收了电费，并按供用电合同条款的相关规定收取了窑厂的违约使用电费。

【案例 2】 铁粉加工厂窃电案例。

某供电公司营销稽查处在 5 月 27 日利用电能量采集系统对用户实施异常用电监控时，发现一铁粉加工厂本月用电量（抄表例日为每月 25 日）较前几个月平均用电量大幅减少，减少幅度超过 55%。次日，抄表人员以复核抄表示数为由，对其近期生产状况进行了解，得知其生产一直较为稳定，不存在减产现象。稽查人员在查询该用户以往正常用电量和用电负荷，经过大量数据分析对比后，初步判定其可能存在窃电行为，决定对其实施重点监控。经过数十天的监控后，发现该户白天用电负荷较为稳定，夜晚则无负荷，与前几个月晚间生产用电明显不相符，认定其极有可能在晚间窃电。

6 月 13 日，分公司营销稽查处开具了"用电检查工作单"，派两名用电检查员组织电能计量中心和城区支公司对其进行夜晚突击检查。检查人员到达现场后，用电检查员首先向该店人员出示了用电检查证件，请其协助检查。在检查中，发现该厂有球磨机运行声响，说明生产加工正在进行，证实该厂确实存在窃电现象。经过细致排查，发现该用户在配电室电缆沟高压进线侧又搭接一负荷电缆，埋地后向一存放杂物的院内供出，院内安装了一台 250kVA 变压器，向球磨机供电。查证窃电属实后，检查人员立即对该厂窃电行为进行了制止，并对窃电现象及设备进行现场拍照取证，向该厂下发了"用电检查结果通知"，要求该厂法人代表确认窃电事实，到供电企业接受处理，否则，将对其停止供电。在确凿的事实面前,该厂法人代表最终承认了窃电行为,在"用电检查结果通知"书上签字确认了窃电事实,并同意到供电企业接受处理。

至此,检查人员利用电能表采集系统对异常用电疑点进行分析、跟踪,成功查处了一起作案手法隐蔽、性质恶劣的窃电案件。

分析:尽管窃电的手法五花八门,种类千差万别,但窃电者都为一个目的,那就是少交电费,甚至不交电费。通过用电量情况对异常用电现象进行分析,利用电能表采集系统实时在线监控用电负荷,是确定窃电现象的一种有效手段。

任务三 违约用电与窃电取证

任务描述

在我国由窃电造成的经济损失呈每年递增态势,窃电方式日趋多样化、窃电技术日趋智能化、窃电行为日趋产业化。本任务主要介绍违约用电与窃电的取证方法、内容、注意事项及反窃电检查工具的使用,通过学习以便在工作中能够正确使用反窃电工具,并按照窃电检查标准化作业步骤进行窃电检查。

学习目标

知识目标:
(1) 熟悉违约用电与窃电的取证方法和内容。
(2) 熟悉常见的反窃电工具的使用方法。
能力目标:
(1) 能正确使用反窃电检查工具。
(2) 能正确使用钳形电流表测量电流。
(3) 能正确使用相位伏安表进行测量。
(4) 能正确使用相序表。
(5) 能正确使用万用表。
素质目标:
(1) 主动学习,按要求完成布置的任务。
(2) 认真仔细,及时、合法、完整地取得客户违约用电与窃电的证据。

基本知识

一、违约用电与窃电的取证

(一) 违约用电与窃电证据的特点

由于电能的特殊属性,窃电证据具有与其他证据不同的特点,即窃电证据的不完整性和推定性。窃电证据的不完整性,是由电能的特殊属性所决定的,即只能获得行为证据,而无法直接获取财务证据。窃电证据的推定性,是指窃电的数量可能无法直接记录,只能依赖间接证据进行量的推定。

（二）有效取证部门

供电企业具有窃电案件的法定取证职责。供电企业查获窃电后，如果案情重大、取证困难时，应请电力管理部门、公安机关、公证人员到现场共同取证。

（三）取证方法和内容

窃电取证的方法和内容比较多，主要包括以下方面：

（1）拍照、摄像、录音；

（2）提取损坏的用电计量装置；

（3）收集伪造或者开启加封的计量装置封印；

二维码5-9 稽查照相、摄像工具的使用

（4）收缴窃电装置、窃电工具；

（5）在用电计量装置上遗留的窃电痕迹的提取及保全；

（6）制作用电检查的现场勘验笔录；

（7）经当事人签字的询问笔录；

（8）经当事人签字的用电检查结果通知书；

（9）收集客户用电量显著异常变化的电费单据、运行记录；

（10）收集当事人、知情人、举报人的书面陈述材料；

（11）收集专业试验、专项技术鉴定结论材料；

（12）供电部门的线损资料、值班记录；

（13）电能量采集、负荷管理等系统的记录；

（14）客户产品、产量、产值统计表；

（15）产品平均耗电量数据表。

对供电企业因客观原因不能自行收集的证据，由公安部门、人民法院进行取证。

（四）注意事项

（1）收集、提取证据要及时。违约用电、窃电证据是能够证明违约用电、窃电案件真实情况的事实。一般而言，其表现形式为一定的物品、痕迹或语言文字，而这些与时间具有密切的关系，离案发时间越近，发现和提取这些证据的可能性就越大，知情人的记忆越清晰，其真实性就越强，证据就越充分和有价值。

（2）获取违约用电、窃电证据要合法。用电检查人员必须具有用电检查资格，而且不能滥用或超越法律、法规所赋予的权力；执行检查任务时必须履行法定手续；经检查确认，确实有违约用电、窃电的事件发生；违约用电、窃电取证严格依法进行。

（3）违约用电、窃电物证的提取要完整，保存要规范。

二、反窃电工具

智能电能表应用后，新型、高科技窃电手段不断出现，反窃电面临着不断变化的新问题，需要随时更新反窃电装备。

现场进行用电检查时大致分为用电诊断、现场取证和计算追补电量三个阶段。每个阶段处理不好都会产生用电纠纷，阻碍反窃电工作的顺利进行。

针对以上问题，可以配备专业的反窃电工具进行积极应对。专业的反窃电工具可以诊断用户的用电情况是否异常，可以根据诊断报告准确地查找窃电证据，可以准确计算损失电量。

（1）用电诊断阶段。在现场安装专业的用电检查装备实时监测用户的用电情况，监测表箱内部环境，当用户用电异常时，可以确定窃电方式，锁定窃电位置，为后期的取证做好准备。

（2）现场取证阶段。当到达现场进行用电检查时，出动反窃电车载移动平台，打开信号压制单元，配合强光手电对用电检查过程全程录像，根据窃电方式和窃电位置查找有效证据。当有实物时带回留作证据，当没有实物时可出具电能表检测报告或者变比检测报告等，由用户签字确认后带回留作证据。

（3）计算追补电量阶段。当取得窃电证据，用户在违约用电、窃电通知书上签字确认后将进行追补电量的计算。计算追补电量时，可以参考现场专业的用电检查装备保存的历史数据，可以参考高压变比测试仪的检测报告，也可以参考电能表检测设备的检测报告。

按照上述三个阶段进行现场用电检查可以顺利进行反窃电工作，有效的打击窃电分子的嚣张气焰。但是反窃电工作做到这样还远远不够，只有做到打防结合才能实现绿色用电。进行防窃电改造时可以使用具有防窃电功能的防窃电装备积极应对。

目前常用反窃电工具分为检测电能表装备、检测线缆装备、现场反窃电稽查装备、移动反窃电平台和防窃电装备五大类。

（一）检测电能表装备

在反窃电工作的过程中，电能表检测是一个必不可少的环节。通过对电能表的检测，诊断电能表是否工作在正常的状态，可以对与电能表有关的各种窃电进行定性和定量，便于进行用电检查时取得有效的窃电证据。智能电能表内部信息、参数不易直接观察到，需要专业的工具，用于分析诊断电能表内部故障、电能表参数。

1. 单相电能表校验仪

在居民用户的反窃电检查过程中，可以通过单相表校验仪检测居民用户表计的误差是否符合规范，并对电能表内部其他的电参数进行实时测量分析，最终确定用户电能表是否正常。

单相电能表校验仪是一种全数字化、多功能、高精度、智能化的多参数测试仪器。不仅能校验电能表误差，还能测量电压、电流的有效值，有功功率、无功功率、视在功率、工频频率、功率因数、相位关系等，尤其适用于各供用电单位检查单相电能表计量的准确度。操作简便快捷，所有步骤屏幕都有显示，各功能的全部参数和测量数据都是一屏显示。

（1）单相电能表校验仪使用方法。

1）现场有电流时的接线图如图 5-6 所示。

步骤一：

①在单相电能表上接好仪器的电压与电流钳；

②仪器的红色电压夹子夹在单相电能表的第一接线柱（即相线入口）；

③仪器的黑色电压夹子夹在单相电能表的第四接线柱（即中性线接口）；

④钳形电流表夹在电能表的相线出线（即用户线，电能表的第二根接线柱），注意钳表方向。

步骤二：接好光电采样器或电能表脉冲线。

步骤三：仪器上按"0"键进入校验设置功能，输入电能表常数和圈数，设置完毕后按"√"键确认退出；仪器即可显示电能表的误差。

2）现场无电流或者电流很小时的接线图如图 5-7 所示。

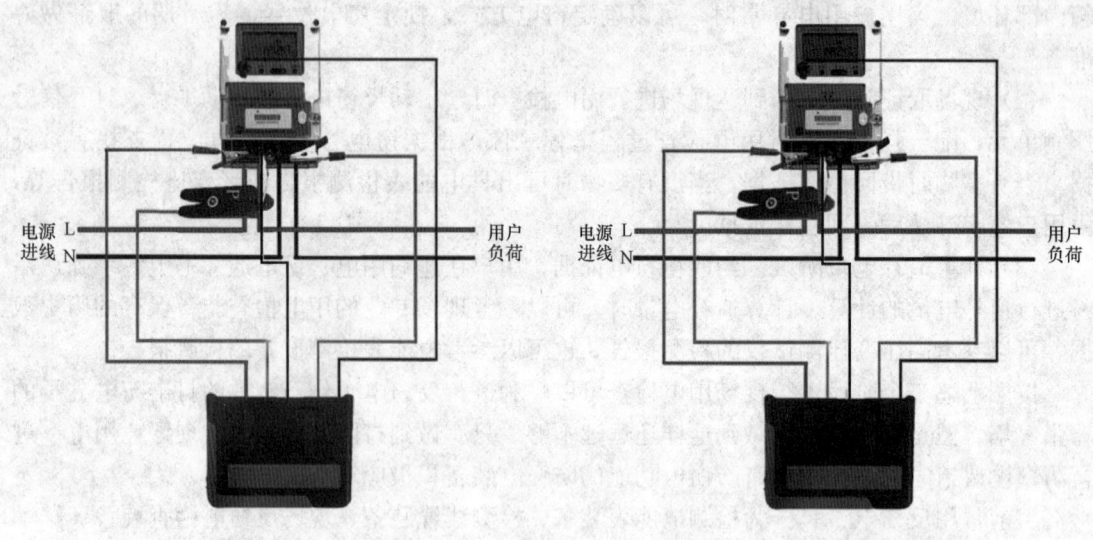

图 5-6　校验有电流时接线图　　　　　图 5-7　校验无电流时接线图

步骤一：
①在单相电能表上接好仪器的电压电流钳；
②仪器的红色电压夹子夹在单相电能表的第一接线柱（即相线入口）；
③仪器的黑色电压夹子夹在单相电能表的第四接线柱（即中性线接口）；
④仪器的黄色电流夹子夹在单相电能表的第二个接线柱（注意：黄色夹子不能夹在电能表的零线上）；
⑤钳形电流表同时夹住电能表的火线出线和仪器的黄色电流线，注意钳表的方向；
⑥使用模拟电流校验电能表时，不用断开用户线。
步骤二：接好光电采样器或电能表脉冲线。
步骤三：仪器上按"0"键进入校验设置功能，输入电能表常数和圈数；设置完毕后按"√"键确认退出；仪器即可显示电能表的误差。

3) 单相计量系统的综合误差。使用 500A 钳表时可以测试带互感器的单相计量系统的综合误差。如测量带有 TA 变比为 500/5 的综合误差。
步骤一：
①在单相电能表上接好仪器的电压与电流钳；
②仪器的红色电压夹子夹在单相电能表的第一接线柱（即相线入口）；
③仪器的黑色电压夹子夹在单相电能表的第四接线柱（即中性线接口）；
④ 500A 钳表夹在电流 TA 的一次电流线。
步骤二：接好光电采样器或电能表脉冲线。
步骤三：仪器上按"0"键进入校验设置功能；设置 I_2 为 500A 钳；变比 100（TA 变比为 500/5＝100）；输入电能表常数和圈数；设置完毕后按"√"键确认退出；仪器即可显示电能表的误差。

（2）单相电能表校验仪使用注意事项。
1) 黄色线的夹子只能夹在火线的出线上，绝对不能夹在电能表的中性线上，否则会引起相线与中性线之间短路。

2) 校验仪对此误接线做了双重保护措施加以防范。当红线误接线时仪器自动进入保护状态，此时出现的现象是仪器无模拟电流输出，但仪器安然无恙。

(3) 单相电能表校验仪使用技巧。在现场进行用电检查时，有些改变电能表内部参数的窃电手段，需要第一时间测量出电能表误差值。此时单相电能表校验仪可以快速方便地测量出误差比例，取得有效证据。

2. 三相用电检查仪

在对高供高计、高供低计、小动力用户的反窃电检查中，三相用电检查仪更是必不可少的专业检测工具。以上计量方式的用户，常见的窃电类型主要有改变接入电能表的电参数和对电能表私自进行改装等方式。所以对三相电能表各项电参数（电压、电流、功率等）的检测分析以及对电能表内部性能（误差、精度等）的测量是非常重要的。

三相用电检查仪是进行三相电参数测量，保护回路 TA 接线正确性分析和三相电压、电流不平衡度检测的仪器，可以完成三相的电压、电流、相角、频率、功率、功率因数等电参数的高精度测量。更为独特的是，能分析 TA 接线的正确性，检查电力线用电平衡情况，并具有电能计算功能。设计上采用高速 ARM 处理器作为下位机进行电参数的测量，完全图形化界面，真彩色显示，触摸屏操作，人机界面友好，仪器便于携带，功能强大。

(1) 三相用电检查仪的使用方法。

持续按开关键，仪器进入如图 5-8 所示界面。

继续按键 3s，仪器进入真正开机状态，仪表会发出"滴、滴"响声，并且频率逐渐升高，证明仪表已开机，这时放开按键，开机仪表自动进入测量界面，如图 5-9 所示。

图 5-8 三相用电检查仪的开机界面图

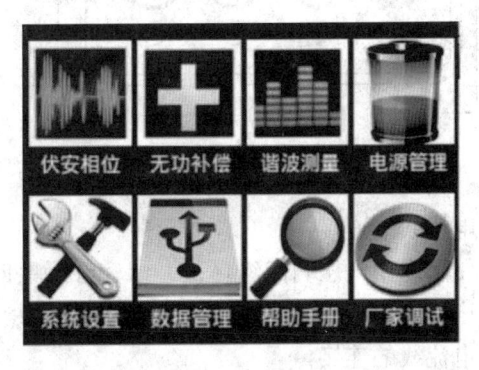

图 5-9 三相用电检查仪的测量界面

在【系统图标界面】选择用户需要的功能图标进入应用软件，轻触【帮助手册】图标，进入中文简体电子版说明书，帮助用户更快、更准确地了解本仪表的应用功能和操作方式。

1) 三相用电检查仪的接线方式。

①方式一：单相测量接线方式如图 5-10 所示。

单相电测量将火线接到仪表的 U_U 相，中性线接到 U_N。电流钳传感器钳到相线上接入 I_U 插孔。

②方式二：三相三线接线方法如图

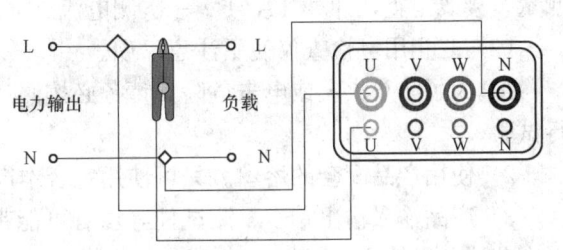

图 5-10 三相用电检查仪的单相测量接线

5-11 所示。

电压线的连接：

使用专用电压测试线（黄、红、黑三组），一端依次插入本仪器的 U_U、U_W、U_N 相插孔，另一端分别接入被测线路的 U 相、V 相、W 相。注意：黄色线接 U_U 插孔，黑色线接 U_N 插孔、红色线接 U_W 插孔。

电流线的连接：

将 I_U、I_W 钳插入本仪器 I_U、I_W 插孔中，再将另一端分别卡入被测电流回路。

③方式三：三相四线接法如图 5-12 所示。

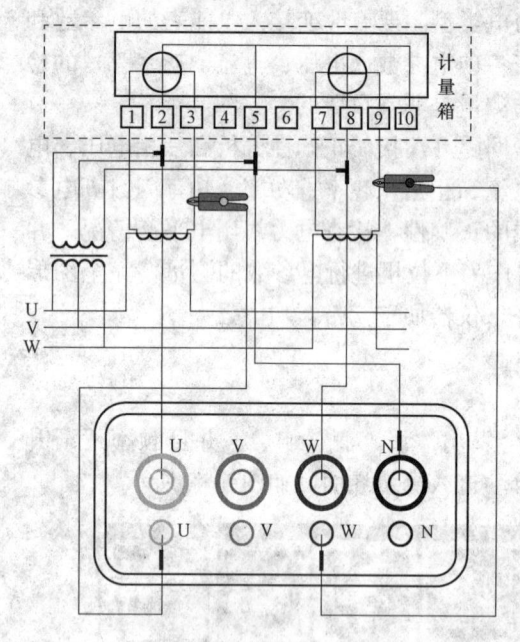

图 5-11 三相用电检查仪的三相三线测量接线

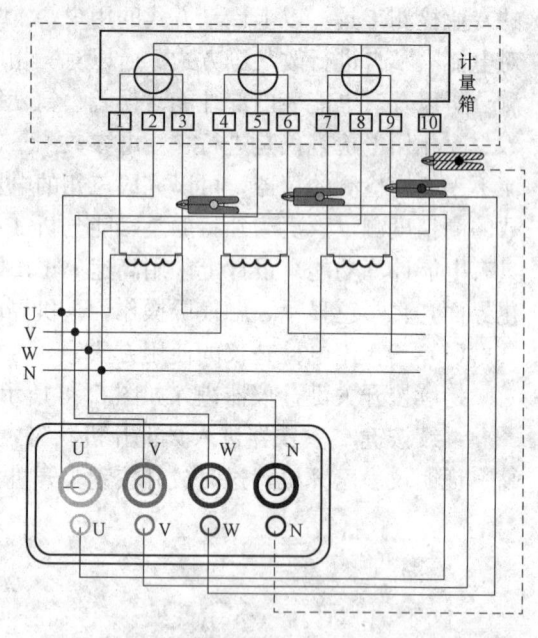

图 5-12 三相用电检查仪的三相四线测量接线

电压线的连接：

使用专用电压测试线（黄、绿、红、黑四组），一端依次插入本仪器的 U_U、U_V、U_W、U_N 相插孔中，另一端再接入被测线路的 U 相、V 相、W 相、中性线。

电流线的连接：

将 I_U、I_V、I_W 钳表插入本仪器 I_U、I_V、I_W 插孔中，再将另一端分别卡入被测电流回路。

2) 三相用电检查仪的功能。三相用电检查仪的功能有：伏安相位功率测量，不平衡度测量，接线检查，计算 TA/TV 一次侧电流、电压值，谐波测试等。

(2) 三相用电检查仪使用注意事项。

1) 为了防止火灾或电击危险，请务必按照产品额定值和标识及满足要求的试验环境进行试验。

2) 使用产品配套的熔丝。只可使用符合本产品规定类型和额定值的熔丝。

3) 产品输入输出端子、测试柱等均有可能带电压，插拔测试线、电源插座时，会产生电火花，务必注意人身安全。

4）试验前，为了防止电击，接地导体必须与真实的接地线相连，确保正确接地。

5）试验中，测试导线与带电端子连接时，请勿随意连接或断开测试导线。

6）试验完成后，按照操作说明关闭仪器，断开电源，将仪器按要求妥善管理。

(3) 三相用电检查仪使用技巧。在现场进行用电检查时，智能电能表内部事件记录比较详细，借助三相电能表校验仪，可以发现最近开盖记录、失电压、失电流，通过分析事件发生的时间节点，可以发现窃电线索；有些改动电能表内部参数的窃电手法，需要第一时间测量出误差值，三相表校验仪能准确计算出电能计量误差值，取得有效窃电证据。

(二) 检测线缆装备

针对高压计量用户，在反窃电检查过程中，因为是在 10kV 高压侧，不易进行检查、测量。尤其是针对高压互感器改变变比行为，目前没有安全有效的方法进行测量，只能将互感器拆回进行校验，周期长、效率低，不能有效的发现其窃电证据。所以，必须配备专用的检测线缆装备来应对此种窃电行为。

高压变比测试仪

(1) 高压变比测试仪使用方法。高压变比测试仪的使用如图 5-13 所示。

步骤一：将电能表前电流采集装置卡在表前的电流线上，并将插头插入智能检测终端；

步骤二：将高压无线钳形电流表安装在令克棒上，并利用令克棒将钳形电流表卡入用户的一次侧电缆；

步骤三：打开智能检测终端界面，自动计算高压互感器变比，并判定用户变比是否正常。

(2) 高压变比测试仪使用注意事项。

1）操作过程中使用通用的令克棒将高压无线电流测量工具卡在用户一次进线侧，注意在测量一次电流时，将一次电缆完全卡入钳表的钳口内。

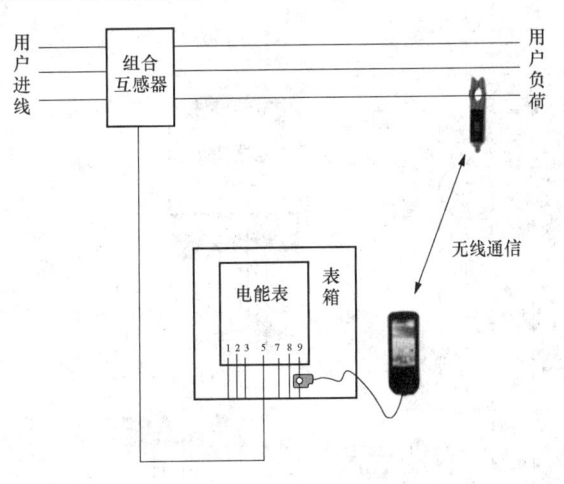

图 5-13 高压变比测试仪使用示意图

2）安装表箱内电能表前电流采集装置时注意测量相别与一次侧测量对应。

3）需在用户正常用电情况下进行测量，若用户用电负荷为 0，则不能进行测量。

4）智能终端与高压无线电流测量工具之间采用无线通信方式，注意通信传输距离不能过远，一般在 200m 以内。

(3) 高压变比测试仪使用技巧。现场测量高压负荷，考虑到安全问题，采用高压无线电流测量仪器，高压变比测试仪可在不拆线、不断电的情况下准确测量电压等级在 35kV 及以下的电流互感器变比。

(三) 现场反窃电稽查装备

针对当前多发的高科技窃电方法，如各种分流、遥控器、强磁干扰电能表、高频干扰电能表等窃电方式，单纯只对电能表进行现场检测已经不能满足反窃电工作的需要。另外，查获窃电后由于监测不到用户进线侧的实际负荷，损失电量难以认定，计算追补电量也缺乏合理的依据。所以，反窃电工作当前需要的是能够实时监测用户实际负荷的现场反窃电装备。

1. 专用现场用电检查工具

用电检查仪按照应用场景分为高供低计计量回路、高供高计计量回路、单相表计量回路、直通表计量回路、倍率表计量回路。用电检查人员可以根据不同的检查场景，选择相应的用电检查工具。

(1) 高供低计计量回路。高供低计计量回路用电检查接线如图 5-14 所示。

步骤一：用高压无线电流钳卡在变压器出线处（注：严禁测试铜排）。

步骤二：将专用变压器智能诊断终端卡在接线盒进线侧，用于核查互感器倍率，将电压线束卡住电能表的电压端子，用于核查接线相序及检测电能表误差。

步骤三：将 1、2、3 号智能电流钳分别卡在接线盒 UVW 相出线侧，用于检查接线盒是否正常。

(2) 高供高计计量回路。高供高计计量回路用电检查接线如图 5-15 所示。

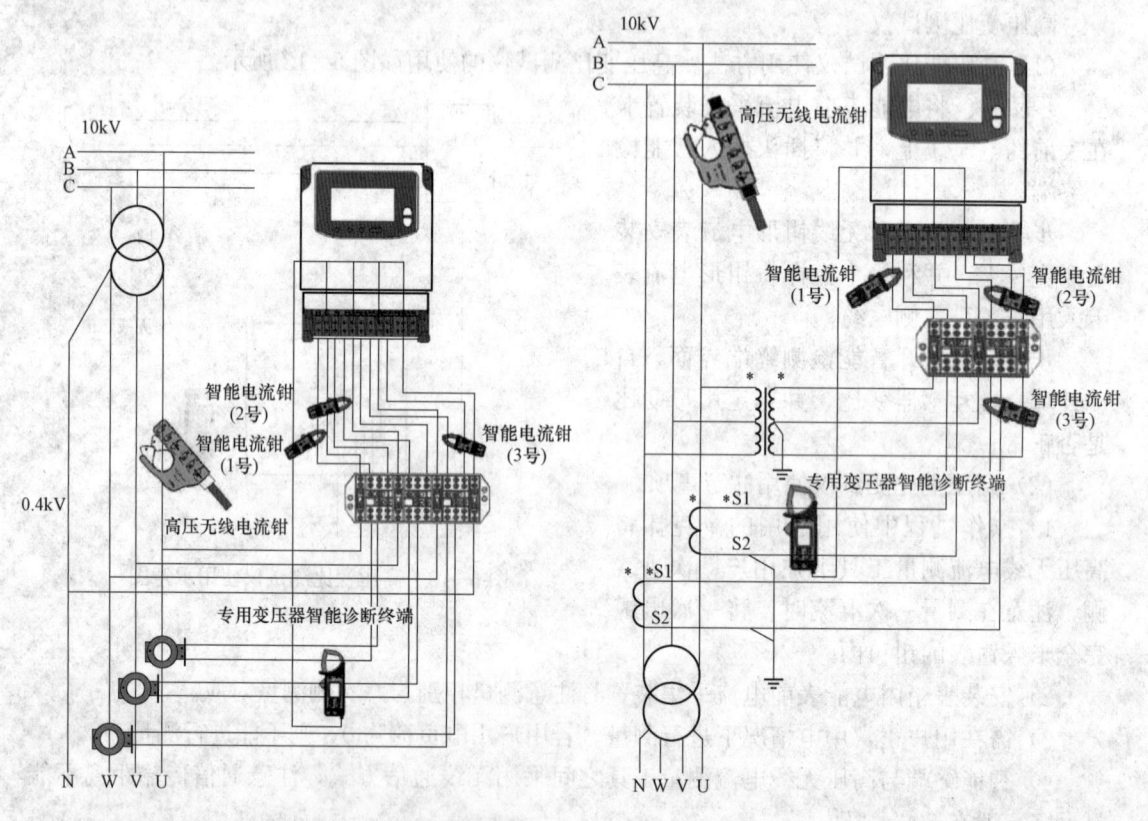

图 5-14 高供低计计量回路用电检查接线示意图

图 5-15 高供高计计量回路用电检查接线示意图

步骤一：用高压无线电流钳卡在 10kV 出线处（注：严禁测试铜排）。

步骤二：将专用变压器智能诊断终端卡在接线盒进线侧，用于核查互感器倍率，将电压线束卡住电能表的电压端子，用于核查接线相序及检测电能表误差。

步骤三：将 1、2 号智能电流钳分别卡在接线盒 UW 出线侧，用于检查接线盒是否正常。

步骤四：将 3 号智能电流钳卡在接线盒 W 相入线侧，用于检查接线盒是否正常。

(3) 单相电能表计量回路。单相电能表计量回路用电检查接线如图 5-16 所示。

步骤一：用低压智能诊断终端卡在单相电能表相线进线处。

步骤二：将 1 号智能电流钳卡在中性线出线处，将电压线束卡住电能表的电压端子，用于核查接线相序及检测电能表综合误差。

(4) 直通表计量回路。直通表计量回路用电检查接线如图 5-17 所示。

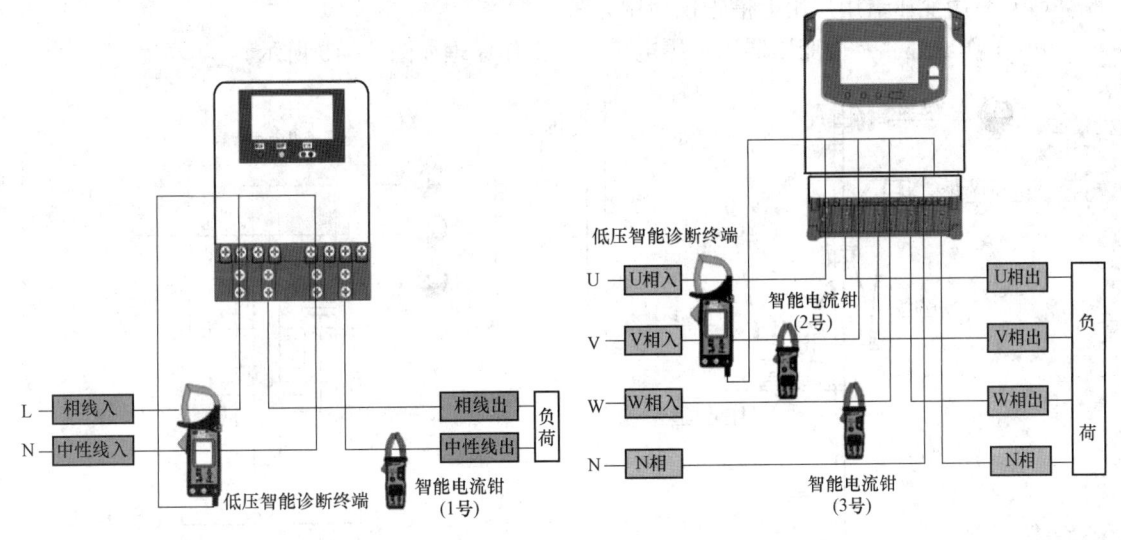

图 5-16 单相电能表计量回路用电检查接线示意图

图 5-17 直通表计量回路用电检查接线示意图

步骤一：用低压智能诊断终端卡在低压动力户 U 相进线上。

步骤二：将 2、3 号智能电流钳卡在 VW 相电能表进线上，将电压线束卡住电能表的电压端子，用于核查接线相序及检测电能表综合误差。

(5) 倍率表计量回路。倍率表计量回路用电检查接线如图 5-18 所示。

步骤一：用低压智能诊断终端卡在倍率表电流互感器 U 相进线上。

步骤二：将 2、3 号智能电流钳卡在 VW 相电能表进线上，将电压线束卡住电能表的电压端子，用于核查接线相序及检测电表综合误差。

步骤三：将 1 号智能电流钳卡在接线盒 A 相进线处，用于核查互感器倍率。

2. 专用变压器用户用电稽查仪

当前窃电手段越来越高科技化，隐蔽性越来越强，更有一些窃电分子并不是采用一种窃电方式持续窃电，而是随时掌控窃电事件和窃电量大小。在用电

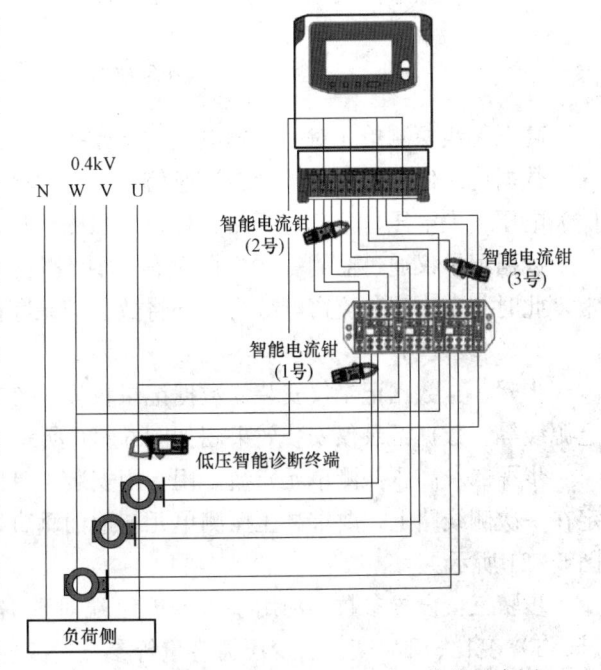

图 5-18 倍率表计量回路用电检查接线示意图

检查人员到现场稽查的时候，所有数据都是正常的，根本抓不到窃电现行。所以用户计量回路在线监测在反窃电工作中显得尤为重要。

专用变压器用户用电稽查仪通过对用户用电全数据的24h闭环监测，诊断窃电方式，确定用电异常的原因，并精准锁定窃电位置，确定窃电时间，以高技术手段实现了对各种窃电行为的实时监测。

(1) 专用变压器用户用电稽查仪使用方法。

1) 工作原理。专用变压器用户用电稽查仪工作原理如图5-19所示。

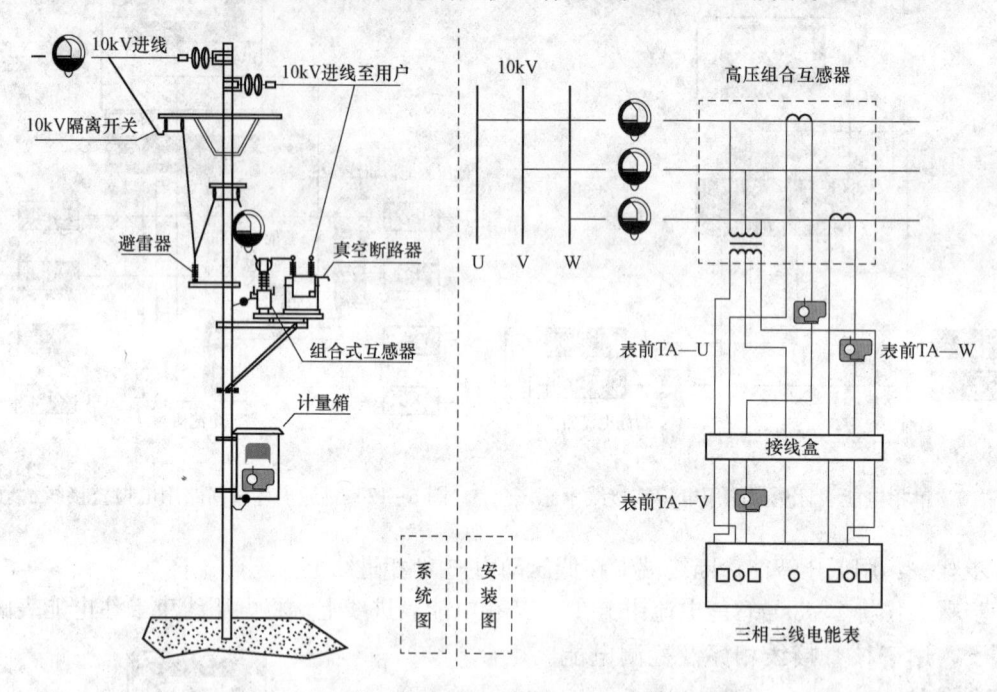

图5-19 专用变压器用户用电稽查仪工作原理图

高压无线探测单元对一次侧电流进行监控，并通过无线通信方式传送至数据记录仪。

数据记录仪与二次侧计量表计通信，实时记录并监测电压回路、电流回路，实时记录存储欠电压、失电压、分流、开路、移相、强磁干扰、高频干扰等异常现象。

数据记录仪通过监测一次实际负荷和计量负荷，偏差大于定制时判定用户用电负荷异常，此时判定出现分流窃电行为，并将数据记录存储。

2) 安装说明。

步骤一：数据记录仪安装。数据记录仪安装在表箱内，按照标识安装天线、智能线束、电源线等。数据记录仪安装效果图如图5-20所示。

步骤二：高压探测单元安装。用专用安装工具配合绝缘操作杆将高压探测单元按相序固定在一次侧线路上，要求高压探测单元与地面垂直，可带电装卸。高压探测单元安装效果如图5-21所示。

步骤三：设置参数。利用手持智能终端对数据记录仪进行设置，需要设置用户名、户号、TA变比、TV变比、变压器容量等参数。

(2) 专用变压器用户用电稽查仪使用注意事项。

图 5-20　数据记录仪安装效果图　　图 5-21　高压探测单元安装效果图

1) 电源的选择。高压计量方式可选择任意两相电压；低压计量方式需选择一零一火作为电源。

2) 安装时注意无线互感器和表前 TA 的相别对应关系。

3) 注意无线互感器和数据记录仪之间的距离不得超过 300m。

(3) 专用变压器用户用电稽查仪使用技巧。

1) 专用变压器用户用电稽查仪可以自动记录用户的实际负荷和窃电时间，分析窃电手段、自动计算损失电量的比例。

2) 安装时注意安装位置确定，安装完成后及时进行参数设置。

3) 专用变压器用户用电稽查仪核心功能取证及追补电量是反窃电成功的关键。

(四) 反窃电车载移动平台

随着窃电技术的日益智能化及窃电手段的不断翻新，窃电形势日益严峻，反窃电调查难、取证难、处理难等问题较为突出，甚至存在围攻、谩骂、殴打反窃电人员的现象。这就为反窃电工作提出了一个更为迫切的需求：对整个反窃电检查过程的事前、事中、事后的全方位取证。反窃电车载移动平台就是为了满足以上需要而研制而成。

反窃电车载移动平台通过无线通信、无线信号压制、电磁场强度监测、无人机监控等技术，完成对现场用户窃电情况的取证，形成有效连续的证据链，解决用电检查工作查窃电难、取证难的现状。反窃电车载移动平台配备的车载高清摄像、无线对讲等设备为用电检查人员的安全也提供有力保障，改善装备落后的被动局面，持续降损增效。此外，反窃电车载移动平台还担当培训教学任务，可提升针对新型窃电手段的技术分析和研究能力，同时提高用电检查人员反窃电的实战技能。

(1) 反窃电车载移动平台功能特点。

1) 系统组成。反窃电车载移动平台示意图如图 5-22 所示，主要由移动数据分析模块、取证便携模块、勘测现场情况移动装置、远程诊断装置、无人机检测系统、电磁屏干扰装置等组成，采用车联网及定位监控技术、高度集成化设计。

2) 功能特点。

①无人机视频录音录像取证；

②电磁信号检测；

③无线电子信号压制；

④多功能电能表校验；

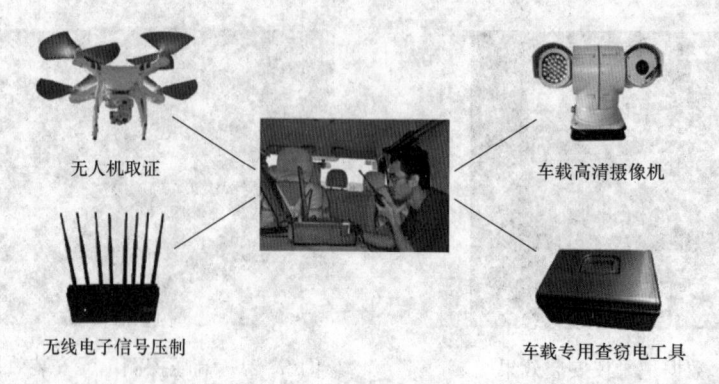

图 5-22 移动平台示意图

⑤现场监测与取证；

⑥车载无线装置内部通信，加强保密性；

⑦车载移动数据分析，实时进行数据监控，全方位监测用户用电情况。

(2) 反窃电车载移动平台使用注意事项。

1) 使用前，确保环境调研完成，适用于室外操控无人机。

2) 使用时，保证反窃电车载移动装置通过 GPRS 与稽查装置链接通畅。

3) 电子信号压制设备，要先设置成监听模式并分析确认信号与用电的关联度后再开始压制工作，以防干扰正常用户正常使用的遥控设施。

(3) 反窃电车载移动平台使用技巧。移动监测平台通过对比用户一、二次电流或通过论证分析出高损线路来确定嫌疑用户，又因为用户的电能表和稽查装置之间的传输数据是连接在一起的，因此，可以对嫌疑用户进行实时监测，并将嫌疑用户的数据传回至反窃电平台，再对采集的数据进行分析、计算，最终可得到嫌疑用户的窃电方式、时间等一些信息。

上述的工作完成之后，就可以出动移动监测平台对嫌疑用户周边环境记录，为最后一步的取证打下良好的基础。

由于用电检查过程需要取证、免责，所以应对全过程进行详细记录，同时需要移动监测平台中具有夜视功能的摄像机和强光手电配合查窃电，方便进行摄像取证。

(五) 防窃电装备——防窃电能表箱

如果计算机不安装防火墙软件，则计算机感染病毒的概率将大大增加，维护人员将为杀毒一直忙碌。反窃电工作也一样，如果不进行防窃电装备及技术的开发，窃电现象就会频繁发生，反窃电工作将消耗大量人力、物力，且效果不明显。防窃电能表箱是针对一些顽固窃电用户或新报装用户而设计的，可以从根源上杜绝各种窃电行为的发生，从而达到降低损耗、增加效益的目标。

防窃电能表箱实现了表箱的智能化，能够防止现有高科技窃电的发生，减少了用电检查人员每天查窃电的工作量，变被动反窃电为主动防窃电，改变了反窃电查处难、取证更难的现状。

(1) 防窃电能表箱的功能特点。

1) 非法开箱报警功能。正常用电情况下打开表箱，在设定时间内没有进行身份认证，自动报警。

2) 人体感应自动摄像功能。非法入侵表箱自动感应人体活动,并自动启动摄像、拍照记录功能,用于查窃取证。

3) 防高频干扰电能表功能。屏蔽高频干扰信号,确保电能表周围的辐射电磁场小于10V/m,计量系统正常工作;高频干扰自动报警功能。

4) 防强磁窃电功能。屏蔽强磁信号,确保计量系统正常工作;强磁干扰自动报警功能。

5) 监测用户实际负荷。分流窃电自动报警功能;分流报警后可设置跳闸功能。

6) 运行数据及电能表参数监测。发现异常主动发告警信息到防窃电预警中心主站,并通过防窃电预警中心主站分析电能表、表前和一次曲线数据,准确定位窃电位置。

7) 短信功能。终端不但可以发报警到防窃电预警中心,同时也可以设置4个电网公司管理人员手机号码,用于电网公司管理终端,查询和接收报警短信。主要内容如下:

①掉电和上电通知;

②异常事件告警;

③非法开箱告警。

(2) 防窃电能表箱使用注意事项。

1) 做好现场电能表箱加铅封。

2) 电能表箱采用电子锁,防止窃电者破坏钥匙插孔。

(3) 防窃电能表箱使用技巧。

1) 用于新报装用户。在新报装用户的计量系统中安装防窃电能表箱,可以有效防止窃电行为的发生。

2) 用于顽固窃电户进行防窃电改造。针对发生反复窃电行为的窃电户,需要进行防窃电技术改造,将普通的电能表箱更换为防窃电能表箱可以防止用户再次窃电,达到有效遏制窃电行为,降低线损率的目的。

三、钳形电流表

(一) 钳形电流表的用途

钳形电流表在外观上都有一个可以开合的"钳口",主要用来"非接触"测量交直流电流,即不用切断电路测量电流。钳形电流表按其结构形式不同,分为互感器式钳形电流表和电磁式钳形电流表;按显示方式不同,分为指针式钳形电流表和数字式钳形电流表。

二维码5-10 反窃电工具的使用

(二) 基本原理和结构

(1) 互感器式钳形电流表。互感器式钳形电流表,也称磁电式钳形电流表,由一个特殊的电流互感器和磁电式电流表组成,用来测量交流电流。测量时,将被测导线夹进钳口内,此时的被测导线相当于电流互感器的一匝线圈,属于一次绕组,有电流通过时,钳形电流表内的二次绕组感应出二次电流。对于指针式,二次电流经整流后送至磁电式电流表,从而在钳形电流表刻度盘上显示出流过被测导线的电流大小;对于数字式,将二次电流转换为直流电压送至数字电压表,通过液晶显示屏以数字形式显示出来。数字式钳形电流表外观图如图5-23所示。

(2) 电磁式钳形电流表。电磁式钳形电流表的核心是电磁系测量机构,不仅可以测量交流电流,还可测量直流电流。测量时,将被测导线夹进钳口内,此时的被测导线相当于电磁系机构中的线圈,在铁芯中产生磁场,位于铁芯缺口中间的可动铁片受此磁场的作用而偏转，从而带动指针指示出被测电流的数值。

（三）具体操作步骤

各种钳形电流表操作步骤基本相同，具体如下：

（1）测试前检查。使用前仔细阅读使用说明书，仪表应在使用有效期内，检查配件齐全完好，钳口应清洁无污物。

（2）量程选择。将功能量程开关置于交流电流量程范围。如果被测电流范围事先不知道，首先将功能量程开关置于最大量程，然后逐渐降低直至取得满意的分辨率。指针式钳形电流表应使被测量落在量程的 2/3 及以上区域为宜，而数字式钳形电流表要选择最靠近被测量且大于被测量的量程。

（3）电流测量。电流测量时，应按动手柄使钳口张开，把被测导线置于钳口中央，使钳口闭合。

（4）数据读取。待数据指示稳定后读取测量结果。

（四）注意事项

（1）要根据被测电流回路的电流大小选择合适的钳形电流表，在操作时要防止构成相间短路。同时要注意被测电流的频率，因为对于直流电流或频率较低的电流只能使用电磁式钳形电流表才能正确测量。

图 5-23 数字式钳形电流表外观图
1—钳头；2—钳头扳机；3—保持开关；
4—功能量程开关；5—液晶显示屏；
6—绝缘测试附件接口；7—接地公共端 COM 插孔；8—电压电阻（V/Ω）输入端；9—手携带

（2）严禁在测量过程中切换量程开关的挡位，以免造成钳形电流表中电流互感器二次瞬间开路，产生高电压造成匝间击穿，损坏钳形电流表。

（3）在测量时，应将被测导线置于钳形电流表的钳口中央，保证测量数据准确，要注意钳口咬合良好，不能触及其他带电体或接地点，以免引起短路或接地。如有杂声，可将钳口重新开合一次。

（4）测量小电流时，为了得到较准确的读数，若条件允许，可将导线多绕几圈放进钳口进行测量，但实际电流值应为读数除以放进钳口内的导线圈数。

（5）测量时应注意被测导线的电压，不能超过钳形电流表的允许值，不宜测裸导线电流。测量电流时最好戴绝缘手套。

（6）测量完毕后一定要把调节开关放在最大电流量程位置上，以免下次使用时由于未经选择量程而造成仪表损坏。

四、相位伏安表

（一）相位伏安表的用途

相位伏安表主要用来测量同频率两个量（如工频电流和电压）之间相位差，既可以测量交流电压、电流之间的相位，也可以测量两个电压或两个电流之间的相位，同时还可以测量交流电压、电流。使用该仪表可以确定电能表接线正确与否（相量图法）、辅助判断电能表运行情况、测量三相电压相序等。

二维码 5-11 伏安相位仪的使用

（二）基本原理和结构

由于相位测量必须基于相对独立的两个测量回路，相位伏安表一般制成双测量回路形式，有两把电流钳和两对电压测试线。相位伏安表内部由比较器、光电耦合器、双稳电路和直流电压表组成，当两路信号输入（一路作为基准波，一路作为被测信号）时，通过内部比较器变换状态，使正弦波转换成方波信号，通过光电耦合器隔离，分别触发双稳电路的复位端和置位端。基准信号的每个正半周前沿使双稳电路置位，输出高电平；被测信号每到正半周前沿则使双稳电路复位，输出低电平。在 0°~360°相位角范围内，被测信号与基准信号之间的相位差越大，双稳电路输出高电平的时间就越长，其平均输出电压也就越高。经过校准，用数字式电压表测量此电压就可以测出两信号之间的相位角。数字相位伏安表外观图如图 5-24 所示。

（三）具体操作步骤

相位伏安表主要用来测量相位差，也可测量电压、电流。测量电压时，挡位应与电压测量回路保持一致，使用方法与万用表相同。测量电流时，电流钳的使用方法与钳形电流表基本相同，所以这里仅介绍相位差的测量步骤。

（1）测试前检查。使用前仔细阅读使用说明书，仪表应在使用有效期内，检查配件齐全完好，测试导线导电性能良好，测试导线之间绝缘良好，电流钳口清洁无污物。

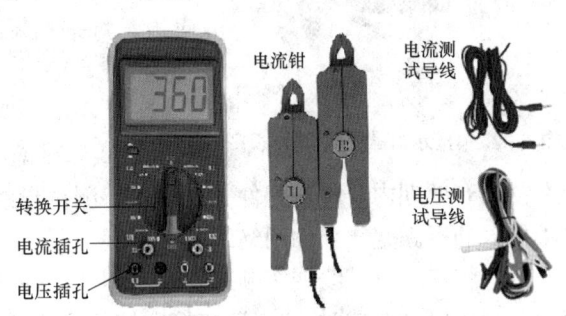

图 5-24 数字相位伏安表外观图

（2）预热。打开电源，将仪表预热 3~5min 以保证测量精度。

（3）校准。有校准挡位的相位伏安表，在使用之前要先进行校准。

（4）相位差测量。将旋转开关旋至 U1U2，两路电压信号从两路电压输入插孔输入时，显示器显示值即为两路电压之间的相位。将旋转开关旋至 I1I2，两路电流信号从两路电流输入插孔输入时，显示器显示值即为两路电流之间的相位。将旋转开关旋至 U1I2，电压信号从 U1 插孔输入，电流信号从 I2 插孔输入时，显示器显示值即为电压和电流之间的相位。将旋转开关旋至 I1U2，电流信号从 I1 插孔输入，电压信号从 U2 插孔输入时，显示器显示值即为电流和电压之间的相位。

（5）数据读取。待显示器上数据稳定后读取测量结果。

（6）关闭电源。关闭电源，拆除测试导线，并放入专用箱包中。

（四）注意事项

（1）相位伏安表仅用于二次回路和低压回路检测，不能用于高压线路，以防通过电流钳触电。

（2）测量电压和电流之间的相位差时，注意电流钳的极性。

（3）所测相位差均为 1 路信号超前 2 路信号的相位，所以与被测相位相关的两个量必须接入不同的测量回路，否则无法得到测量结果。

（4）保证两把电流钳分别对号入座，不可任意调换，否则难以保证精度。

（5）显示器上出现欠电符号提示时，应更换相应电池。

五、相序表

（一）相序表的用途

相序表是用来判别三相交流电源电压正相序或逆相序的一种电工工具仪表。

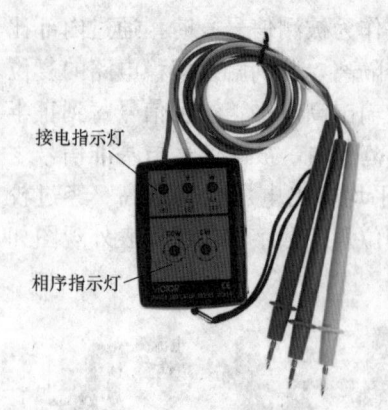

（二）基本工作原理和结构

相序表主要分为电动机式和指示灯式两种。电动机式有一个可旋转铝盘，其工作原理与异步电动机转子旋转原理相同，铝盘旋转方向取决于三相电源的相序，因此可通过铝盘转动方向来指示相序。指示灯式一般有指示来电接入状况的接电指示灯，以及显示来电相序的相序指示灯，通过表内专用电路对三相电源间相位进行判断，并通过相序指示灯来指示相序。指示灯式相序表外观图如图5-25所示。

图5-25 指示灯式相序表外观图

（三）具体操作步骤

（1）测试前检查。使用前仔细阅读使用说明书，仪表应在使用有效期内，检查配件齐全完好，测试导线导电性能良好，测试导线之间绝缘良好，对不接电的裸露金属部件用绝缘胶带裹缠。

（2）将三色测试线夹按顺序夹在三相电源的三个线头上。

（3）用电动机式时，"点"按接电按钮，当相序表铝盘顺时针转动时，为正相序，反之为逆相序。用指示灯式时，当接电指示灯全亮，此时点亮的相序指示灯即为测试结果。

（4）拆除测试线路。

（四）注意事项

（1）当任一测试线已经与三相电路接通时，应避免用手触及其他测试线的金属端防止发生触电。

（2）对不接电的裸露金属部件进行绝缘处理时，应尽可能减少裸露面积。

（3）应在允许电压范围内进行测量，否则相序表测试结果有可能失准。

（4）对于有接电按钮的相序表，不宜长时间按住按钮不放，以防烧坏触点。

（5）如果接线良好，相序表铝盘不转动或接电指示灯未全亮，表示其中一相断相。

六、万用表

（一）万用表的用途

万能表也称万用表，又叫多用表、三用表、复用表，是一种多功能、多量程的测量仪表，一般万用表可测量直流电流、直流电压、交流电压、电阻和音频电平等，有的还可以测交流电流、电容量、电感量及半导体的一些参数。

（二）基本原理和结构

根据万用表按结构和工作原理的不同可以分为指针式和数字式两大类。

1. 指针式万用表

指针式万用表由表头、测量电路及转换开关等三个主要部分组成。指针式万用表外观如图5-26所示。

（1）表头。它是一只高灵敏度的磁电式直流电流表，万用表的主要性能指标基本上取决于表头的性能。表头的灵敏度是指表头指针满刻度偏转时流过表头的直流电流值，这个值越小，表头的灵敏度越高。测电压时的内阻越大，其性能就越好。表头上有四条刻度线，它们的功能如下：第一条（从上到下）标有"R"或"Ω"，指示的是电阻值，转换开关在欧姆挡时，即读此条刻度线。第二条标有"∽"和"VA"，指示的是交、直流电压和直流电流值，当转换开关在交、直流电压或直流电流挡，量程在除交流 10V 以外的其他位置时，即读此条刻度线。第三条标有"10V"，指示的是 10V 的交流电压值，当转换开关在交、直流电压挡，量程在交流 10V 时，即读此条刻度线。第四条标有"dB"，指示的是音频电平。

（2）测量线路。测量线路是用来把各种被测量转换到适合表头测量的微小直流电流的电路，它由电阻、半导体元件及电池组成。

它能将各种不同的被测量（如电流、电压、电阻等）、不同的量程，经过一系列的处理（如整流、分流、分压等）统一变成一定量限的微小直流电流送入表头进行测量。

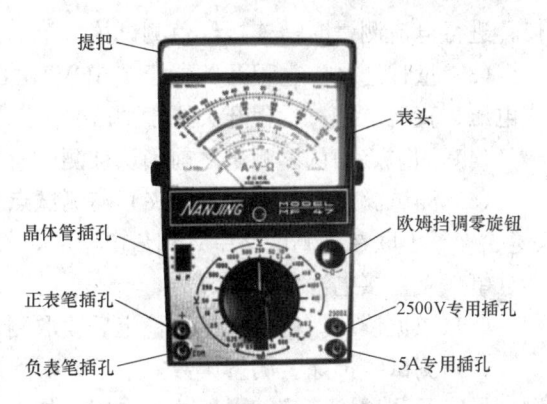

图 5-26 指针式万用表外观图

（3）转换开关。转换开关的作用是用来选择各种不同的测量线路，以满足不同种类和不同量程的测量要求。转换开关一般有两个，分别标有不同的挡位和量程。

2. 数字式万用表

虽然数字万用表种类很多，但基本工作原理则是大同小异，一般以直流数字电压表和各种转换电路组成。其中直流数字电压表由量程开关选择器、A/D 转换器、显示驱动电路和液晶显示器组成，可将模拟直流电压信号转换为数字信号并在液晶显示屏上显示出来，转换电路有 AC/DC 转换器、I/V 转换器、Ω/V 转换器等。数字式万用表各种不同的被测量经功能开关选择器送到相应的转换电路，转换为直流电压后输入到直流数字电压表，通过液晶显示屏以数字形式显示出来，外观图如图 5-27 所示。

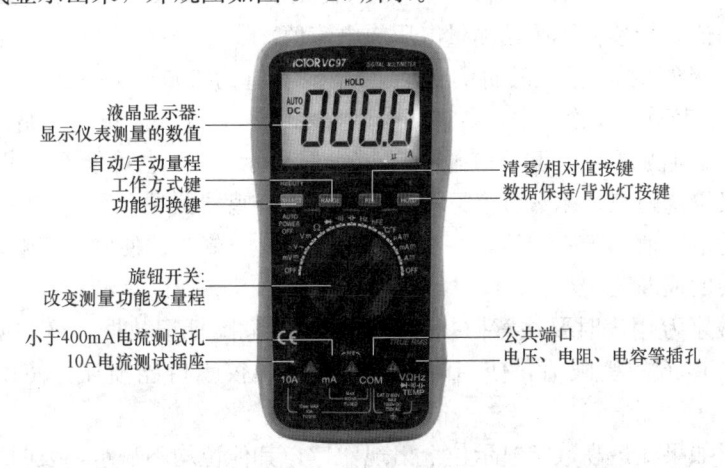

图 5-27 数字式万用表外观图

（三）数字式万用表具体测量步骤

数字式万用表测量具体操作步骤如下：

（1）测试前检查。使用前仔细阅读使用说明书，仪表应在使用有效期内，检查配件齐全完好，测试导线及测试棒（笔、夹）绝缘良好。

（2）测试线连接。将测试棒（笔、夹）分别插入对应插孔。通常连接黑色测试棒（笔、夹）到"COM"插口；进行电压、电阻测量时，连接红色测试棒（笔、夹）到"V/Ω"插口；进行电流测量时需连接红色测试棒（笔、夹）到"A"或"10A"端。

（3）量程选择。量程开关置于"ACV""DCV"或"Ω"位置，即可测量交流电压、直流电压、直流电阻；量程开关置于"mA"或"A"位置，即可测量直流电流。

（4）测试点确认。测量之前确认被测试量和测试位置是否选择正确。

（5）测试。将测试棒（笔、夹）与测试点正确连接。测量直流电流时，必须将两测试棒（笔、夹）串联在被测电路中；测量电阻时，红色测试棒（笔、夹）接电池正极，黑色测试棒（笔、夹）接电池负极。

（6）数据读取。待数据显示稳定后读取测试数据。

（7）测试线拆除。测量读数完毕后，拆除测试棒（笔、夹），关闭仪表电源，将万用表、测试导线及测试棒（笔、夹）放入专用箱包中。

（四）数字式万用表使用注意事项

（1）测试前应开机察看电池是否充足。万用表在低电压下工作，读数可能出错，为避免错误的读数造成错觉而导致电击伤害，显示低电压符号时应及时更换电池。

（2）测量电流时，把万用表串入测量电路时不必考虑极性，数字式万用表可以显示测量极性。

（3）测量时要注意选择合适的量程与表笔插孔。在 mA 插孔下有自动切换量程的功能，万用表有保护电路。而在大量程下，没有设置保护电路，所以被测量绝对不能超过量程，测量时间也要尽可能短，一般不要超过 15s。万用表烧毁的原因中，大多数是由于把表笔插入没有保护电路的 10A 插孔而误测电压造成的。

（4）测量电阻时，切换开关应旋至欧姆挡。测量表笔开路时，万用表显示"1"或"O.L"的溢出符号。测量电阻之前，数字万用表无须调零，只需确认表笔的引线电阻，即短接表笔的显示值。严禁在欧姆挡测量电压或电流值。

（5）检查二极管时，进行正向测试时，若显示值为 500～800mV（硅管）或 150～300mV（锗管），表明二极管正常。若损坏，则显示"000"（二极管烧短路）或"1"（二极管烧断）。进行反向测试时，正常应显示"1"，但显示"1"也可能是二极管烧断，显示"000"表明二极管烧短路。多数数字万用表电阻挡与蜂鸣器挡是合用一个挡位，因此，两表笔测试点之间的电阻值小于一定值，一般为几十欧姆时，蜂鸣器便发出声响，此功能常用于测试电路和导线的通断。

（6）使用数字万用表时要注意插孔旁边所注明的危险标记数据，该数据表示该插孔所允许输入电压、电流的极限值，使用时若超出此值，仪表可能损坏，使用人员可能受到伤害。

（7）测量时如果在最高数字显示位上出现"1"，其他位均不显示，表明量程不够，应选择更大的量程。

（8）"HOLD"键是读数保持功能键，使用此键可使被测量的读数保持下来，便于记录和读数，此时进行其他测量，显示不会随被测量改变。使用中如果误操作此键，就会出现显示数据不随被测量改变的现象，这时，只需松开"HOLD"读数保持键即可。

（9）使用数字万用表测量时会出现数字跳跃的现象，为确保读数准确，应在显示值稳定后再读数。

（10）操作结束时，将电源开关置于 OFF 挡。

任务实施

(1) 利用相位伏安表测量三相三线有功电能表的电压、电流及相角,并记录测量结果。

1) 电压。

U_{10}: _____ ; U_{20}: _____ ; U_{30}: _____ ;
U_{12}: _____ ; U_{32}: _____ ; U_{31}: _____ 。

2) 电流。

I_1: _____ ; I_2: _____ 。

3) 相角。

$\dot{U}_{31}\dot{I}_1 =$ _____ ; $\dot{U}_{31}\dot{I}_2 =$ _____ ; $\dot{U}_{32}\dot{I}_2 =$ _____ 。

(2) 利用相位伏安表测量三相四线有功电能表的电压、电流及相角,并记录测量结果。

1) 电压。

U_{10}: _____ ; U_{20}: _____ ; U_{30}: _____ ;
U_{1a}: _____ ; U_{2a}: _____ ; U_{3a}: _____ ;
U_{12}: _____ ; U_{23}: _____ ; U_{31}: _____ 。

2) 电流。

I_1: _____ ; I_2: _____ ; I_3: _____ 。

3) 相角。

$\dot{U}_{10}\dot{I}_1 =$ _____ ; $\dot{U}_{20}\dot{I}_2 =$ _____ ; $\dot{U}_{30}\dot{I}_3 =$ _____ 。

项目六 违约用电、窃电的查处

项目描述

近年来,随着现代社会的飞速发展,用电需求侧对电能的需求量也在不断增多,与此同时,违约用电、窃电的查处也日益成为供电企业日常工作中的重要内容。用户违约用电和窃电行为不仅给供电企业,也给用户自身带来较为严重的不良影响。通过加强违约用电和窃电查处工作,可以确保供电企业的利益,使供用电秩序处于稳定状态,并对保证供电安全可靠性具有重要的作用。

本项目主要学习低压用户和高压用户违约用电、窃电的检查过程,对违约用电、窃电用户的处理规定,以及反窃电技术措施和组织措施。学习完本项目应具备以下专业能力、方法能力、社会能力:

(1)专业能力:具备进行窃电检查的能力;具备对违约用电用户进行处理的能力;具备对窃电用户进行处理的能力;具备防反窃电的能力。

(2)方法能力:具备对电能表数据异常用户进行分析的能力。

(3)社会能力:具备服从指挥、遵章守纪、吃苦耐劳、主动思考、善于交流、团结协作、认真细致地安全作业的能力。

学习目标

一、知识目标
(1)熟悉现场窃电检查流程。
(2)掌握违约用电处理方法。
(3)熟悉窃电处理规定和程序。
(4)熟悉反窃电技术措施和组织措施。

二、能力目标
(1)能进行反窃电现场检查。
(2)能按照程序进行违约用电的检查和处理。
(3)能按照窃电处理标准化作业步骤进行窃电处理。

三、素质目标
(1)愿意交流、主动思考,善于在反思中进步。
(2)学会服从指挥、遵章守纪、吃苦耐劳、安全作业。
(3)学会团队协作、认真细致、保证目标实现。

知识背景

一、用电检查

1. 用电检查的内容

(1) 用户执行国家有关电力供应与使用的法规、方针、政策、标准、规章制度情况；

(2) 用户受（送）电装置工程施工质量检验；

(3) 用户受（送）电装置中电气设备运行安全状况；

(4) 用户保安电源和非电性质的保安措施；

(5) 用户反事故措施；

(6) 用户进网作业电工的资格、进网作业安全状况及作业安全保障措施；

(7) 用户执行计划用电、节约用电情况；

(8) 用电计量装置、电力负荷控制装置、继电保护和自动装置、调度通信等安全运行状况；

(9) 供用电合同及有关协议履行的情况；

(10) 受电端电能质量状况；

(11) 违约用电和窃电行为；

(12) 并网电源、自备电源并网安全状况。

2. 用电检查的主要范围

用户受电装置，但被检查的用户有下列情况之一者，检查的范围可延伸至相应目标所在处：

(1) 有多类电价的；

(2) 有自备电源设备（包括自备发电厂）的；

(3) 有二次变压配电的；

(4) 有违章现象需延伸检查的；

(5) 有影响电能质量的用电设备的；

(6) 发生影响电力系统事故需做调查的；

(7) 用户要求帮助检查的；

(8) 法律规定的其他用电检查。

3. 各级用电检查部门应配备的装备

(1) 按一定的客户分布及数量配备用电检查专用车；

(2) 装有国内长途直拨电话及系统程控电话、传真电话，负责重要用户、特殊用户检查以及事故调查的用电检查人员，应配备移动通信办公设备；

(3) 配备必要的仪器仪表、望远镜、录音机、录像机、照相机、摄像机以及远红外测温仪等。

(4) 配备电气设备铭牌带电检查仪、变压器容量测试仪、电能质量测试仪、多功能用电检查仪、相位伏安表、钳型电流表等检查工具。

4. "用电检查证"的使用

(1) 用电检查人员在执行查电任务时，应主动向被检查的用户出示"用电检查证"。

(2) "用电检查证"应妥善保管，不准转借、涂改或伪造"用电检查证"，如有遗失，应立即向上级有关部门报失。网公司不定期公布作废"用电检查证"名单。

5. 用电检查人员纪律

（1）用电检查员应认真履行用电检查职责，赴用户执行用电检查任务时，应随身携带"用电检查证"，并按"用电检查工作单"规定项目和内容进行检查。

（2）用电检查人员在执行用电检查任务时，应遵守用户的保卫保密规定，不得在检查现场替代客户进行电工作业。

（3）用电检查人员必须遵纪守法，依法检查，廉洁奉公，不徇私舞弊，不以电谋私。违反规定者，依据有关规定给予经济的、行政的处分；构成犯罪的，由司法部门追究刑事责任。

6. 用电检查岗位现场服务规范

（1）到用户现场服务前，有必要且有条件的，应与用户预约时间，讲明工作内容和工作地点，请客户予以配合。

（2）进入用户单位或居民小区时，应主动下车，向有关人员出示有效工作证件、表明身份并说明来意。车辆进入客户单位或居民小区内不得扰民，须减速慢行，注意停放位置。

（3）当要进入居民室内时，应先按门铃或轻敲门，征得用户同意后方可进入。未经用户允许，不得在用户室内随意走动，不随意触摸和使用用户的私人用品，需借用相关物品时，应征得用户同意，用完后先清洁后轻轻放回，并向用户致谢。

（4）当用户询问检查意见时，应按照电力法规要求给予用户耐心、合理解释。

（5）当检查出用户有违约或窃电行为，客户对处理意见不满意时，应保持冷静、理智，控制情绪，严禁与用户发生争吵。

（6）当发现用户存在安全隐患时，应及时向用户说明并向用户送达"用电检查结果通知书"。

（7）对用户任何礼品应婉言谢绝。

（8）需请用户作好交接记录签收工作时，应准备好签收单和笔，将记录正文朝向用户，双手递送到用户面前，指示给用户签字位置，同时提醒用户认真审核。

（9）在工作中，用户因对政策的理解不同与用电检查人员发生意见分歧时，应充分尊重用户意见，耐心、细致地为用户做好解释工作，必要时可提供相关技术书籍，沟通中做到态度温和、语言诚恳，严禁与用户发生争吵，积极主动地争得用户的理解。

（10）遇有用户提出不合理要求时，应向用户委婉说明，不得与用户发生争吵。

（11）当用户对处理结果有疑义时，应向用户提供相应文件标准和收费依据，做到有理有据。

（12）回答用户提问时，应礼貌、谦和、耐心，不清楚的不随意回答，力求问题回答的准确性。可以现场答复的，应礼貌作答。不能立即答复的应做好现场记录，向用户提供咨询电话，留下双方联系电话，并告知用户答复时间。

二、电能计量装置现场检查内容

供电企业的用电检查人员根据《用电检查办法》到电能计量装置的安装地点进行检查，能及时发现窃电、电能计量装置接线错误、缺相、倍率不符、电能计量装置故障、电能计量装置配置不合理等问题，对提高电能计量装置的可靠性，减少计量差错，降低线损，维护供电企业和用户的经济效益都具有实际意义，也是对用户负责、优质服务的具体体现。各类电能计量装置现场检查内容汇总见表6-1。

表6-1　　　　　　　　　各类电能计量装置现场检查内容汇总表

序号	电能计量装置类型	检查内容
1	单相电能表	（1）用低压验电笔或万用表测试电能表的相线和零线，判断接线是否正确； （2）用钳形万用表测量电能表进线端、出线端、微型断路器下端的电压、电流与电能表显示的电压、电流值是否一致
2	低压三相四线直接接入式电能表	（1）用低压验电笔或万用表测试电能表的相线和零线，判断接线是否正确； （2）用钳形万用表测量电能表各元件的进线端、出线端、出线侧空气开关下端的电压、电流与电能表显示的电压、电流值是否一致
3	低压三相四线经互感器接入式电能表	（1）用钳形万用表测试电能表端钮盒、试验接线盒的各元件电压是否接近于额定值，且与电能表显示的电压值是否一致； （2）用钳形万用表测量电能表端钮盒、试验接线盒上下端、电流互感器二次端钮盒的各元件电流和电能表显示的电流值是否一致； （3）用钳形万用表或变比测试仪测量低压电流互感器一、二次电流，计算变比，判断与铭牌、系统变比是否一致； （4）核对电能表总功率，乘以计量倍率后，与仪表屏显示的一次功率是否一致
4	高压三相三线电能表	（1）用钳形万用表测试电能表端钮盒、试验接线盒的各元件电压是否接近于额定值，且与电能表显示的电压值是否一致； （2）用钳形万用表测量电能表端钮盒、试验接线盒上、下端的各元件电流与电能表显示的电流值是否一致； （3）核对电能表总功率，乘以计量倍率后，与仪表屏显示的一次功率是否一致
5	高压三相四线电能表	（1）用钳形万用表测量电能表端钮盒、试验接线盒的各元件电压是否接近于额定值，且与电能表显示的电压值是否一致； （2）用钳形万用表测量电能表端钮盒、试验接线盒上、下端的各元件电流与电能表显示的电流值是否一致； （3）核对电能表总功率，乘以计量倍率后，与仪表屏显示的一次功率是否一致
6	综合测量	用相位伏安表、用电检查仪或电能表现场校验仪测量各元件的电压、电流、相位、功率，以及总功率，与电能表的显示值是否一致，总功率乘以计量倍率后，与仪表屏显示的一次功率是否一致。结合负载接入情况，明确功率因数角大致范围，判断电能表接线是否正确

三、反窃电工作流程

1. 发现并分析窃电线索、确定检查对象

通过95598、电话、书面举报等多种渠道收集窃电信息。接到举报后要分析用户的属性是否为直供用户、用户在系统中对应的户名、户号、合同容量、计量方式、所属线路、台区及其对应线损情况和用户抄表数据波动情况，分析用户历史用电数据。

充分利用反窃电稽查监控、用电信息采集、营业业务应用等系统，运用大数据技术开展窃电线索分析，精准定位窃电信息，确定检查对象。

2. 前期准备

通过各营销业务系统归集被检查对象信息，根据用户性质、现场环境、历史用电信息等，制定检查方案。检查前做好保密措施和组织措施，填写"用电检查工作单"，履行审批程序，必要时联合当地电力管理部门、公安部门等共同检查。

现场检查前，反窃电检查人员应严格按照现场作业安全规范要求，做好必要的人身防护和安全措施，穿工作服、戴安全帽、穿绝缘鞋，携带摄影、摄像仪器或现场记录仪、万用表、钳形电流表、证物袋等工具设备。反窃电现场检查时，检查人数不得少于两人。

3. 现场检查流程

现场检查流程主要包括以下七个方面：

（1）出示证件。反窃电检查现场检查时，检查人数不得少于两人，检查时应主动出示证件。

（2）请用户协助检查或第三方在场。现场检查应由客户随同配合检查。对客户不愿配合检查的，应邀请公证、物业或无利益关系的第三方等见证现场检查。

（3）环境检查。检查计量装置和表箱周围的整体情况；是否有疑似窃电装置；表箱后面是否有异物、明显划痕；表箱进线孔内有无与计量无关的线缆；表箱前面有无破坏的痕迹；封签是否完好。

（4）验电。采用三步式验电法：将验电笔在带电的设备上验电，证实验电笔是否良好；将验电笔在计量柜体外壳把手等金属部分进行验电；验明无电压后，再把验电笔在带电设备上复核是否良好。

（5）计量装置检查。检查表箱内部：电能表外观是否破坏；表前是否存在短接、分流等情况；查看电能表报警信息、电压、电流、有功功率、功率因数等数据是否正常；核对实际负荷（电压、电流）是否符合电表铭牌参数。

（6）确定窃电点。

窃电点可分为：

1）肉眼直接可分辨的窃电点：如直接挂接线路、U形环、接线盒联板及接头等方式应拍照记录窃电点。

2）肉眼不容易直接分辨的窃电点：如变更互感器倍率、错相窃电、变更表内参数等方式应通过记录测量仪表及计费电能表表内数据的形式记录窃电点，并拍照或录像。

（7）窃电处理。现场检查过程中注意保存好视频、音频、图片、窃电工具等各类证据材料，并及时将所有证据材料等移交给窃电处理人员或相关法律部门。对查获的窃电行为，应予制止并可当场中止供电，中止供电应符合下列要求：

1）应事先通知用户，不影响社会公共利益或者社会公共安全，不影响其他用户正常用电。

2）对于高危及重要电力用户、重点工程的中止供电，应报本单位负责人及当地电力管理部门批准。

3）确有窃电的，应当场终止客户的窃电行为，并立即开具"用电检查结果通知书"一式两份，一份送达用户并由用户本人、法定代表人和授权代理人签字确认，一份存档备查。

4）对于用户不配合签字、阻挠检查或威胁检查人员人身安全的，须现场提请电力管理部门、公安部门等依法查处，并配合做好取证工作。

任务一　低供低计用户窃电检查

任务描述

窃电行为严重影响了正常供电秩序，对窃电行为查处的过程也是窃电方和防窃电方之间的较量，虽然窃电话题不再新颖，但对电力行业而言，这个问题却非常重要。低压用户会想尽办法使用各种手段实施窃电，而反窃电者需要及时识破窃电者的行为，因此，反窃电人员需要具备较强的法律知识并掌握熟练的技术业务知识，从源头上遏制窃电行为的发生。通过本任务的学习，熟悉低供低计用户反窃电现场检查的流程，并能够使用反窃电检查工具进行低供低计用户的反窃电现场检查。

学习目标

知识目标：
熟悉低供低计用户反窃电现场检查流程。
能力目标：
(1) 能正确使用反窃电检查工具。
(2) 能进行低供低计用户的反窃电现场检查。
素质目标：
(1) 主动学习，掌握反窃电的方法。
(2) 爱岗敬业，在低供低计用户用电检查过程中发现问题并分析问题。

基本知识

低供低计用户主要包括居民用户和小动力用户，其中居民用户一般采用单相电能计量装置，小动力用户采用直通式三相四线电能计量装置或经电流互感器接入的三相四线电能计量装置。

一、居民用户反窃电检查流程

围绕智能电能表的整个计量系统，对于居民用户主要存在电能表接线端子短接分流窃电、电能表内部加装遥控装置窃电、改变采样参数窃电、借零线窃电等方式窃电。不同的窃电手段，需要不同的检查方法及工作流程。下面从"表尾短接""表内加装遥控装置""电能表之间互搭零线"的角度，对居民用户计量装置的检查流程加以介绍。

（一）窃电案例介绍

【案例1】 "表尾短接"窃电

某居民用户的电量异常，用电检查人员判断该户可能存在窃电行为，为慎重起见，用电检查人员立即联系该用户到现场作进一步检查。打开表箱后，发现计量装置的表尾存在U形短接环，如图6-1所示，造成计量装置少计电量，属窃电行为。用电检查人员立即出具用电检查问题通知书。

【案例2】 "表内加装遥控器"窃电

某供电公司接到举报查获了一宗用遥控器窃电的案件，该用户通过在电能表内部加装电路板装置，然后通过遥控器不定期短接电能表电流回路，故意使供电企业用电计量不计或少计，这种类型的窃电案件在该供电公司是首次查获。

某供电公司接到举报，城郊所某用户家中用电电器较多，但每月用电量只有 20kWh 左右。用电检查班班长当即安排人员赶到现场。经过对该用户的电能表进行检查，发现电能表计量专用封印有被动过的痕迹，拆开电能表发现里面加装了短接电流回路装置。

在大量的证据面前，该用户承认了通过遥控器不定期短接电能表电流回路进行窃电的行为。工作人员对现场检查、签字确认等取证过程进行记录，并开具了"违约用电、窃电通知书"。

图 6-1 "表尾短接"现场图片

【案例 3】 "互借中性线"窃电

某供电公司根据所管辖区域内线损偏大情况，进行针对性检查，白天排查时表箱完好，将表箱打开检查，电能表表身以及接线柱铅封完好，检查人员初步断定为用户可能夜间偷接线进行窃电，叮嘱该区电工在夜间用电高峰协助巡查。

某日晚，接到该区电工电话，称某户有窃电嫌疑，家中在用电，但是电能表不计量，稽查大队马上赶往现场，控制住用户负责人。在检查过程中发现该户相线电流近 10A，而中性线电流不到 0.5A。用电检查人员对现场录像取证。经进一步排查发现该用户表箱中电能表的中性线和相线都被对调，该用户从另一户引入一根中性线，在家中设置双投开关控制电能表是否运作，如图 6-2 所示。

二维码 6-1 如何判断遥控器窃电

经查明，该用户承认自己的窃电事实，由于窃电共多少天无法查明，根据《供电营业规则》第一百零三条规定：窃电日数至少以一百八十天计算，每日窃电时间不能查明，参照有关规定，窃电用户为居民性质，窃电时间按 6h 计算。该用户应补收窃电量：2.2kW×6h（每日窃电时间）×180 日 =2376kWh。

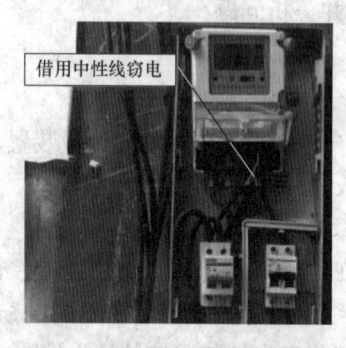

图 6-2 借中性线窃电现场图

（二）反窃电检查要点

（1）检查电能表铅封是否完好；

（2）通过居民用户智能检查工具，读取开盖记录；若发现异常开盖记录，则需要认真查找窃电证据；

（3）重点做好窃电取证及损失电量比例的计算；

（4）封存电能表、遥控接收器等窃电证据。

根据居民计量装置火线和中性线的电流，分析判断是否存在借中性线窃电问题：

（1）可以从窃电户中性线和火线反接作为查窃电的突破口；

（2）重点做好窃电取证及损失电量比例的计算。

（三）检查流程

为了取到合理有效的窃电证据，用电检查人员需要规范检查步骤，实现

二维码 6-2 反窃电现场检查流程

快速、有效的查处目标，单相电能计量装置用电检查流程如表 6-2 所示。

表 6-2　　　　　　　　　　　单相计量装置窃电检查流程

步骤	内容	说明
第一步：准备工作	摄像取证装备	摄像机：具有夜视功能的摄像机是查窃电取证的必要工具。 手电筒：强光手电也是用电检查工作的必要工具
	检测智能电能表工具	智能电能表诊断仪器：分析诊断电能表内部故障、电能表参数及误差的工具，基于瓦秒法测试误差的工具等
	检测计量回路工具	低压负荷检测仪器、钳形电流表
	窃电证据保全准备	封条、纸箱、印油（按手印）等用于保全窃电证据的装备
第二步：检查重点	启动摄像取证	摄像取证：操作前、操作过程需要全程摄像取证，记录完整的检查过程，防止窃电分子诬陷用电检查人员的事件发生。 摄像取证的重点： (1) 计量设备摄像取证。 1) 进线； 2) 表箱前面； 3) 表箱后面。 (2) 人员及现场环境。 画面完整、清晰录制用电检查人员及用户代表的全景画面及对话
	检查表箱周围	表箱后面：检查表箱后面有无异物、划痕。 表箱进线：表箱进线孔内有无与计量无关的线缆。 表箱前面：表箱的前面有无破坏的痕迹
	检查表箱内部	开启表箱后，不要动手触碰计量装置及接线，且全过程摄像记录
	检测实际负荷	检查并记录用户的实际负荷，用钳形电流表测量： 相线电流_____，中性线电流_____。 检查变压器容量_____，计算负荷率_____
	检测智能电能表	电能表的外观：电能表外观是否被破坏_____，受热变形_____。 电能表铭牌参数核对：电能表脉冲常数_____，额定电流_____。 查看电能表报警信息_____。 用智能电能表诊断工具检查：电压_____，电流_____，功率因数_____。 最近一次开盖记录_____，误差_____。 最大需量_____，失压记录_____，失流记录_____
	检测计量回路	进线：无异物_____。 二次电缆：无异物、粘连_____。 相序：检查计量回路相序是否正常_____
第三步：计算电量	检查结果确认	检查完毕，用户确认检查过程及结果
	测算损失比例	现场测量、计算窃电手段导致电量损失的比例_____
	窃电证据保全	将现场与窃电有关的证物贴封条、装箱、签字、按手印妥善保存

二、小动力用户反窃电检查流程

(一) 小动力用户计量系统薄弱环节解析

小动力用户窃电行为大多发生在电能表前、电能表内以及表箱周围，充分了解计量系统的薄弱环节，掌握计量系统原理知识可以帮助用电检查人员在反窃电过程中有针对性地分析窃电发生的可疑环节，准确判断用户是否存在异常用电行为、锁定窃电位置，做到有的放矢的查处窃电，节省人力、物力。对小动力用户薄弱环节的解析如图6-3所示，包括表前、表内、表箱周围等。

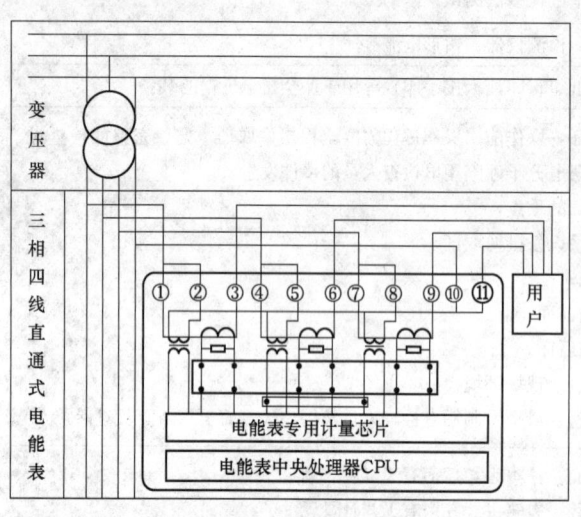

图6-3 小动力用户计量系统薄弱环节示意图

1. 电流回路

三相四线费控智能电能表的相线经电流互感器变换后接入电能表的主板，在反窃电过程中发现，窃电分子在电流互感器内部加装遥控接收装置，遥控控制实现分流，使得电能表不计量或少计量，达到窃电目的。此种窃电方法隐蔽性强，在检查过程中要着重检查。

电流互感器二次侧接入电能表主板，经过电流采样电阻进入计量芯片，在电流回路中并联无关的采样电阻，或者更换阻值更大的采样电阻，会使电能计量减少，在反窃电过程中注意采样电阻是否被更换过。

2. 电压回路

费控智能电能表外部接线端子不区分电压端子和电流端子，只接入U、V、W三组相线以及零线，但是在接线端子处设置了电压连接片，在进入电能表之后将电压回路和电流采样回路进行分离，电压连接片断开后会造成失电压，电能表会少计电能。

(二) 小动力用户电能计量装置检查流程

小动力用户存在改动互感器倍率窃电、遥控器窃电、错相序窃电、改电能表内元件窃电等手段，掌握正确的查处窃电流程可以帮助检测人员快速查处窃电行为，提高反窃电稽查效率。

二维码6-3 如何识别欠压法窃电

1. 窃电案例介绍

【案例4】 改动互感器倍率窃电

某供电公司用电稽查小组通过线损排查分析认定某宾馆存在重大窃电嫌疑，专业人员通过与用电信息采集数据进行比较分析后，判断该宾馆电流互感器存在问题。对计量装置进行现场查看，经核实该用户确实存在私自更换电流互感器的窃电行为。

据了解，该用户私自将规格为100/5A的电流互感器更换为200/5A的电流互感器，使得电能表采集到的电流值比实际值要小，计量电能少于实际用电电能。了解到这一情况，现场稽查人员立即向公安机关报案，随后公安机关相关工作人员赶到窃电现场，进行案件调查，现场取证。在事实清楚、证据确凿的情况下，窃电用户负责人对窃电事实供认不讳。

该用户承认窃电事实并在"违约用电、窃电通知书"上签字确认,供电公司依据《供电营业规则》第102条规定及《供用电合同》相关约定已对现场中止供电,并对用电单位追收电费及违约使用电费。

【案例5】 表内分流窃电

某小动力用户采用三相四线计量装置,合同容量为100kVA,TA变比为150/5A,稽查人员一直怀疑该用户窃电,现场多次检查都没有发现异常,然后对该用户进行现场监测。

现场用钳形电流表测量发现一次电流为120A,电能表电流只有2A(正常大约5.8A),表明存在分流现象。

【案例6】 错相序窃电

某供电公司在进行每月一次的例行检查中,发现某饭店电能计量箱铅封已拆封,电能表电流示数显示为负值。经进一步排查判断是电能表 U 相电流反相的方式窃电,用电检查人员用相位伏安表对该用户的电能表进行了检测,结果发现 $U_U I_U = 160°$,$U_V I_V = 20°$,$U_W I_W = 20°$,最终判定该用户 U 相电流反相。

2. 反窃电检查要点

(1)查看互感器铭牌是否被更换过;
(2)检查互感器绕线是否正确;
(3)检查互感器是否被更换过;
(4)重点做好窃电取证及损失电量比例的计算;
(5)封存更改后的互感器、错误的绕线等窃电证据。

错相序窃电检查要点:

(1)通过功率因数、相量图等方式分析判断是否存在错相序方式窃电;
(2)经互感器接入电能表的计量方式重点检查电流的极性与电压的对应关系;
(3)使用万用表对线缆进行导通测量,寻找窃电的位置;
(4)封存检查流程中测得的数据表等窃电证据。

3. 用电检查流程

为了取到合理有效的窃电证据,用电检查人员需要规范检查步骤,实现快速、有效的查处目标。三相四线费控智能电能表窃电检查流程如表 6-3 所示。

二维码 6-4 如何诊断移相法窃电

表 6-3   **三相四线费控智能电能表窃电检查流程**

步骤	内容	说明
第一步: 准备工作	摄像取证装备	摄像机:具有夜视功能的摄像机是查窃电取证的必要工具。 手电筒:强光手电也是用电检查工作的必要工具
	检测智能电能表工具	智能电能表诊断仪器:分析诊断电能表内部故障、电能表参数及误差的工具,基于瓦秒法测试误差的工具等
	检测计量回路工具	低压负荷检测仪器;钳形电流表
	窃电证据保全准备	封条、纸箱、印油(按手印)等用于保全窃电证据的装备

续表

步骤	内　容	说　明
第二步：检查重点	启动摄像取证	摄像取证：操作前、操作过程需要全程摄像取证，记录完整的检查过程，防止窃电分子诬陷用电检查人员的事件发生。 摄像取证的重点： （1）计量设备摄像取证。 1）进线； 2）表箱前面； 3）表箱后面。 （2）人员及现场环境。 画面完整、清晰录制用电检查人员与用户代表的全景画面及对话
	检查表箱周围	表箱后面：检查表箱后面有无异物、划痕。 表箱进线：表箱进线孔内有无与计量无关的线缆。 表箱前面：表箱的前面有无破坏的痕迹
	检查表箱内部	开启表箱后，不要动手触碰计量装置及接线，且全过程摄像记录
	检测实际负荷	检查并记录用户的实际负荷，用钳形电流表测量： U相电流_____，V相电流_____，W相电流_____。 检查变压器容量_____，计算负荷率_____
	检测智能电能表	电能表的外观：电能表外观是否被破坏_____，受热变形_____。 电能表铭牌参数核对：电能表脉冲常数_____，额定电流_____。 查看电能表报警信息_____。 用智能电能表诊断工具检查：电压_____，电流_____，功率因数_____。 最近一次开盖记录_____，误差_____。 最大需量_____，失电压记录_____，失电流记录_____
	检测计量回路	进线：无异物_____。 二次电缆：无异物、粘连_____。 相序：检查计量回路相序是否正常_____
第三步：计算电量	检查结果确认	检查完毕，用户确认检查过程及结果
	测算损失比例	现场测量、计算窃电手段导致电量损失的比例_____
	窃电证据保全	将现场与窃电有关的证物贴封条、装箱、签字、按手印妥善保存

任务实施

二维码6-5　窃电检查步骤

一、居民用户窃电检查

（1）准备工作。工器具：安全帽、线手套、工作服、验电笔、钳形电流表、变比测试仪、相位伏安表、相机、摄像机、笔、工作单等。

（2）现场检查步骤。

1）启动摄像机；

2）检查表箱周围；

3）检查表箱内部；
4）检测实际负荷；
5）检测电能表；
6）检测计量回路。

查找窃电点的流程如图 6-4 所示。

（3）计算退补电量。

1）检查结果确认；
2）测算退补电量。

（4）填写附录 I 居民用户检查记录表。

二、小动力用户窃电检查

（1）准备工作。同居民用户窃电检查准备工作。

（2）现场检查。查找窃电的流程如图 6-5 所示。

对于未经电流互感器接入的用户无需检查电流互感器部分。

（3）填写附录 J 小动力用户检查记录表。

二维码 6-6 反窃电技能培训屏介绍——低供低计

图 6-4 低压居民用户的检查步骤

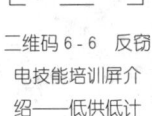

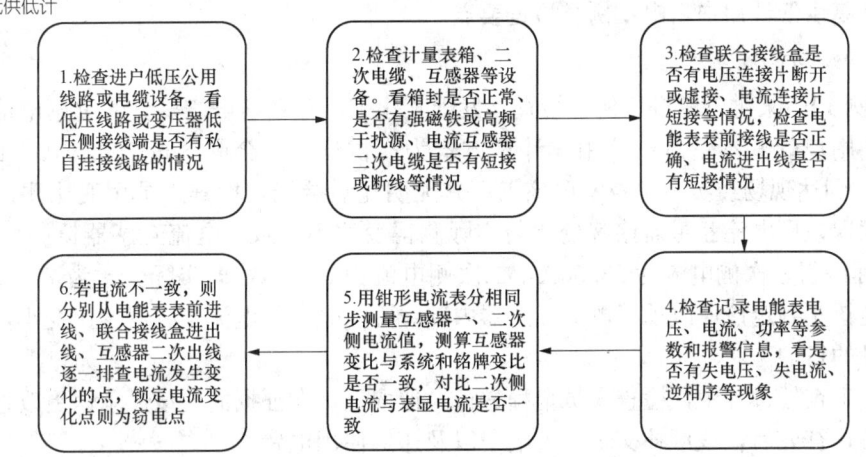

图 6-5 小动力用户的窃电检查步骤

任务二 高供低计用户窃电检查

任务描述

高供低计专用变压器用户计量装置包括三相四线智能电能表、三相四线接线盒、二次电缆、低压电流互感器及表箱等。计量装置中每个元件及联络部分都是易于攻击的窃电位置。针对高供低计专用变压器用户计量方式，存在改动电流互感器倍率窃电、反接电流互感器二次接线极性窃电、二次电缆回路窃电、接线盒内窃电、错相序窃电、改电能表内元件窃电、强磁干扰窃电、高频干扰窃电等行为，用电检查人员应正确掌握反窃电检查方法，解决实际工作中遇到的问题。本任务主要对高供低计用户窃电检查流程进行讲解，通过本次任务的学习，掌握高供低计用户反窃电现场检查的流程和方法，并能够利用反窃电检查工具对高供低计用户进行反窃电现场检查。

学习目标

知识目标：

熟悉高供低计用户反窃电现场检查流程。

能力目标：

(1) 能正确使用反窃电检查工具。

(2) 能进行高供低计用户的反窃电现场检查。

素质目标：

(1) 主动学习，掌握反窃电的方法。

(2) 爱岗敬业，在高供低计用户用电检查过程中发现问题并分析问题。

基本知识

一、高供低计用户窃电案例及检查要点

（一）改动电流互感器窃电

【案例1】 某供电所进行例行检查，发现某化工厂存在窃电嫌疑，通过用电信息采集系统调取了用户的基本信息：该用户计量方式为高供低计，合同容量200kVA，TA变比为200/5A。到达现场经实际排查发现该工厂并无明显短接线，检查人员用变比测试仪测量并计算后发现该厂电流互感器铭牌变比与实际测得变比不一致，电流互感器铭牌变比为200/5A，实际测得一次侧电流为23.50A，二次侧电流为0.32A，即实际变比为73.43，与铭牌不符。经核实判定该厂改动了电流互感器内部线圈匝数，使电流互感器变比变小，从而达到少计电量的目的。

在整个查处过程中，检查人员全程进行录像取证，在证据面前该厂承认更改过电流互感器的事实，查处后，该厂补交了损失电费以及违约使用电费。

改动电流互感器窃电检查要点：

(1) 检查电能表铅封是否完好；

(2) 通过高供低计用户智能检查工具，读取开盖记录；

(3) 重点做好窃电取证及损失电量比例的计算；

(4) 封存电能表、遥控接收器等窃电证据。

（二）二次电缆分流方式窃电

【案例2】 某供电公司通过用电信息采集系统，发现合同容量为250kVA、TA变比为300/5A的一食品加工厂用电记录异常，确定该厂有窃电嫌疑。随即派检查人员对该厂进行排查，但该厂工作人员多方阻挠，与检查人员打起了游击战，无理取闹地阻扰检查人员进行排查，使排查遇到了瓶颈。

用电检查人员考虑到问题的特殊性，用专用反窃电监测设备采集数据，发现电流互感器的电流明显比电能表内计量的电流值要大，初步确定窃电位置发生在二次电缆处。于是检查人员在安装套管中的二次线上进行了拆管检查，终于发现了其作案手段。用户通过剥开进入

接线盒计量二次电流线的绝缘层，利用焊锡实现在二次电缆线上短接窃电。

二次电缆分流方式窃电检查要点：

(1) 二次电缆接线是否正确；

(2) 二次电缆绝缘层是否有被破坏的痕迹；

(3) 二次电缆间是否存在粘连情况；

(4) 检查互感器二次侧的电流与进接线盒的电流是否有异常。

(三) 接线盒分流窃电

【案例3】 某供电公司对高损线路进行普查，检查某制衣厂时，合同容量数据为200kVA，TA变比为200/5A，与用户的实际用电情况进行比对发现，该制衣厂存在违约用电的嫌疑，决定突击检查。

次日中午，用电检查人员使用专门的反窃电设备来监测制衣厂的用电状况，经现场抄录的数据分析发现一次侧电流明显高于表内、表前电流值。初步判断窃电分流位置可能出现在接线盒和二次电缆处。马上通知客户，进行检查。最终发现接线盒铅封被破坏，接线盒背面焊有短接线，进行了接线盒分流窃电。

接线盒在计量装置中主要用在带负荷情况下调换或现场检验电能表、电气仪表、继电保护等电气设备，确保了操作安全，提高了现场工作效率，对提高计量正确性起到了积极的作用。各相电压、电流具有相序标志，既方便联合接线，又可避免因相序接错而造成的计量错误。

接线盒分流窃电检查要点：

(1) 检查接线盒压片、螺钉是否有划痕；

(2) 同时测量接线盒两侧的电流值是否正常。

(四) 错相序方式窃电

【案例4】 某供电公司相关人员通过用电信息采集系统发现一煤炭加工厂用电数据异常：三相有功功率之和与总有功功率不相等，各相的功率因数发生明显的变化，如图6-6所示。

二维码6-7 如何查处接线盒分流窃电

工作人员赶到现场核实，经逐步排查发现，该煤炭加工厂属于高供低计计量方式，合同容量为250kVA，TA变比为300/5A。工作人员到场后发现计量箱铅封有明显改动痕迹，用现场稽查仪检查发现B相的电流线反接，造成表计错误。

曲线名称	0:00	1:00	2:00	3:00	4:00	5:00	6:00	7:00
17	有功功率(kw)	0.5177	0.6148	0.6450	0.0009	0.2516	0.7584	0.5739	0.0005
18	A相有功功率(kw)	0.5057	0.5966	0.6312	0.0001	0.2418	0.7442	0.5656	0.0002
19	B相有功功率(kw)	0.4742	0.5630	0.5972	0.0026	0.2229	0.7062	0.5412	0.0000
20	C相有功功率(kw)	0.4862	0.5812	0.6110	0.0016	0.2328	0.7205	0.5496	0.0004
21	总功率因数(%)	84.3	88.7	92.0	52.9	89.5	91.8	93.5	99.5
22	A相功率因数(%)	81.6	86.8	90.5	100.0	87.2	90.3	92.3	100.0
23	B相功率因数(%)	79.0	85.3	89.2	58.9	85.2	89.0	91.5	100.0
24	C相功率因数(%)								

图6-6 错相方式窃电现象分析图

根据现场这一情况，工作人员确定该用户的确存在窃电行为。这一窃电手法十分明显，在事实证据面前，嫌疑人对窃电行为供认不讳。工作人员在现场进行录像取证之后当即停止供电，并下达"违约用电、窃电通知书"，要求当事人签字，并在规定的时间内到供电公司办理相关手续。

错相序方式窃电检查要点：
(1) 通过有功功率、功率因数、相量图等方式判断是否存在错相序方式窃电；
(2) 经互感器接入电能表的计量方式，重点检查电流的极性以及与电压的对应关系；
(3) 用专用的相量分析仪可以直观地分析出相序是否错误。

（五）改动表内元件窃电

【案例5】 通过用电信息采集系统，检查人员先检查专用变压器计量装置是否存在失电压、失电流情况，再对比电能表与负控终端的电流记录是否一致。通过对比检查发现一染料厂的电能表与负控终端的电流值相比存在很大的偏差：电能表各时段的A相电流均比负控终端记录的电流少80%，断定该用户存在窃电行为。

供电所用电检查人员计划对染料厂进行检查，出发前调取了染料厂的信息：该染料厂计量方式为高供低计，合同容量为250kVA，TA变比为300/5A。现场发现该用户计量柜外箱封印与供电所制定封印不符，有私自更换的嫌疑。

在发现问题后，用电检查人员随即上报此情况，并在计量中心对该计量表进行三相校验。经计量中心校验发现，该用户电能表存在误差。拆开电能表后发现电能表内三相电流采样线圈的取样线路私接导线，致使电能表计量不准。经校验，该电能表误差为－33.3%。电能表内的事件记录显示2019年8月10日00：57：54至03：06：01内出现掉电和上电的记录。现场查验结果显示该用户自2019年8月10日开始通过蓄意改变用电计量装置进行窃电，检查人员随即进行现场拍照、录像留证并让客户现场确认签字。用户对该窃电行为供认不讳，随后检查小组根据《供电营业规则》对客户窃电电费进行了追缴。

改动表内元件窃电检查要点：
(1) 通过高供低计智能检查工具，检查开盖记录；
(2) 若发现异常开盖记录，则需要认真检查窃电证据；
(3) 重点做好窃电取证及损失电量比例的计算；
(4) 仔细与同类型的正常电能表进行对比，观察异常；
(5) 封存电能表、遥控接收器等窃电证据。

（六）强磁干扰窃电

【案例6】 某供电公司在开展线损分析工作过程中，发现一10kV线路的线损异常，由原来的1.5%增加到3.7%，增长幅度过大。在综合考虑了各方面影响因素后，判定由于计量失准引起线损异常的可能性最大。马上组织人员通过用电信息采集数据对高损线路所有专用变压器用户进行逐一排查，发现一合同容量为200kVA，TA变比为250/5A的电子设备加工厂用电情况与合同值不符。

在检查到该电子设备加工公司时，用电检查人员经过仔细检查发现，悬挂计量箱的背后墙体的砖头和普通的砖头不一样。在发现砖头异常后，检查人员拿出钥匙靠近砖头，钥匙被吸附在了砖头上。原来窃电者把磁铁伪装成砖头的样子实施窃电行为。随后，用电检查人员对现场进行了拍照录像,并把强磁铁作为证据封存起来。在证据面前,该户承认自己的窃电行为,并补缴损失电费以及违约使用电费。

强磁干扰窃电检查要点:
(1) 检查表箱后面是否有划痕、异物;
(2) 监测电能表周围磁场强度。

(七) 高频干扰窃电

【案例 7】 某供电公司抄表人员在现场抄表过程中发现一塑料厂计量箱锁有被动过的痕迹,这引起了供电公司的高度警觉,他们锁定目标,加强对该用户的用电情况分析,此用户的合同容量为 400kVA,TA 变比为 400/5A,10kV 侧的实际负荷电流为 30A,全天用电时段大约 10h。通过专用设备实时掌握电量波动情况,最终发现其所使用电量与实际变压器容量和负荷情况根本不符。

二维码 6-8 如何发现强磁窃电

于是,供电公司加大检查力度,在一次突击检查中发现该用户计量表箱外搭有一根不明线缆,用户解释为不知情。用电检查人员便顺着线缆搜查发现,该窃电用户通过专用天线,将高频信号线缆搭在表箱上,通过天线辐射的电磁信号干扰电能表内部 MCU 芯片和计量芯片的正常工作,使电能表少计量或不计量,达到窃电的目的,电能表及表箱没有任何破坏的痕迹。

高频干扰窃电检查要点:
(1) 监测 CPU 状态:监测电能表被干扰程度,实时测量电能表误差;
(2) 监测表箱周围辐射电磁场强度,并记录起止时间;
(3) 监测实际负荷:监测并记录实际负荷,用于追补电量。

二维码 6-9 如何查处高频窃电

二、高供低计专用变压器用户窃电检查流程

为了取到合理有效的窃电证据,用电检查人员需要规范检查步骤,实现快速、有效的查处目标。高供低计专用变压器用户窃电检查流程如表 6-4 所示。

表 6-4　　　　高供低计专用变压器用户窃电检查流程

步骤	内容	说明
第一步:准备工作	摄像取证装备	摄像机:具有夜视功能的摄像机是查窃电取证的必要工具。 手电筒:强光手电也是用电检查工作的必要工具
	检测智能电能表工具	智能电能表诊断仪器:分析诊断电能表内部故障、电能表参数及误差的工具; 基于瓦秒法测试误差的工具等
	检测计量回路工具	低压负荷检测仪器:钳形电流表; 高压负荷检测仪器:高压变比测试仪; 检查相位关系仪器:相位伏安表等
	窃电证据保全准备	封条、纸箱、印油(按手印)等用于保全窃电证据的装备

续表

步骤	内容	说明
第二步：检查重点	启动摄像取证	摄像取证：操作前、操作过程需要全程摄像取证。记录完整的检查过程。防止窃电分子诬陷用电检查人员的事件发生。 摄像取证的重点： (1) 计量设备摄像取证。 1) 进线； 2) 表箱前面； 3) 表箱后面。 (2) 人员及现场环境。 画面完整、清晰录制用电检查人员与用户代表的全景画面及对话
	检查表箱周围	表箱后面：检查表箱后面有无异物、划痕。 表箱进线：表箱进线孔内有无与计量无关的线缆。 表箱前面：表箱的前面有无破坏的痕迹
	检查表箱内部	开启表箱后，不要动手触碰计量装置及接线，且全过程摄像记录
	检测实际负荷	检查并记录用户的实际负荷，用钳形电流表测量： U 相电流_____，V 相电流_____，W 相电流_____。 检查变压器容量_____，计算负荷率_____
	检测智能电能表	电能表的外观：电能表外观是否被破坏_____，受热变形_____。 电能表铭牌参数核对：电能表脉冲常数_____，额定电流_____。 查看电能表报警信息_____。 用智能电能表诊断工具检查：电压_____，电流_____，功率因数_____。 最近一次开盖记录_____，误差_____。 最大需量_____，失压记录_____，失流记录_____
	检测计量回路	进线：无异物_____。 二次电缆：无异物、粘连_____。 接线盒：压片_____，螺钉_____，进线_____，出线_____。 相序：检查计量回路相序是否正常
第三步：计算电量	检查结果确认	检查完毕，用户确认检查过程及结果
	测算损失比例	现场测量、计算窃电手段导致电量损失的比例_____
	窃电证据保全	将现场与窃电的有关的证物贴封条、装箱、签字、按手印妥善保存

任务实施

高供低计用户窃电检查如下。

(1) 准备工作：同居民用户窃电检查准备工作。

(2) 现场检查。查找窃电点的流程如图 6-7 所示。

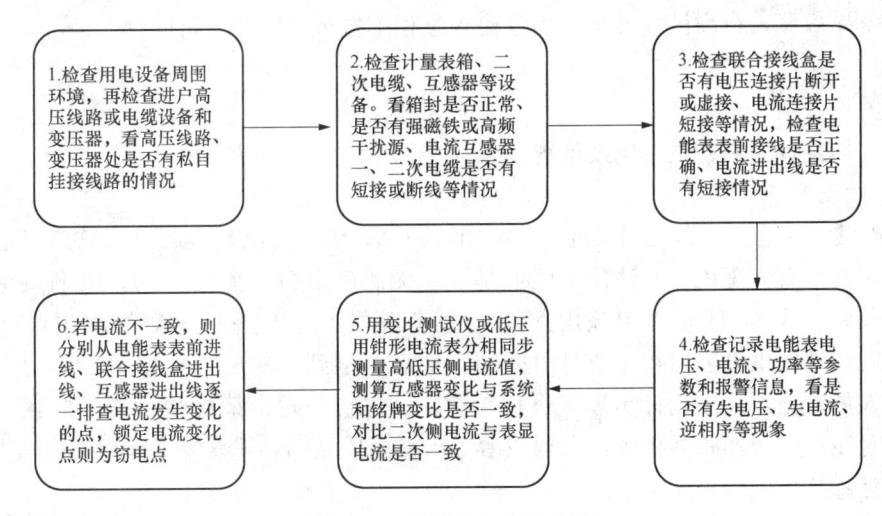

```
┌─────────────┐      ┌─────────────┐      ┌─────────────┐
│1.检查用电设备周围│      │2.检查计量表箱、│      │3.检查联合接线盒是│
│ 环境，再检查进户高│ ───→ │ 二次电缆、互感器│ ───→ │ 否有电压连接片断开│
│ 压线路或电缆设备和│      │ 等设备。看箱封是│      │ 或虚接、电流连接片│
│ 变压器，看高压线路、│      │ 否正常、是否有强│      │ 短接等情况，检查电│
│ 变压器处是否有私自│      │ 磁铁或高频干扰源、│     │ 能表前接线是否正│
│ 挂接线路的情况   │      │ 电流互感器一、二次│      │ 确、电流进出线是否│
│             │      │ 电缆是否短接或断线│      │ 有短接情况      │
│             │      │ 等情况          │      │             │
└─────────────┘      └─────────────┘      └─────────────┘
                                                    │
┌─────────────┐      ┌─────────────┐              │
│6.若电流不一致，│      │5.用变比测试仪或│              │
│ 则分别从电能表前│      │ 低压用钳形电流表│              │
│ 进线、联合接线盒│ ←──  │ 分相同步测量高低│ ←────────────┘
│ 进出线、互感器进│      │ 压侧电流值，测算│      ┌─────────────┐
│ 出线逐一排查电流│      │ 互感器变比与系统│      │4.检查记录电能表│
│ 发生变化的点，锁│      │ 和铭牌变比是否一│      │ 电压、电流、功率│
│ 定电流变化点则为│      │ 致，对比二次侧电│      │ 等参数和报警信息，│
│ 窃电点      │      │ 流与表显电流是否│      │ 看是否有失电压、│
│             │      │ 一致          │      │ 失电流、逆相序等│
│             │      │             │      │ 现象          │
└─────────────┘      └─────────────┘      └─────────────┘
```

图 6-7 查找窃电点的流程

（3）填写附录 K 高供低计用户检查记录表。

任务三 高供高计用户窃电检查

🌱 任务描述

在高供高计专用变压器用户计量系统中，须经高压组合互感器（TV 和 TA 组合到一起）进行计量。高供高计计量系统的计量互感器安装在用户一次侧，在一定程度上具有防窃电功能。但其他环节，如组合互感器、二次电缆、接线盒内外、电能表内部及表箱周围也是易发生窃电的薄弱环节。在高供高计计量系统中，存在改动互感器方式、二次电缆分流方式、接线盒窃电方式、错相序方式、改动表内元件窃电方式、强磁干扰方式、高频干扰方式等窃电手段，掌握正确的反窃电检查方法可以做到有的放矢地查处窃电行为，提高反窃电稽查效率。本任务主要对高供高计专用变压器用户窃电检查流程进行讲解，通过本次任务的学习，掌握高供高计用户反窃电现场检查的流程和方法，并正确使用反窃电检查工具进行高供高计用户的反窃电现场检查。

二维码 6-10 反窃电技能培训屏介绍——高供低计

🎤 学习目标

知识目标：
熟悉高供高计用户反窃电现场检查流程。
能力目标：
（1）能正确使用反窃电检查工具。
（2）能进行高供高计用户的反窃电现场检查。
素质目标：
（1）主动学习，掌握反窃电的方法。

(2) 爱岗敬业，在高供高计用户用电检查过程中发现问题并分析问题。

基本知识

一、高供高计用户窃电案例及检查要点

(一) 改动互感器窃电

【案例1】 某冶炼厂的变压器容量为1025kVA，TA变比为60/5A，TV变比为100，用电稽查人员一直怀疑该厂非法用电，但是一直无法确定窃电类型。3月14日安装了现场用电检查仪，3月21日监测到该用户发生分流现象，高压侧U、W相损失电量都超过50%，之后该辖区供电公司在一个月时间内，先后监测到6次分流现象。4月23日，供电公司稽查人员对该厂高压侧计量装置进行封存，并报市公司申请检验。25日，经过市公司相关人员对该厂高压互感器检查，发现该冶炼厂在高压互感器里安装了远程遥控装置。

改动互感器窃电检查要点：
(1) 查看互感器铭牌是否被更换过；
(2) 检查互感器是否被更换过；
(3) 检查互感器的一次绕线是否正确；
(4) 突击行动，到现场第一时间控制用户负责人或电工，不能让其靠近计量装置；
(5) 检查互感器内部是否存在遥控接收装置等窃电器件。

(二) 二次电缆分流窃电

【案例2】 用电检查人员经过长期观察，发现某建材厂在正常生产的时候，其所属线路线损明显偏高。该厂安装一台250kVA的变压器，电流互感器变比为100/5A。供电公司早已对此用户产生了怀疑，但每次到现场检查后该用户用电数据正常。所以用电检查人员部署查窃方案：安装专业的反窃电设备进行现场监测。一段时间后发现此用户一次电流明显高于二次电缆和电能表的电流（相差50%），但是，当该厂老板到达用电现场时，监测数据显示其二次电缆电流瞬间恢复正常，初步怀疑该用户二次电缆内加遥控器接收装置，通过控制实现二次电缆分流窃电。

因此，用电检查人员再次对该建材厂进行检查，在公安干警以及用户电工的共同见证下，工作人员发现该户二次电缆被私自改动：在电流回路中加装了微型继电器，遥控控制通断，实现电流回路分流，达到少计电量的目的。本案中窃电分子用遥控器控制继电器，从而达到分流的目的。当工作人员进行检查时，用户经常找借口故意拖延检查，以便有足够时间遥控控制窃电装置，使其恢复正常计量。

二次电缆分流窃电检查要点：
(1) 二次电缆接线是否正确；
(2) 是否有被破坏的痕迹；
(3) 查看是否加入遥控器、继电器等微型物件。

(三) 接线盒处窃电

【案例3】 国家电网通过电能监控系统，发现某变电站变压器，容量为2500kVA，长期存在用电异常情况，但是不能判断是什么窃电方式。于是对该户安装了专业反窃电设备进行现场监测。现场监测到的数据与用电信息采集系统中显示的数据相差甚远。系统中显示其电能表二次电流为0.49~1.21A，乘以TA变比为30，则用户当时一次电流不应大于1.21×

30≈36（A），监测到的一次侧数据达 100A。说明该变电站的计量电流值比实际应有电流值（100/30≈3.3）小很多，存在少计量情况。

公安部门在接到报警后，经仔细侦查摸清嫌疑人活动规律，并制定抓捕计划。5月21日6时左右，两名犯罪嫌疑人在"换班"时被警方抓获。据嫌疑人张某、余某等人承认，他们长期通过改变接线盒内部电流回路窃电，并为周边多个企业工厂供电，牟取暴利。

进入配电房，用电检查人员发现存在短接接线盒前电流回路窃电现象，查获的窃电工具如图6-8所示。现场测试数据发现电能表显示的 W 相数据为 1.21A，而接线盒前钳表显示 W 相电流为 2.48A。

接线盒处窃电检查要点：

（1）检查接线盒压片、螺钉、划痕、罩壳是否完好；

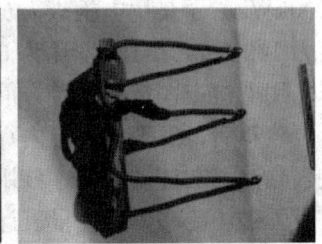

图6-8 查获的窃电工具图

（2）同时测量接线盒两侧的电流值是否正常。

（四）错相序窃电

【案例4】 在供电公司用电检查人员开展用电检查工作时，发现某食品有限公司的计量箱铅封有被破坏的痕迹，检查人员怀疑该用户窃电，打开表箱进一步排查，发现电压、电流数据正常，该用户变压器容量为 630kVA，TA 变比为 50/5A，均正常。三相功率却出现了问题：U、W 相功率之和不等于总功率。现场把用电检查仪接上校验，检查仪显示相位图角度错误，U 相电流反向，造成表计错误，现场确定该户有窃电行为。

错相序窃电检查要点：

（1）通过功率因数、相量图等方式分析判断是否存在错相序方式窃电；

（2）经互感器接入电能表的计量方式重点检查电流的极性、与电压的对应关系。

（五）改动表内元件窃电

【案例5】 某日晚，供电公司工作人员通过监测系统发现变压器容量为 700kVA，TA 变比为 50/5A 的某鞋业有限公司用电情况存在异常，但在检查过程中发现计量箱铅封有被破坏的痕迹，但是电能表铅封没有被破坏的痕迹，随后供电所用电检查人员上报了此情况，并把电能表拆下，拆下电能表发现电能表后盖被破坏。

把电能表拿到计量中心进行计量表校验，发现电能表内的采样电阻被更换，经校验，该电能表误差为-45.3%。电能表内的事件记录显示 2018 年 7 月 6 日 00：57：54 至 03：06：01 内出现掉电和上电的记录。现场查验结果显示该用户自 2018 年 7 月 6 日开始通过蓄意改变用电计量装置的方式进行窃电，检查人员随即进行现场拍照、录像留证并让客户现场确认签字。

在计量回路改动电能表采样电阻，改变电压分配，从而减小分压网络的输出采样信号，使电能表少计电量，达到窃电的目的。该窃电方法隐蔽性强，若取证环节不够严谨，易引起纠纷导致证据失效。

改动表内元件窃电检查要点：

（1）检查电能表铅封有没有被破坏；

（2）检查电能表是否有被破坏痕迹；

（3）若发现异常开盖记录，则需要认真查找窃电证据；

(4) 重点做好窃电取证及损失电量比例的计算；

(5) 封存电能表、铅封、采样电阻、遥控接收器等窃电证据。

(六) 强磁干扰窃电

【案例 6】 某供电公司接到举报，有一木材厂的用电异常，该木材厂用电设备很多，抄表数据显示该木材厂每天大约用电 1000kWh，而同行业相同规模的木材厂一天平均用电 7000kWh。于是用电检查人员前往该木材厂检查，但经检查发现该户用电正常，变压器容量为 1025kVA，TA 变比为 60/5A，没有任何窃电的蛛丝马迹。

用电检查人员联系警方前往该用户检查，到达该户后，在表箱外部并未发现明显异常。打开表箱后，发现该表箱内存在异常"电能表"，进一步检查发现其内部经过改造，存在一块强磁铁。在证据面前，该用户承认自己的窃电行为，并补缴损失电费以及违约使用电费。

强磁场能够干扰计量表计中电流互感器、CPU 等电子器件，使电能表内部 TA 磁路饱和，导致输出异常。

强磁干扰窃电检查要点：

(1) 注意表箱后面有没有划痕；

(2) 注意表箱后面有没有异物；

(3) 注意监测电能表周围磁场强度。

(七) 高频干扰窃电

【案例 7】 某矿产建材厂，采用高供高计计量方式，变压器容量为 2000kVA，TA 变比为 100/5A，TV 变比为 100。供电公司一直怀疑该厂存在异常用电情况，但多次检查没有收获。于是对该厂采用传统的防窃电方法，将其计量装置外迁约 100m，柱上计量，但依然存在窃电行为。

由于传统的用电检查未发现异常，这次重点考虑高科技窃电，随即部署安装能够防范高科技窃电的装备。11 月 15 日，用电现场稽查仪监测到有高频干扰信号，并在用电信息采集系统中发现该户电流数据出现规律性的缺失，所以初步判定为高频干扰窃电。11 月 20 日凌晨，用电检查人员随即与公安人员、专业技术人员共同出击，将该窃电户成功查获，这是查获的国内首起在表箱下有人值守的高频干扰窃电。该窃电用户通过导线，将 100m 外的高频信号发射装置发出的高频干扰信号搭在表箱上，干扰电能表和终端运行。值得一提的是，电能表及表箱没有任何破坏的痕迹。但凡窃电人员发现有情况，就会将高频信号线从表箱上取下，从而将证据隐匿。

高频干扰主要影响电能表计量芯片和 CPU，使得计量芯片无法正常计量，CPU 不断复位或处于死机状态，窃电量能够达到 100%。

高频干扰窃电检查要点：

(1) 注意电能表和终端的外壳有没有被烧坏的痕迹；

(2) 注意查看表箱外面有没有搭接线；

(3) 注意查看终端是否在线；

(4) 监测电能表周围辐射电磁场强度，并记录起止时间；

(5) 监测 CPU 运行状态；监测电能表被干扰程度，实时测量电能表误差。

注：此类窃电的窃电比例要当场测量出来，否则无法计算损失电量。

二、高供高计用户反窃电检查流程

为了取到合理有效的窃电证据，用电检查人员需要规范检查步骤，实现快速、有效的查处目标。高供高计用户窃电检查流程如表6-5所示。

表6-5 高供高计用户窃电检查流程

步骤	内容	说明
第一步：准备工作	摄像取证装备	摄像机：具有夜视功能的摄像机是查窃电取证的必要工具； 手电筒：强光手电也是用电检查工作的必要工具
	检测智能电能表工具	智能电能表诊断仪器：分析诊断电能表内部故障、电能表参数及误差的工具；基于瓦秒法测试误差的工具等
	检测计量回路工具	低压负荷检测仪器：钳形电流表； 高压负荷检测仪器：高压变比测试仪； 检查相位关仪器：相位伏安表等
	窃电证据保全准备	封条、纸箱、印油（按手印）等用于保全窃电证据的装备
第二步：检查重点	启动摄像取证	摄像取证：操作前、操作过程需要全程摄像取证。记录完整的检查过程。防止窃电分子诬陷用电检查人员的事件发生。 摄像取证的重点： （1）计量设备摄像取证。 1）进线； 2）表箱前面； 3）表箱后面。 （2）人员及现场环境。 画面完整、清晰录制用电检查人员与用户代表的全景画面及对话
	检查表箱周围	表箱后面：检查表箱后面有无异物、划痕。 表箱进线：表箱进线孔内有无与计量无关的线缆。 表箱前面：表箱的前面有无破坏的痕迹
	检查表箱内部	开启表箱后，不要动手触碰计量装置及接线，且全过程摄像记录
	检测实际负荷	首先检查并记录用户的实际负荷，用钳形电流表测量： U相_____，W相_____。 检查变压器容量_____，计算负荷率_____
	检测智能电能表	电能表的外观：电能表外观是否被破坏_____，受热变形_____。 电能表铭牌参数核对：电能表脉冲常数_____，额定电流_____。 查看电能表报警信息_____。 用智能电能表诊断工具检查：电压_____，电流_____，功率因数_____。 最近一次开盖记录：_____，误差_____。 最大需量_____，失压记录_____，失流记录_____
	检测计量回路	进线：无异物_____。 二次电缆：无异物、粘连_____。 接线盒：压片_____，螺钉_____，进线_____，出线_____。 相序：检查计量回路相序是否正常

续表

步骤	内容	说明
第三步：计算电量	检查结果确认	检查完毕，用户确认检查过程及结果
	测算损失比例	现场测量、计算窃电手段导致电量损失的比例_____
	窃电证据保全	将现场与窃电的有关的证物贴封条、装箱、签字、按手印妥善保存

任务实施

高供高计用户窃电检查如下。

（1）准备工作：同居民用户窃电检查准备工作。

（2）现场检查。查找窃电点的流程如图 6-9 所示。

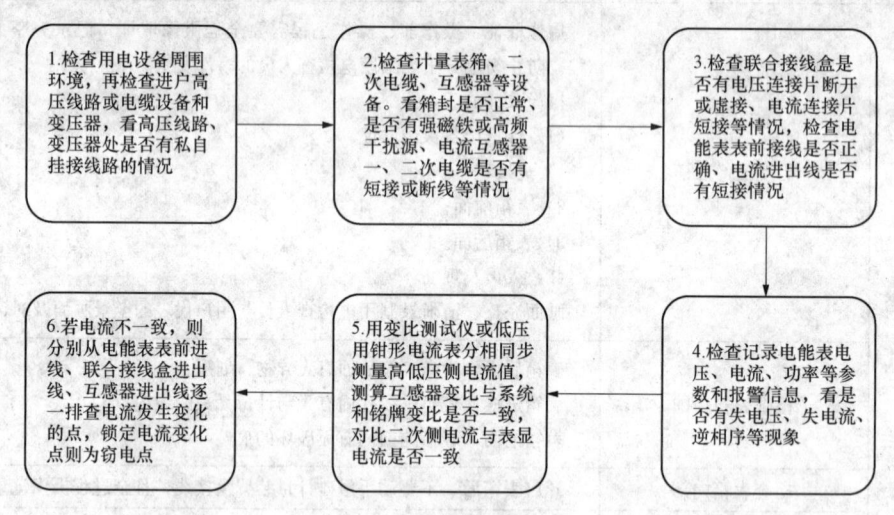

```
1.检查用电设备周围环境，再检查进户高压线路或电缆设备和变压器，看高压线路、变压器处是否有私自挂接线路的情况
  →
2.检查计量表箱、二次电缆、互感器等设备。看箱封是否正常、是否有强磁铁或高频干扰源、电流互感器一、二次电缆是否有短接或断线等情况
  →
3.检查联合接线盒是否有电压连接片断开或虚接、电流连接片短接等情况，检查电能表前接线是否正确、电流进出线是否有短接情况
  ↓
6.若电流不一致，则分别从电能表前进线、联合接线盒进出线、互感器进出线逐一排查电流发生变化的点，锁定电流变化点则为窃电点
  ←
5.用变比测试仪或低压用钳形电流表分相同步测量高低压侧电流值，测量互感器变比与系统和铭牌变比是否一致，对比二次侧电流与表显电流是否一致
  ←
4.检查记录电能表电压、电流、功率等参数和报警信息，看是否有失电压、失电流、逆相序等现象
```

图 6-9 高供高计用户的检查步骤

（3）填写附录 L 高供高计用户检查记录表。

任务四 违约用电处理

任务描述

二维码 6-11 反窃电技能培训屏介绍——高供高计

近年来，我国经济迅速发展，社会用电量和用户数不断增加，违约用电行为随之增多，处理难度也有所增加。违约用电轻者会造成供用电秩序混乱，使供电企业或其他客户的利益受到损害，重者会引起电网事故，造成供用电中断，使财产受损，甚至引起人身伤亡事故。因此，用电检查人员必须清楚如何界定和处理违约用电行为。本任务介绍违约用电的处理规定，通过学习以便在工作中按照规定进行违约用电处理，并填写违章用电、窃电处理工作单。

学习目标

知识目标：
掌握违约用电的处理规定。
能力目标：
(1) 能正确计算违约使用电费。
(2) 能按照违约用电处理规定进行违约用电处理。
(3) 能填写违章用电、窃电处理工作单。
素质目标：
(1) 主动学习，按要求完成布置的任务。
(2) 认真仔细，按照规定进行违约用电处理。

基本知识

一、违约用电处理规定

根据《中华人民共和国电力法》《电力供应与使用条例》《用电检查管理办法》《供电营业规则》等法律、法规，选列以下违约用电查处规定：

(1) 违约用电的检查、处理需按照程序规范、手续合法、主体明确的要求进行。

(2) 查处违约用电案件必须以事实为依据，证据确凿，有法律认可的物证、摄像、笔录等证据。

(3) 每例案件均由主持调查责任单位填报、上报。

(4) 现场取证，收取证据及材料。

(5) 用电检查人员在执行检查时，应携带用电检查证，并按规定填写"用电检查工作单"。现场用电检查人员不得少于两人，现场检查确认有违约用电或窃电行为的，检查人员必须当场调查、取证，并下达"违约用电、窃电通知书"，一式两份，由客户代表签收，一份送达客户，一份作为处理依据存档备查。

(6) 检查人员发现窃电行为应保护现场，及时采取拍照、摄像、录音等手段收集证据，收缴与窃电有关的物证（对不易移动的物证应进行拍照）并及时登记备案，对于窃电工具、窃电痕迹、计量表计等需要鉴定的，检查人员应予以封存。鉴定单位或机关进行鉴定后出具的书面鉴定结论应及时登记备案。

(7) 对拒绝承担窃电责任的窃电行为人，其行为构成犯罪的，应依照《中华人民共和国刑法》有关条款依法起诉。对已经查获且其窃电行为构成犯罪的嫌疑人，应向当地公安部门报案，依法起诉。

(8) 客户对违约用电行为或窃电行为拒不承认和改正，用电检查人员可依照电力法规规定的程序终止供电。

(9) 对违约用电、窃电行为的处理应依照查、处分开原则。用电检查部门应制定违约用电、窃电处理的内部流程，按照现场开具的连续编号的"违约用电、窃电通知书"，连续登记"违约用电、窃电处理情况登记表"，计算并填写"违约用电、窃电处理工作单"，按照审批权限经相关领导审批后，填写"缴费通知单"，并交给客户；"违约用电、窃电处理工作单"（一式两份）交营业收费部门，登记"违约用电、窃电处理情况登记表"内"转营业收费日期"栏。客户持"缴费通知单"到营业收费部门缴费。营业收费部门依据"违约用电、窃电处理工作单"收取追补电费及违约使用电费,并填写有关内容。填写完毕的"违约用电、窃电处理工作单",一份留存,一份转回用电检查部门。用电检查部门将"工作单"存档,同时登记"违约用电、窃电处理情况登记表";对有停限电的客户,安排恢复送电工作。违约、窃电的客户交纳一切费用后,收费营业人员应及时通知用电检查部门,保证尽快恢复对客户的正常供电。

(10)《供电营业规则》第一百条规定:危害供用电安全、扰乱正常供用电秩序行为,属于违约用电行为。供电企业对查获的违约用电行为应及时予以制止。有下列违约用电行为者,应承担其相应的违约责任:

1)在电价低的供电线路上,擅自接用电价高的用电设备或私自改变用电类别的,应按实际使用日期补交其差额电费,并承担二倍差额电费的违约使用电费。使用起讫日期难以确定的,实际使用时间按三个月计算。

2)私自超过合同约定的容量用电的,除应拆除私增容设备外,属于两部制电价的用户,应补交私增设备容量使用月数的基本电费,并承担三倍私增容量基本电费的违约使用电费;其他用户应承担私增容量每千瓦(千伏安)50元的违约使用电费。如用户要求继续使用者,按新装增容办理手续。

3)擅自超过计划分配的用电指标的,应承担高峰超用电力每次每千瓦1元和超用电量与现行电价电费五倍的违约使用电费。

4)擅自使用已在供电企业办理暂停手续的电力设备或启用供电企业封存的电力设备的,应停用违约使用的设备。属于两部制电价的用户,应补交擅自使用或启用封存设备容量和使用月数的基本电费,并承担二倍补交基本电费的违约使用电费;其他用户应承担擅自使用或启用封存设备容量每次每千瓦(千伏安)30元的违约使用电费。启用属于私增容被封存的设备的,违约使用者还应承担本条第2项规定的违约责任。

5)私自迁移、更动和擅自操作供电企业的用电计量装置、电力负荷管理装置、供电设施以及约定由供电企业调度的用户受电设备者,属于居民用户的,应承担每次500元的违约使用电费;属于其他用户的,应承担每次5000元的违约使用电费。

6)未经供电企业同意,擅自引入(供出)电源或将备用电源和其他电源私自并网的,除当即拆除接线外,应承担其引入(供出)或并网电源容量每千瓦(千伏安)500元的违约使用电费。

(11)违约用电用户,拒绝接受处理,可按国家规定的程序和公司规定的审批权限,经批准同意后可停止供电,并追缴欠费和违约使用电费,停电造成的后果由违约者自负,情节严重的可依法起诉,追究责任。

(12)因违约用电造成供电企业的供电设施损坏的,责任者必须承担供电设施的修复费用或进行赔偿。

(13)供电职工在查处窃电、违约用电过程中,应遵守《供电职工服务守则》,供电职工利用职务之便,内外勾结窃电,或由于工作严重不负责任,在管辖范围内发现多次窃电案件或重大窃电案件时,用电检查应通知其所在单位负责人视其情况及时进行批评、帮助、教育,直至扣发责任者奖金或者给予行政处分、待岗、开除等提议。对构成犯罪的交由司法机关依法惩处。

二、违约用电案例分析

【案例1】 2016年冬天,某供电所辖区内的一个专用变压器用户因部分工人放假休息无法正常生产，对其三台变压器中的一台变压器进行了报停。在履行了正规手续后，县公司工作人员在现场对报停变压器进行了下火并对相关线路进行了安全的处理。

报停过后的两个月，供电所的一条10kV线路出现了接地停电事件，经工作人员查线无异常，恢复送电。随后的一周，该条10kV线路又一次出现了接地停电事件，经工作人员查线后，仍未发现异常。

几天后，在一次驱车回家的路途中，所长偶然发现该专用变压器用户在路边的电杆上盘绕的电线有异常，联想到最近的10kV线路接地停电事件，恍然大悟，于是立刻安排工作人员对现场的异常现象进行了拍照取证，随后联系公司技术人员对现场的线路设备情况进行了技术分析，在确定了违约用电的行为后，立即采取了相应的措施。

解决问题的思路和做法：由于电能的特殊属性，违约用电具有不完整性和推定性。不完整性是由电能的特殊属性所决定的，即只能获得行为证据，而无法直接获取财物证据。推定性是指违约用电的数量可能无法记录，只能依赖间接证据进行量的推定。

首先确定违约用电行为。供电所具有违约用电、窃电案件的法定取证职责，根据《××省供用电条例》第五章第三十条规定：擅自使用已经在供电企业办理暂停使用手续的电力设备，或者擅自启用已经被供电企业查封的电力设备的行为属于违约用电。且因该用户的违约用电行为造成同一条10kV线路先后两次接地停电。

违约用电行为的取证。违约用电证据是能够证明违约用电案件真实情况的事实。一般而言，其表现形式为一定的物品、痕迹或语言文字，而这些与时间具有密切的关系，离案发时间越近，发现和提取这些证据的可能性就越大，知情人的记忆越清晰，其真实性就越强，证据就越充分和有价值。

在以上两点的基础上展开对违约用电行为的处理。

在对违约用电相关规定了解的基础上，在发现该用户违约用电之后所长立刻安排工作人员对现场进行了拍照取证，带领工作人员制作并填写了用电检查的现场勘查笔录。在现场要求该用户立即停止违约用电行为，并现场向用户下达了"用电检查结果通知"，向其说明了本次检查的结果及客户因违反《供用电合同》相关约定而要求其接受处理的期限。随后，在规定日期内，用户接受了处理，根据《供电营业规则》相关规定，按照违约用电的容量、时间计算追补电费及违约使用电费，并开具了相关电费发票。因用户违约用电造成同一条10kV线路多次跳闸的行为，按照公司规定对其进行了相应的罚款。

【案例2】 某一冶金铸造公司，10kV供电，原报装变压器容量为800kVA。2018年7月，供电公司用电检查人员到该户进行用电检查，发现变压器铭牌有明显变动的痕迹，即对变压器容量进行现场检测，经检测变压器容量实际为1000kVA。至发现之日止，其1000kVA变压器已使用9个月，作为用电稽查人员试分析该户的用电行为，应如何处理？[基本电费按20元/（kVA·月）]

分析：

该用户"私自更换变压器铭牌，将原报装变压器容量由800kVA更换为1000kVA"的行为违反了《电力供应与使用条例》所禁止的"用户不得有下列危害供电、用电安全，扰乱正常供电、用电秩序的行为"[第三十条第（二）项"擅自超过合同约定的容量用电"]，符合《供电营业规则》第一百条规定"危害供用电安全、扰乱正常用电秩序的行为，属于违约用电行为"，应属于违约用电行为。

《供电营业规则》第一百条第 2 项规定："私自超过合同约定的容量用电的，除应拆除私增容设备外，属于两部制电价的客户，应补交私增设备容量使用月数的基本电费，并承担三倍私增容量基本电费的违约使用电费；其他用户应承担私增容量每千瓦（千伏安）50 元的违约使用电费。如用户要求继续使用者，按新装增容办理手续。"

处理：

补交私增设备容量使用月数的基本电费 $200\times20\times9=36000$ 元

并承担三倍私增容量基本电费的违约使用电费 $36000\times3=108000$ 元

拆除 1000kVA 变压器，更换为原报装 800kVA 变压器。若用户要求继续使用 1000kVA 变压器，则应到供电公司按新装增容办理手续。

【案例 3】 供电所用电检查中查明，380V 三相四线制居民生活用电用户 A，私自接用动力设备 3kW 和租赁经营门市部照明 1000W，实际使用起讫日期不清。电价标准：居民生活用电电价 0.410 元/kWh，非工业电价 0.474 元/kWh，商业电价 0.792 元/kWh。求该用户应补的差额电费和违约使用电费各为多少元？（不考虑各种代收费）

解：该客户在电价低（居民生活）的线路上，擅自接用电价高（非工业用电、商业用电）的用电设备，其行为属违约用电行为。根据《供电营业规则》有关规定：补收差额电费，应按三个月时间，动力每日 12h，照明每日 6h 计算；按 2 倍差额电费计收违约使用电费。具体如下：

（1）补收差额电费，即：

动力用电量 $W_1=3\times12\times30\times3=3240$（kWh）

商业用电量 $W_2=1\times6\times30\times3=540$（kWh）

补收差额电费 $=3240\times(0.474-0.410)+540\times(0.792-0.410)=413.64$（元）

（2）收取违约使用电费，即：

违约使用电费 $=2\times413.64=827.28$（元）

答：应收取差额电费 413.64 元，收取违约使用电费 827.28 元。

任务实施

违约用电处理计算如下。

【练习 1】 供电所在一次营业普查过程中，某低压动力用户超过合同约定私自增加用电设备 3kW，问应交违约使用电费多少元？

【练习 2】 某水泥厂 10kV 供电，合同约定容量为 1000kVA。供电局 6 月抄表时发现该客户在高压计量之后，接用 10kV 高压电动机 1 台，容量为 100kVA，实际用电容量为 1100kVA。至发现之日止，其已使用 3 个月，供电部门应如何处理 [按容量计收基本电费标准 16 元/（月·kVA）]？

任务五 窃 电 处 理

任务描述

窃电检查工作及窃电处理工作，应严格执行公司有关标准化作业指导书及对应文件的标准格式,严格执行国家电网公司"三个十条"、用电检查工作标准、关于进一步规范重要客户用电安全检查相关工作的通知、客户安全用电服务细则等有关规定。充分利用高科技技术手段,查处窃电行为,为公司挽回经济损失。查处窃电的过程应做到严格、科学、规范。本任务介绍窃电的处理规定,通过学习以便在工作中按照窃电处理标准化作业步骤进行窃电处理,填写违章用电、窃电处理工作单。

学习目标

知识目标:
(1) 掌握窃电的处理规定。
(2) 熟悉窃电处理标准化作业步骤。

能力目标:
(1) 能正确计算违约使用电费。
(2) 能按照窃电处理标准化作业步骤进行窃电处理。
(3) 能填写违章用电、窃电处理工作单。

素质目标:
(1) 主动学习,按要求完成布置的任务。
(2) 认真仔细,按照窃电处理标准化作业步骤进行窃电处理。

基本知识

一、窃电的处理规定

(一) 处理窃电的程序

(1) 供电企业用电检查人员开展现场检查时,应向客户出示有效证件,向客户说明检查事项。检查人数不得少于两人。

(2) 检查发现客户违反有关规定存在窃电行为的,首先应保护现场;其次应进行现场拍照、录像、录音等影音信息取证,收集相关窃电工具、材料、设备等现场物证。对妨碍、阻碍、抗拒用电检查人员检查取证或威胁用电检查人员安全的,应及时报请公安机关现场处理。

(3) 对存在窃电行为的,检查人员应现场对其中止供电。

(4) 现场向用户下达"用电检查结果通知",说明本次检查的结果及用户因违反《供用电合同》相关约定而要求其接受处理的期限。"用电检查结果通知"一式两份,待用户签字确认后,一份留给用户,一份存档备查。

(5) 对在规定日期内愿接受处理的用户,检查人员应根据《供电营业规则》相关规定,按照窃电设备的容量、时间计算追补电费及违约使用电费,开具相关电费发票。

(6) 对在规定日期内拒不接受处理的用户,供电企业应及时报请电力管理部门管理;对窃电数额较大或情节严重的,应报请司法机关依法追究刑事责任。

(7) 用户发生违约用电行为未在规定期限内交纳违约使用电费的,检查人员应按照《供电营业规则》相关规定对其中止供电。

(8) 用户由于窃电而引起的中止供电,待中止供电原因消除后,检查人员应在三日内对其恢复供电。

(9) 窃电处理完毕后，检查人员应将本次"用电检查工作单""用电检查结果通知"和用户交纳电费票据复印件等整理保存。

(二) 处理窃电的法律、条例规定

1. 可引用的相关法律、条例、规则

(1)《中华人民共和国刑法》。

(2)《中华人民共和国电力法》。

(3)《电力供应与使用条例》。

(4)《用电检查管理办法》。

(5)《供电营业规则》。

(6)《供用电监督管理办法》。

2. 较常用的处理窃电的规定

《中华人民共和国电力法》第七十一条规定："盗窃电能的，由电力管理部门责令停止违法行为，追缴电费并处应交电费五倍以下的罚款；构成犯罪的，依照刑法第一百五十一条或者第一百五十二条的规定追究刑事责任。"

《电力供应与使用条例》第四十一条规定："违反本条例第三十一条规定，盗窃电能的，由电力管理部门责令停止违法行为，追缴电费并处应交电费5倍以下的罚款；构成犯罪的，依法追究刑事责任。"

供电企业在引用有关处理窃电的法律、法规条款时，较为常见且适用的是引用《供电营业规则》相关处理规定。

《供电营业规则》第一百零二条规定：供电企业对查获的窃电者，应予制止，并可当场中止供电。窃电者应按所窃电量补交电费，并承担补交电费三倍的违约使用电费。拒绝承担窃电责任的，供电企业应报请电力管理部门依法处理。窃电数额较大或情节严重的，供电企业应提请司法机关依法追究刑事责任。

(1) 窃电量的确定。根据《供电营业规则》第一百零三条的规定，窃电量按下列方法确定：

在供电企业的供电设施上，擅自接线用电的，所窃电量按私接设备额定容量（千伏安视同千瓦）乘以实际使用时间计算确定。

以其他行为窃电的，所窃电量按计费电能表标定电流值（对装有限流器的，按限流器整定电流值）所指的容量（千伏安视同千瓦）乘以实际窃用的时间计算确定。

(2) 窃电时间的确定。窃电时间无法查明时，窃电日数至少以一百八十天计算，每日窃电时间：电力用户按12h计算；照明用户按6h计算。

二、窃电处理标准化作业

1. 窃电处理作业人员

(1) 窃电处理作业所需的人员类别、人员职责和人员数量见表6-6。

表6-6　　　　窃电处理作业所需的人员类别、人员职责和人员数量

序号	人员类别	职责	作业人数
1	审批人员	审批窃电处理结果	1
2	用电检查班班长/供电所所长/营业班班长	受理窃电检查结果资料，组织安排适当人员开展窃电处理作业，并审核窃电处理作业结果	1

续表

序号	人员类别	职责	作业人数
3	用电检查员/营业工	(1) 按照现场证据及资料正确计算窃电量、窃电电费及违约使用电费； (2) 完成窃电处理工作单，形成窃电处理意见，提交工作负责人审核； (3) 为进入司法诉讼程序的窃电案件准备证据	2人
4	客户代表/营业工	(1) 补电费及违约使用电费和复电费的收取。 (2) 材料归档	2人
5	装表接电员	(1) 对计量装置的窃电现象进行处理，负责更换表计及更正错误接线； (2) 完善计量装置封印管理，保证计量装置的完整与正确性	2人及以上

(2) 窃电处理工作人员的精神状态，工作人员的资格包括作业技能、安全资质和特殊工种资质等要求，见表6-7。

表6-7　　　　　　　　　　　　　人员要求

序号	内容	备注
1	检查人员应身体健康、精神饱满、热爱本职工作，无妨碍从事检查作业的疾病和生理及心理缺陷	精神状态
2	熟悉《电力法》《电力供应和使用条例》《供电营业规则》《电业安全工作规程》等国家有关电力法律法规、用电政策和电力系统及电力生产的有关知识	
3	符合国家电网公司《供电服务规范》中基本道德和技能规范、诚信服务规范、行为举止规范、仪容仪表规范、营业场所服务规范的要求	
4	工作人员应具有良好的精神状态和身体状况	
5	相关工作人员应从事电力营销相关工作满1年以上	作业技能
6	窃电处理人员按照受检电力用户的电压等级满足以下要求： (1) 三级用电检查员可担任0.4kV电压受电用户的窃电处理工作。 (2) 二级用电检查员可担任10kV及以下电压受电用户的窃电处理工作。 (3) 一级用电检查员可担任220kV及以下电压受电用户的窃电处理工作	作业资质

2. 窃电处理作业流程

窃电处理作业流程图见图6-10。

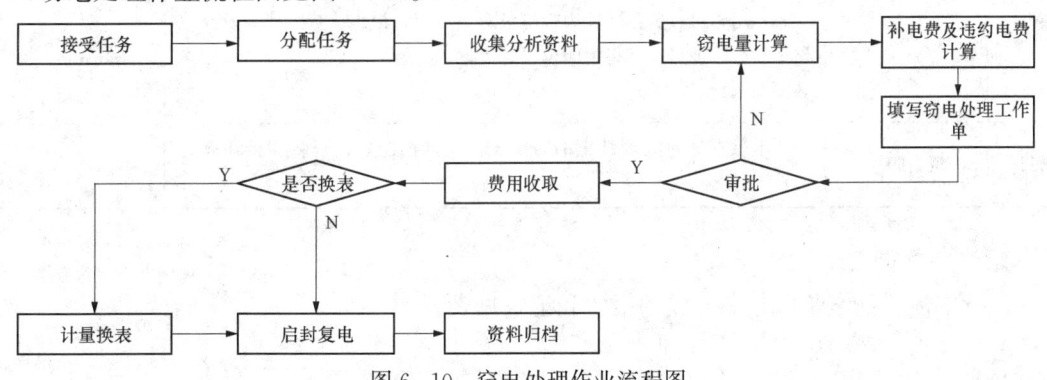

图6-10　窃电处理作业流程图

3. 作业内容和要求

按照窃电作业流程,对每一个作业项目,明确作业内容、工作要求等内容,见表6-8。

表6-8　　　　　　　　　　作业内容和要求

序号	作业内容	工作要求	记录
1	接受任务	用电检查班班长/供电所所长/营业班班长接受现场"窃电检查作业"资料	
2	分配任务	用电检查班班长/供电所所长/营业班班长将"窃电通知书"副本以及现场检查、取证等资料交付合适的用电检查员/营业工处理	
3	资料搜集分析	用电检查员了解该用户计量装置运行状况以及近期电量电费发行数据,并与正常月份的同期用电量电费数据进行比对分析,依据"窃电通知书"中的内容确定窃电方式、窃电容量、窃电时间	
4	窃电量计算	用电检查员依据《供电营业规则》第一百零三条规定确定窃电量: (1) 在供电企业的供电设施上,擅自接线用电的,所窃电量按私接设备额定容量(千伏安视同千瓦)乘以实际使用时间计算确定; (2) 以其他行为窃电的,所窃电量按计费电能表标定电流值(对装限流器的,以限流器整定电流值)所指的容量(千伏安视同千瓦)乘以实际窃用的时间计算确定; (3) 窃电时间无法查明时,窃电日数至少以一百八十天计算,每日窃电时间:电力用户按12h计算;照明用户按6h计算	
5	补电费及违约使用电费计算	(1) 用电检查员通知窃电用户前来接受处理; (2) 用电检查员依据《供电营业规则》第一百零二条规定确定补电费及违约使用电费	
6	填写窃电处理工作单	用电检查员填写窃电处理工作单并请客户签字确认	窃电处理工作单
7	审批	审批人员按《供电营业规则》第一百零二条、第一百零三条之规定进行审批	
8	费用收取	用户代表收取补电费、违约使用电费	
9	计量换表	(1) 装表接电员现场换表; (2) 装表接电员现场更正错误接线恢复计量装置的正确性	
10	启封复电	(1) 用电检查员对停电设备启封,恢复正常供电。 (2) 用电检查员会同装表接电员对计量箱、柜、计费电能表及互感器重新进行加封,并将封印位置、数量、印模字号详细记录,请用户签字确认	
11	资料归档	用电检查员对处理结束的窃电案件统计汇总,将资料和传票登记归档	

4. 报告和记录

执行本标准化作业指导书形成的报告和记录见表6-9。

表 6-9 报告和记录

序号	编号	名称	填写部门	保存地点	保存期限
1	JL08-034	违章用电、窃电处理工作单	用电检查班/供电所/营业班	档案室	3 年以上

三、窃电处理案例分析

【案例 1】 2018 年 9 月某日，一社会群众举报沿街某客户窃电。用电稽查人员现场核实，该户装有居民生活照明单相 5（20）A 电能表和一般工商业三相四线 3×5（20）A 电能表两套计量装置。该户一般工商业电能表现场接待负荷共计 8kW，在居民生活电能表上接用 1kW 的电动机一台，用于对外加工香油用电，且在居民生活电能表前接线，用于生活用电设备，共计 1kW（使用时间无法查明）。该户居民生活照明用电报装容量 6kW，商业用电报装容量 10kW。作为用电稽查人员该如何处理？（居民生活电价 0.54 元/kWh，一般工商业电价 0.71 元/kWh。）

二维码 6-12 居民窃电处理案例 1

分析：

按照《电力供应与使用条例》规定，对照用户上述用电现场检查情况，该用户现场行为符合《电力供应与使用条例》第三十条第一款（擅自改变用电类别）和第三十一条第二款（绕越供电企业的用电计量装置用电）的内容。根据《供电营业规则》有关规定，应承担相应的违约用电和窃电责任。应进行如下处理：

《供电营业规则》第一百条第 1 项规定：在电价低的供电线路上擅自接用电价高的用电设备或私自改变用电类别的，应按实际使用日期补交差额电费，并承担两倍差额电费的违约使用电费，使用起讫日期难以确定的，实际使用时间按三个月计算。

《供电营业规则》第一百零二条规定：供电企业对查获的窃电者，应予制止，并可当场中止供电。窃电者应按所窃电量补交电费，并承担三倍的违约使用电费。拒绝承担窃电责任的，供电企业应报请电力管理部门依法处理。窃电数额较大或情节严重的，供电企业应提请司法机关依法追究刑事责任。

《供电营业规则》第一百零三条规定：在供电企业供电设施上，擅自接线用电的，所窃电量按私接设备额定容量（千伏安视同千瓦）实际使用时间计算确定。窃电时间无法查明时，窃电日数至少以一百八十天计算，每日窃电时间：电力用户按 12h 计算；照明用户按 6h 计算。

处理：

补交电费和违约使用电费计算如下：

（1）违约用电。

私改用电类别 1kW。

补交电费=1kW×90 天×12h/天×（0.71 元/kWh-0.54 元/kWh）=183.6（元）

违约使用电费=183.6×2=367.2（元）

（2）窃电。

补交电费=1kW×180 天×6h/天×0.54 元/kWh=583.2（元）

违约使用电费=583.20×3=1749.6（元）

以上金额合计=183.6+367.2+583.2+1749.6=2883.6（元）

如该户拒绝承担违约用电、窃电责任，供电企业应报请电力管理部门依法处理，或直至提请司法机关依法追究刑事责任。

【案例2】 供电所在普查中发现某低压动力用户绕越电能表用电，容量为1.5kW，且接用时间不清，问按规定该用户应补交电费多少元，违约使用电费多少元？（假设电价为0.50元/kWh。）

解：根据《供电营业规则》，该用户的行为为窃电行为，其窃电时间应按180天，每天12h计算。

该用户应补交电费 $= 1.5 \times 180 \times 12 \times 0.5 = 1620$（元）

违约使用电费 $= 1620 \times 3 = 4860$（元）

答：应追补电费1620元，违约使用电费4860元。

【案例3】 供电企业在进行营业普查时发现某居民户在公用220V低压线路上私自接用一只2000W的电炉进行窃电，且窃电时间无法查明。试求该居民户应补交电费和违约使用电费多少元？（假设电价为0.30元/kWh。）

解：根据《供电营业规则》，该用户所窃电量为

$(2000/1000) \times 180 \times 6 = 2160$（kWh）

应补交电费 $= 2160 \times 0.30 = 648$（元）

违约使用电费 $= 648 \times 3 = 1944$（元）

答：该用户应补交电费648元，违约使用电费1944元。

【案例4】 某普通工业用户采用三相两元件电能表进行计量，后在用电检查过程中发现该用户私自在B相装有2kW单相工业负载，且使用起止时间不明。请问应如何处理？（假设电价为0.40元/kWh。）

解：在三相两元件电能表B相私接负载，属窃电行为，应补交电费及违约使用电费。

由于起止时间不明，根据《供电营业规则》应按180天，每天12h计算，即：

补交电费 $= 2 \times 180 \times 12 \times 0.40 = 1728$（元）

违约使用费 $= 1728 \times 3 = 5184$（元）

答：应按窃电进行处理，并补收电费1728元，违约使用电费5184元。

任务实施

一、窃电处理计算

【练习1】 在某次检查汇总，测量一窃电嫌疑户，该户表计为单相电子表10（40）A，表计铅封全部正常，利用瓦秒法测试均正常，并且无外接线路，仔细检查后发现，进表中性线内部被折断，该户在室内另设一中性线，电能表出线中性线通过一个开关和室内中性线连接，当开关合上时，表计正常，断开时，表计不走。作为用电检查人员应如何处理？

【练习2】 某一电力用户，用电计量电流互感器变比为50/5A，在3月1日，该用户私自购买三只75/5A的电流互感器更换了计量电流互感器，并将原互感器的铭牌取下钉到新买互感器上，在当年的5月31日，被用电检查人员发现，请问用户的这种行为属于什么行为？应如何处理？（经调查，这期间用户电能计量装置抄见电量为8000kWh，平均电价为0.60元/kWh。）

【练习3】 某机械厂，0.4kV供电，装有三相四线电能表和单相电能表各一只，分别计

量动力用电和照明用电。在 2018 年 12 月 12 日,用电检查时发现有一幢办公室的容量为 8kW 的照明设备接入职工生活表内用电,并有容量为 5kW 的电动机 2 台绕越计量电能表接线用电,何时接入使用时间用户已无法讲清,供电部门应如何处理?(电价按现行电价标准)

二、实训操作

充分利用反窃电实训平台进行用电检查,并填写:
(1) 附录 M 违章用电、窃电处理工作单;
(2) 附录 N 违约用电、窃电通知书;
(3) 附录 O ×××供电公司缴费通知单。

任务六 窃电防治

任务描述

长期以来,一些单位特别是私营企业,将盗窃电能作为获利手段,采取各种方法不计或者少计电量,以达到不交或者少交电费的目的,造成国家电能大量流失,损失惊人。这严重损害了供电企业的合法权益,扰乱了正常的供用电秩序,严重影响了电力事业的发展,而且给安全用电带来严重威胁。窃电给供电企业、国家造成的经济损失是巨大的,而反窃电工作又是一项长期而复杂的系统工程。要完全解决窃电问题不但需要严格、科学、合理、规范的管理措施,还需要完善、可靠的技术措施,更需要依靠社会各界的理解和支持。通过本次任务的学习,熟悉防止窃电的各种技术措施和组织措施,并能应用到实际工作中,抓好反窃电工作,真正使电网经营企业堵漏增收、降低线损,达到靠管理增效益的目的。

学习目标

知识目标:
(1) 熟悉防止窃电的技术措施。
(2) 熟悉防止窃电的组织措施。
能力目标:
能利用现有的反窃电技术进行防窃电。
素质目标:
(1) 主动学习,熟悉常见的防止窃电的组织措施和技术措施。
(2) 爱岗敬业,在用电检查过程中发现窃电并及时进行处理。

基本知识

一、防治窃电的技术措施

(一) 采用实用性防窃电技术措施

1. 充分利用电能量采集与负荷管理系统监控在线负荷

窃电行为具有随机性、间断性的特点,而供电企业的用电检查具有周期性和偶然性,这就使得常规用电检查很难恰好查获窃电。电能量采集与负荷

二维码 6 - 13 防止窃电的技术、组织措施

管理系统可以对终端客户实现负荷控制、远程抄表、用电监测和实时用电分析。用电检查人员如果能充分利用该系统，在了解客户用电规律和生产工艺的基础上，分析对比其正常月份用电量，对异常用电情况（如 U、W 相电流不平衡）实施在线负荷监测，可以有效查获窃电行为。

2. 封闭变压器低压侧出线端至计量装置的导体

该项措施适用于高供低计专用变压器用户。主要用于防止无表窃电，同时对通过二次线采用欠压法、欠流法、移相法窃电也具有一定的防范作用。

(1) 对于配电变压器容量较大采用低压计量柜计量的客户，由于计量 TV、TA 和电能表全部装于柜内，需封闭的导体是配电变压器的低压出线端子和配电变压器至计量柜的一次导体。变压器低压侧出线端子至计量柜的距离应尽量缩短；其连接导体宜用电缆，并用塑料管或金属管套住。当配电变压器容量较大需用铜排或铝排作为连接导体时，可用金属线槽将其密封于槽内；变压器低压出线端子和引出线的接头可用一个特制的铁箱密封，并注意封前仔细检查接头的压接情况，以确保接触良好；另外，铁箱应设置箱门，并在门上留有玻璃窗以便观察箱内情况。

(2) 对于配电变压器容量较小采用计量箱的用户，当计量互感器和电能表在同一箱体内，可参照上述采用计量柜时的做法进行；当计量互感器和电能表不同箱者，计量用互感器可与变压器低压侧出线端子合用一个铁箱加封，而互感器至电能表的二次线可采用铠装电缆，或采用普通塑料、橡胶绝缘电缆并穿管加套。

3. 规范电能表安装接线

(1) 单相电能表相线、中性线应采用不同颜色的导线并对号入座，不得对调。主要目的是防止一线一地或外借中性线的欠流法窃电，同时还可防止跨相用电时造成电量少计。

(2) 单相供电用户的中性线要经电能表接线孔穿越电能表，不得在主线上单独引接中性线，目的主要是防止欠压法窃电。

(3) 三相供电用户的三元件电能表或三个单相电能表中性点中性线要在计量箱内引接，绝对不能从计量箱外接入，以防窃电者利用中性线外接相线造成某相欠电压或接入反相电压使某相电能表反转。

(4) 电能表及接线安装要牢固，进出电能表的导线也要尽量减少预留长度，目的是防止利用改变电能表安装角度的扩差法窃电。

(5) 接入电能表的导线截面积太小造成与电能表接线孔不配套的应采用封、堵措施，以防窃电者利用 U 型短接线短接电流进出线端子。

(6) 三相供电用户的三元件电能表或三个单相电能表的中性点中性线不得与其他单相客户的电能表中性线共用，以免一旦中性线开路时引起中性点位移，造成单相用户少计。

(7) 认真做好电能表铅封、漆封，尤其是表尾接线安装完毕要及时封好接线盒盖，以免给窃电者以可乘之机。电能表的铅封和漆封用于防止窃电者私自拆开电能表，并为侦查窃电提供证据。

(8) 三相供电用户电能表要有安装接线图，并严格按图施工和注意核相，以免由于安装接线错误被窃电者利用。

4. 三相三线供电用户改用三元件电能表计量

采用这一措施目的是防止欠流法和移相法窃电，适用于低压三相三线用户。对于低压三相三线用户的电能计量，习惯上通常采用一只三相两元件电能表。从原理上讲，无论三相负荷是否对称，这种计量方式都是无可非议的。但是，这种计量方式却给窃电者提供了可乘之机。

（1）由于三相两元件电能表只有 U 相元件和 W 相元件，V 相负荷电流没有经过电能表，因此，窃电者如果在 V 相与地之间接入单相负荷，电能表对单相负荷的电流就无法计量。

（2）三相两元件电能表 U 相元件的测量功率为 $P_U=U_{uv}I_u\cos(30°+\varphi)$，当 U 相与地之间接入电感负荷，此时 U_{uv} 与 I_u 的相角差就可能大于 90°，电能表出现慢转或倒转导致无法正确计量。

（3）三相两元件电能表 W 元件的测量功率 $P_W=U_{wv}I_w\cos(30°-\varphi)$，当 W 相与地之间接入电容时，$I_w$ 超前 U_{wv} 的角度就可能大于 90°，即电能表也可能慢转、停转，甚至倒转。因此，和 U 相接入电感的原理类似，窃电者也可以用 W 相接入电容的手法进行作案。

5. 计量 TV 回路配置失电压计时仪或失电压保护

此举目的主要是防止高供高计用户采用欠电压法窃电。现今，大多电子技术产品厂家生产的失电压计时仪均具有失电压及断相时间记录功能，窃电分子在实施欠电压法或断相法窃电的过程中，失电压计时仪就会自动工作，记录本次累计失电压时间及断相时间，工作人员可以此为依据，追补其窃电电量。同时对于多次窃电且主回路开关配置电控操作的用户，可以考虑安装失电压保护，当计量回路失电压时，时间继电器延时闭合触点接通跳闸线圈电路，断路器动作，一次系统停电，使窃电分子无机可乘。

6. 禁止私接乱接和非法计量

所谓私接乱接，就是未经报装入户就私自在供电部门的线路上随意接线用电，这种行为实质上属于一种无表窃电；所谓非法计量，就是通过非正常渠道采用未经法定计量检定机构检验合格的电能表，这种行为表面上与无表法窃电有所不同，而实质上也是一种变相窃电。因此，对线损较大的供电线路和台区，用电检查要加强对此种窃电现象的力度，坚决制止违法用电行为。

7. 改进电能表外部结构使之利于防窃电

此举目的主要是防止私拆电能表的扩差法窃电，其次是防止在表尾进线处下手的欠流法、移相法窃电。主要做法有如下几点：

（1）取消电能表接线盒的电压连接片，改为在表内连接，使在外面接线盒处无法解开。

（2）电能表盖的螺钉改由底部向盖部上紧，使窃电者难以打开表盖。

（3）加装防窃电能表尾盖将表尾封住，使窃电者无法触及表尾导体。表尾盖的固定螺钉应采用铅封等防止私自开启。

（二）采用防窃电装置

1. 安装专用计量箱或专用电能表箱

此项措施适用于各种供电方式的用户，是首选的最为有效的防窃措施。高供高计专用变压器用户采用高压计量箱；高供低计专用变压器用户采用专用计量柜或计量箱。低压用户采用专用计量箱或专用电能表箱，即容量较大经 TA 接入电路的计量装置采用专用计量箱，普通三相用户采用独立电能表箱，单相居民用户采用集中电能表箱，对于较分散居民用户，可根据实际情况采用适当分区后在客户中心安装电能表箱。为此，不但要求计量箱或电能表箱要足够牢固，而且最关键的还是箱门的防撬问题。较为实用的有以下几种方法：

（1）箱门加封印。把箱门设计成或改造成可加上供电部门的防撬铅封，使窃电者开启箱门时会留下证据。此法的优点是便于实施，缺点是容易破坏。

（2）箱门配置防盗锁。和普通锁相比，其开锁难度较大，若强行开锁则不能复原。此法的优点主要是不影响正常维护，较适用于一般客户。缺点是遇到个别精通者仍然无济于事。

2. 安装用电管理器

用电管理器是一种独立安装在用户处的用电控制器。在GSM卡报警装置基础上加装了门电路传感器，通过控制继电器对用户计量箱完成开箱断电、开箱记忆和开箱报警功能。如果计量箱门关闭，继电器动断触点闭合，电路无脉冲发出；一旦打开，继电器动断触点断开，控制线路会接收到门电路发送的异常脉冲，信号经放大后控制开关继电器断电，此时用户无法自行恢复供电。同时将开箱次数及时间存储在GSM卡中，并通过GSM短信平台发短信给相关人员报警，以便及时发现和处理。

3. 采用防撬铅封

这条措施主要是针对私拆电能表的扩差法窃电，同时对欠压法、欠流法和移相法窃电也有一定的防范作用，适用于各种供电方式的用户。防撬铅封应具有防伪识别功能，同时还应具有高度精密性和灵敏性，一经开启便再无可能恢复原样，使窃电分子在电能表内部做文章无可乘之机。

4. 采用防窃电能表或电能表内加装防窃电器

这一措施主要用于防止欠压法、欠流法和移相法窃电，比较适合于小容量的单相用户。近年来，为了防范形形色色的窃电行为，各种防窃电产品也应运而生。这些产品分为两类：一类是表内配置防窃电器的电能表，一类是可以将防窃电器安装在电能表内部的防窃电器。目前国内生产的各种类型的防窃电器，其工作原理基本相同，即通过采用电子技术，对接入电能表的电压、电流、相位进行取样、检测、比较，然后根据比较结果加以判断和发出指令，由断电器执行操作任务，客户窃电时，当超差至某一动作值时，防窃电器动作，由断电器切断客户电路，防止窃电。

二、防治窃电的组织措施

（一）建立健全防窃电组织机构

1. 防窃电组织机构的重要性

建立健全防治窃电领导组织机构是有效开展防治窃电工作的可靠保障。近年来，众多供电企业防治窃电成效不大、效果不明显，有很大一部分原因在于没有建立健全相应的组织机构，或虽建立了组织机构但也只是临时一时之需，防窃电常态工作机制未建立，工作往往流于形式，窃电势焰日益嚣张。防治窃电组织机构的重要性在于防治窃电工作有了前瞻性的规划和发展思路，有了具体的计划部署和安排，统一指挥、有效协调，有效打击窃电不法行为，保障查处窃电案件的合法、及时、有效处理，使防治窃电工作能够不断深入推进，取得良好的社会效益和经济效益。

2. 防窃电组织机构的具体组成

防窃电组织机构应按照上下联动、主要领导负责的原则构建组成，由省电力公司、地（市）供电公司、区（县）供电公司共同构筑组织机构体系。

省电力公司层面属全面防窃电工作组织领导层，具体负责防窃电工作的前瞻性规划，提出远景发展思路,制定相关防窃电工作管理制度、办法,组织开展防窃电活动。

地(市)供电公司层面属本地防窃电工作组织领导层,具体负责贯彻落实上级文件精神,结合实际工作情况组织开展本地防窃电活动;掌握基层工作动态,收集各基层单位在防窃电工作中存在的有关问题,适时制订或调整政策精神,解决基层单位工作中存在的问题。

区(县)供电公司层属当地防窃电工作实际实施层,具体负责贯彻落实上级文件精神,制订防窃电具体活动方案,组织动员各级用电检查人员积极开展反窃电检查,对各电力用户开展现场用电检查。

(二)开展防窃电经常性检查工作

1. 重点检查

每月抄表例日抄表后,对于用电量异常的用户,列为重点检查对象。重点检查一般由用电稽查专责组织,检查人员由用电稽查班和营业所(供电所)人员构成。

夜查:适用于线损较大、用电量异常减少的用户。此部分用户一般会利用夜晚窃电,白天又恢复正常。夜查一般是攻其不备、出其不意,在其毫无防备的时候一举将其查获。

常规检查:一般在白天进行,逐户对计量装置进行全面检查。

多次抄表法:适用于窃电手法较为隐蔽,日常检查不能奏效的窃电嫌疑用户。实施前可先将计量装置校验,并封印加封,每一定天数(3天或5天)抄录电能表底码,计算出一定天数的用电量。通过多次抄表的方式,窃电势头会有所收敛。

2. 临时检查

对受理群众举报或日常监控怀疑窃电的用户,可采取临时检查的方式。临时检查时期不定,根据工作实际情况进行,一般由用电稽查专责组织稽查人员组织开展。

3. 普查

普查是对所辖用户进行最为全面、细致的用电情况检查,也是对用电计量装置进行摸底、缺陷改造的过程。拉网式普查,是对破坏用电计量装置窃电最直观的检查方法,同时可了解到各电力用户生产工艺流程及生产用电状况,对比计费电量进行窃电与否粗略判断。普查一般组织检查人员较多,耗时较长。

(三)加强防窃电宣传工作

近年来,各地发生窃电案件有逐年上升趋势,窃电现象较为普遍明显,特别是出现了利用高科技手段窃电的势头。在利用隐性手段窃电的背后,甚至出现了一些不法商贩公开沿街叫卖窃电器、磁波干扰器等窃电产品,严重扰乱了正常的供用电秩序,产生了不少社会负面影响,这与供电企业丧失行政监管以及近几年防窃电宣传淡化有着非常重要的关系。

防治窃电工作应坚持"防治结合、预防为主"的方针。供电企业应以平时查获的个别处理案例为典型,大力宣传有关《电力法》《电力供应与使用条例》反窃电法律、法规,通过电视、网络、报纸、电台等新闻媒体多渠道、多角度进行广泛宣传,要让不法分子认识到窃电对于本人伤害的严重性,认识到处理后果的危害性,认识到法律对于违法窃电制裁的严厉性,使不法分子心有余悸、悬崖勒马,尽量防止、减少窃电现象的发生。

三、强磁铁窃电的预防措施

(1)合理设计计量箱。

1)加强对互感器、电能表的磁屏蔽。由于不锈钢不导磁,应在不锈钢计量箱柜内加上一层导磁的铁板、铁皮,可以将大部分磁场屏蔽。

2）在计量箱内电能表背部设置一个支架，电能表距表箱底部有一定的距离，减少磁场影响。试验证明，磁铁离电能表的距离大于 20cm 后，影响就可以在误差范围内。

(2) 对有负荷管理终端的计量柜，在电能表、互感器附近安装一个干簧管，当磁场异常时，干簧管闭合，发一个遥信信号给负荷管理终端，负荷管理主站发出告警信息，提醒用电检查人员查处，或由负荷管理主站发出指令断开负荷开关，对窃电用户实施断电。

(3) 对没有负荷管理终端的计量柜，利用干簧管，当有强磁场靠近时，先发出告警声响，如此时窃电用户取走磁铁，则计量装置自动复归，否则延时断开负荷开关，对窃电用户实施断电。

(4) 电能表生产厂家改进设计。

1）加强磁屏蔽，将电能表表芯用导磁的材料，如铁皮屏蔽。

2）改进单相电能表的电源设计，采用电容器降压供电，或者电容器降压、工频变压器降压相结合供电。

3）改进三相电能表电源设计，将三只电源的工频变压器布置在电能表内部的不同位置，如电路板的三个角，或者采用工频变压器降压供电和高频变压器 DC-DC 变换相结合供电。

4）将电能表的测量存储部分独立供电，当供电电压下降时，切除对显示、设置、通信等部分电路的供电，保持对测量存储部分电路的供电。

(5) 对单相电能表，取消二次变换的互感器，采用电阻分压抽取电压，锰铜分流器抽取电流。

(6) 对三相电能表，采用电阻分压抽取电压。

(7) 对三相电能表，增加干簧管，当磁场异常时，纪录磁场异常的起始时间及时段，为追补电量提供依据。

任务实施

【案例】 一起利用移相法窃电的案例。

1月4日上午10时20分，某供电分公司客户服务中心值班人员接到群众举报，称在本市南郊区古店镇有一电石厂窃电。获得该信息后，值班人员立即向分公司稽查处进行了汇报。稽查人员随后利用电能量采集与负荷管理系统对该户负荷情况进行实时监测，发现电流较大，同比前两月无异常。本着"有报必查"的原则，当日下午，稽查人员开具"用电检查工作单"，会同南郊区支公司用电检查人员赴该处检查。

面对突击性检查，用户负责人神色紧张。检查人员出示了用电检查证件后，首先，现场测试了用电负荷，显示结果与系统监控数据基本一致；随后调取电能表存储的指示数信息，发现该用户近两、三个月，用电指示数变化不大，用电量非常小。按此用电量推算，其变压器利用率不足20%，而现场测试负荷较大，显然颇为矛盾。按照刚进厂时用户紧张表情推断，其中定有缘由。经过全面对用电设备排查，发现在极为隐蔽之处有一电容器组，铭牌已撕毁，接于一相负荷线上，旁有刀闸控制。经认真核相，确认其电容器组正接于W相，正由于此，致使负荷电流与电压夹角超过90°，电能表无法准确计量。

查证窃电属实后，检查人员立即对该厂窃电行为进行了制止，并对窃电现象及设备进行现场拍照取证，下发了"用电检查结果通知"。在确凿的事实面前，该厂负责人最终在通知书上签字，确认了窃电事实，同意到供电企业接受处理。

分析：上述案例中，该用户正是掌握了电能计量的基本原理，在 W 相接入电容器组，造成了 I_W 超前 U_{WV} 的角度大于 90°，导致电能表慢转、停转或倒转无法正确计量。检查窃电时，对一般窃电者采用的断流法和无表法窃电，比较容易诊断。但不乏对电能计量知识熟知的用户，采取接入电感、电容以及其他高科技方式进行窃电，手法较为隐蔽。这就需要检查人员仔细分析用电负荷与用电量，熟知其用电设备构成，结合行之有效的科技手段方可一举查获。

项目七　用电信息采集系统故障排查及应用

项目描述

全面建设用电信息采集系统，可以实现对所有电力用户和关口的全面覆盖，实现计量装置在线监测和用户负荷、电量、电压等重要信息的实时采集，及时、完整、准确地为有关系统提供基础数据，为企业经营管理各环节的分析、决策提供支撑，为实现智能双向互动服务提供信息基础。本项目主要学习用户用电信息采集系统的组成及各部分的作用、主要技术指标、集中器外观、采集系统终端故障排查以及用电信息采集系统在反窃电检查过程中的应用等。学习完本项目应具备以下专业能力、方法能力、社会能力。

（1）专业能力：具备认知用电信息采集系统的能力；具备对用电信息采集系统终端进行故障排查的能力。

（2）方法能力：具备对用电信息采集系统终端故障进行分析的能力；具备对用电信息采集数据异常进行分析的能力。

（3）社会能力：具备服从指挥、遵章守纪、吃苦耐劳、主动思考、善于交流、团结协作、认真细致地安全作业的能力。

学习目标

一、知识目标

（1）掌握用电信息采集系统构成及各部分作用。
（2）熟悉用电信息采集系统主要技术指标。
（3）熟悉用电信息采集系统的通信信道。
（4）掌握用电信息采集终端分类。
（5）熟悉用电信息采集终端主要功能。
（6）掌握根据用电信息采集系统数据判断窃电行为的方法。

二、能力目标

（1）能正确抄录用电信息采集终端的数据。
（2）能进行用电信息采集终端故障排查。
（3）能根据用电信息采集系统数据判断窃电行为。

三、素质目标

（1）愿意交流、主动思考，善于在反思中进步。
（2）学会服从指挥、遵章守纪、吃苦耐劳、安全作业。
（3）学会团队协作、认真细致、保证目标实现。

知识背景

一、国外用电信息采集与监控技术的发展历程

随着电力工业的产生和发展,出现了对用电负荷进行控制的想法。1987年,约瑟夫·若丁取得了一项英国专利,用不同电价鼓励用户均衡用电。1913年,都德尔等三人提出了把一定频率的电压叠加在供电网络上去控制路灯和热水器的方案,这是最早的音频控制方法。1931年,韦伯提出了用单一频率编码的专利,这是现在广泛采用的脉冲时间间隔码的先导。

用电信息采集与监控技术的提出源于20世纪的欧洲。英国20世纪30年代就开始对音频用电信息采集与监控技术的研究。第二次世界大战后,音频用电信息采集与监控技术在法国、瑞士等国家得到大量的使用。在20世纪70年代中期,美国不仅引进了用电信息采集与监控系统设备的制造技术,而且着手研究和发展无线用电信息采集与监控、配电载波用电信息采集与监控和工频电压波形畸变控制等多种用电信息采集与监控技术,到1980年,美国已经装备了170多个用电信息采集与监控系统。

到20世纪90年代初期,世界上已经有十几个国家使用了各种用电信息采集与监控系统,先后安装的各类终端设备已达几千万台,可控负荷覆盖面占全世界发电总装机容量的10%以上,已有数百万台无线电遥控开关投入运行。许多发达国家在电力充足的情况下仍然控制蓄能型和可间断性负荷,如热水器、空调器、水泵等,以充分利用现有发电机的能力,提高其经济性,并适当延缓新建机组的投建。

二、我国用电信息采集与监控技术的发展历程

我国从1977年底开始进行用电信息采集与监控技术的研究。大致经历了探索、试点、推广应用、转型发展几个阶段。

(1) 1977~1986年为探索阶段。在此期间专家们研究了国外用电信息采集与监控技术所采用的各种方法,并自行研制了包括音频、工频波形畸变、电力线载波和无线电控制等多种装置。

(2) 1987~1989年是有组织的试点阶段。主要是试点开发国产的用电信息采集与监控系统和音频控制系统。

(3) 1990~1997年是全面推广应用的阶段。全国200个地(市)级城市建设了供电系统规模不等的用电信息采集与监控系统。用电信息采集与监控系统的投入运行,使各地区的负荷曲线有了很好的改善。

(4) 1997年以后是用电信息采集与监控系统从单一控制转向管理应用的发展阶段。自20世纪90年代,中国开始引入电力需求侧管理以来,用电信息采集与监控作为需求侧管理的一个重要组成部分也得到了大力发展,从最初的单向用户控制到双向采集数据和用户控制,从单纯的遥控功能发展到集遥控、遥信、遥测等多项功能于一体的较为完善的用户侧网络,为推动电力需求侧管理迈向现代化提供了强大的技术支持。

随着能源互联网、智能电网、用电大数据的不断发展,国家电网公司系统各层面、各大专业对用电信息的实时采集提出了迫切需求,比如线损统计,要计算真正的实时线损,前提条件是要在同一时间采集总表和线路上所有分表的电量数据,而这在人工抄表时代是不可能做到的。再比如分时电价,一天内要多次采集不同时段用户的用电数据,而靠人工抄表也不

可能实现,这种情况在电网管理实践工作中还有很多,所以需要不断提高电能计量、自动抄表、预付费等营销业务处理自动化程度,推动公司现代化管理水平的提高。

此外,社会、客户以及发电企业,对国家电网公司可靠安全供电、加强需求侧管理、企业科学用电指导、提供优质服务、推动社会科技创新等方面也有强烈需求。

采集系统不仅可以实时采集用电数据,还可以在多个领域推进深化应用。在稽查检查方面,实现用户用电信息的全程监控,通过大数据分析,及时发现异常用电情况;在有序用电管理方面,通过远程控制,提高有序用电管理效率;在营业管理方面,推进阶梯电价执行、费控实施,保障了电费的及时回收;在优质服务方面,能够实现远程数据交互,提升用户体验,促进服务能力提升;在电能质量监测方面,能够灵活选择监测方案,提供准确的监测数据。采集系统应用已深入供电管理的各个方面,促进用电管理的规范化、科学化,推进营销管理的数字化和智能化。

国家电网公司自2010年正式启动采集系统建设以来,各大供电公司全面铺开建设,目前基本实现了"全覆盖、全采集、全费控"的建设目标,成为加强精益化管理、提高优质服务水平、拓展电力市场、创新交易手段等方面的重要依托。

三、基本概念

采集点:采集点是以安装采集装置的位置为唯一标识的采集关联关系的集合。包括采集装置与用户、计量点、电能表、用户控制开关、交流采样。

同义词:采样点。

采集装置:用于电能信息采集和负荷控制的设备。包括负荷管理终端(含通信模块、天馈线)、集中抄表装置(集中器、采集器)、表计一体化终端等。

同义词:采集终端。

任务一 认识用电信息采集系统

任务描述

过去,抄取电能表数据通常采用人工抄表方式,由于这种方式实时性差,准确度偏低,难以满足智能电网的发展需求,随着通信、计算机等技术的发展,抄表由人工走向了智能抄表,即电力用户通过用电信息采集系统实现了远程自动抄表。电力用户用电信息采集系统是国家电网公司信息化建设和营销计量、抄表、收费标准化建设的重要基础,是实行居民阶梯电价的必然选择,是创新交易平台的重要依托。通过本任务的学习,掌握用电信息采集系统构成、各部分作用、主要功能及通信信道的特点。

学习目标

知识目标:

(1)掌握用电信息采集系统构成及各部分作用。

(2)了解用电信息采集系统主要技术指标。

(3)熟悉用电信息采集系统各种通信信道的特点。

项目七 用电信息采集系统故障排查及应用

能力目标：
（1）能描述用电信息采集系统构成。
（2）能描述用电信息采集系统完成的主要功能。
（3）能描述用电信息采集系统采用的通信信道。
素质目标：
（1）主动学习，掌握用电信息采集系统构成及各部分作用。
（2）爱岗敬业，在使用用电信息采集系统过程中发现问题并分析问题。

基本知识

用户用电信息采集系统（简称采集系统）是通过对配电变压器和终端用户的用电数据的采集和分析，实现用电监控、推行阶梯定价、负荷管理、线损分析，最终达到自动抄表、错峰用电、用电检查（防窃电）、负荷预测和节约用电成本等目的，是全面实现营销业务管理与用户服务手段自动化、信息化、互动化的基础，为加快推进营销现代化建设提供重要的数据支撑。

一、用电信息采集系统构成及作用

采集系统在物理架构上自上而下分为主站层、通信信道层和采集设备层三个层次，系统逻辑架构如图 7-1 所示，系统物理架构图如图 7-2 所示。

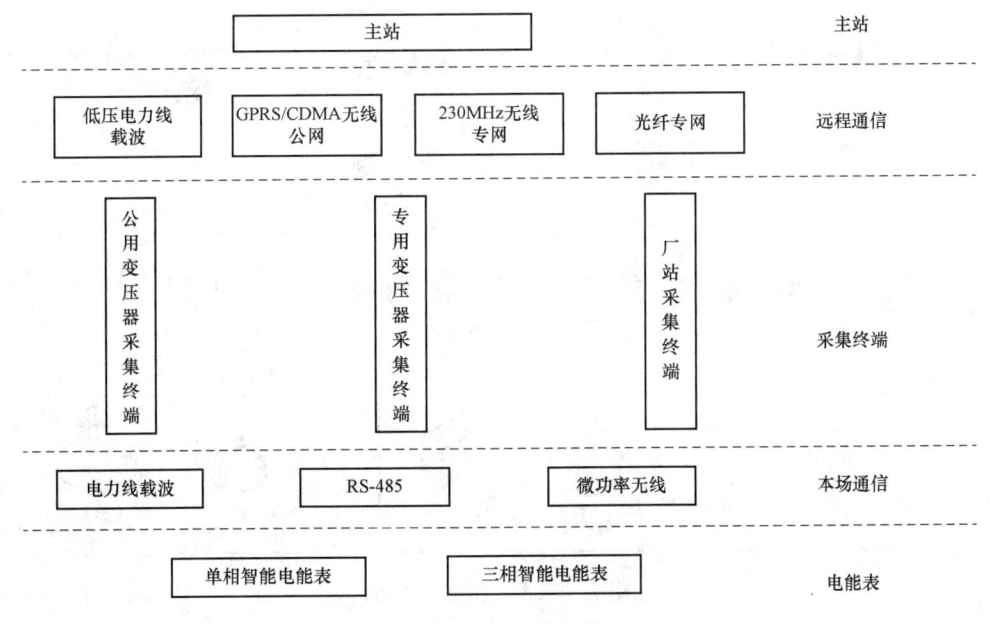

图 7-1 系统逻辑架构图

主站：是采集系统的管理中心，负责整个系统的电能信息采集、用电管理以及数据管理和数据应用等，是一个包括软件和硬件的计算机系统，由电力公司有相关权限的员工在公司内网登录管理。采集系统主站登录界面如图 7-3 所示。

需要说明的是目前采集系统的应用部署和各省电力公司的管理模式相关，有集中式和分布式两种布置方式。集中式部署是全省电力公司仅部署一个主站系统，一般适用于覆盖采集

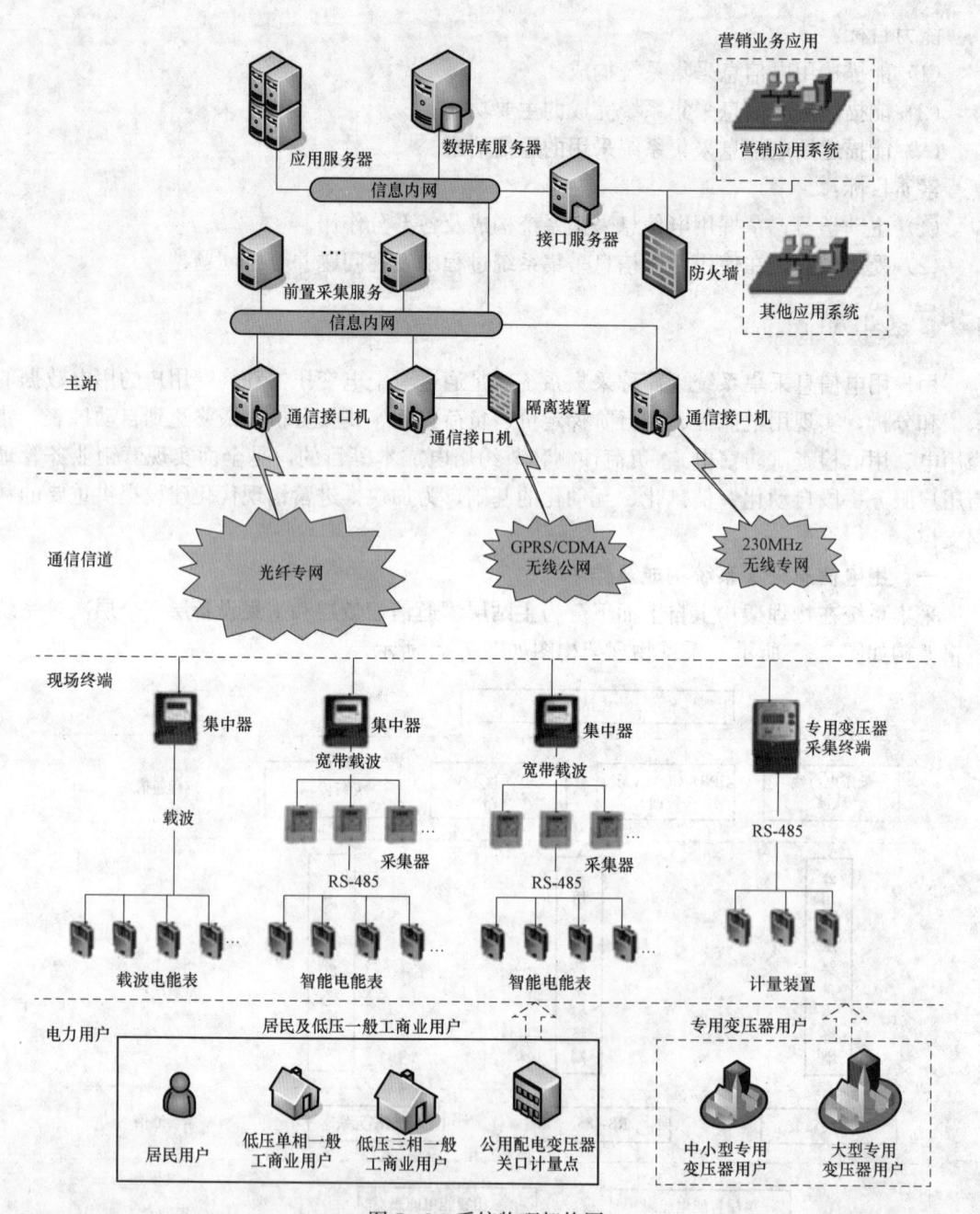

图 7-2 系统物理架构图

点数据不超过 1000 万的居民用户数量。分布式部署是省电力公司部署一级主站,地市公司部署二级主站,构成"以省电力公司为核心,以地市公司为实体"的全省用电信息采集系统。

通信信道层:是连接主站和终端、终端与电能表之间的通信介质、传输方式和规约等的总称,是主站、采集终端、电能表信息交互的承载体。

采集设备层:是采集系统的信息底层,负责收集和提供原始用电信息,主要包括专用变

图 7-3　采集系统主站登录图

压器终端（在实际工作中通常简称为专变终端）、集中器、采集器以及电能表等。

采集对象：按照采集系统不同的技术模式将采集电力用户分为大型专用变压器客户、中小型专用变压器客户、三相一般工商业用户、单相一般工商业用户、居民用户、公用配电变压器考核计量点。

举一个形象的例子便于大家理解系统架构，整个系统架构就像一个班级组成，主站就是老师，电能表就是同学，而集中器或专变终端就是组长，信道就是老师和组长或组长和同学间的联系方式。同学通过本地通信将作业交给组长，组长再通过远程通信将作业交给老师，这样就完成了一次数据上传。同理，老师有什么安排也交代给组长，组长再传达给同学，这样就完成了一次命令下达。

二、用电信息采集系统功能

系统主要功能包括系统数据采集、数据管理、控制、综合应用、运行维护管理、系统接口等。下面介绍几种常用的系统功能。

1. 数据采集

根据不同业务对采集数据的要求，编制自动采集任务，包括任务名称、任务类型、采集群组、采集数据项、任务执行起止时间、采集周期、执行优先级、正常补采次数等信息，并管理各种采集任务的执行，检查任务执行情况。

（1）采集数据类型项。系统采集的主要数据项包括电能量数据、交流模拟量、工况数据、电能质量越限数据、事件记录数据、其他数据等。

电能量数据：总正反向电能示值、各费率正反向电能示值、组合有功电能示值、分相电能示值、总电能量、各费率电能量、最大需量等。

交流模拟量：电压、电流、有功功率、无功功率、功率因数等。

工况数据：采集终端及计量设备的工况信息。

电能质量越限统计数据：电压、电流、功率、功率因数、谐波等越限统计数据。

事件记录数据：终端和电能表记录的事件记录数据。

其他数据：费控信息等。

（2）采集方式。系统主要采集方式包括定时自动采集、随机召测、终端主动上报等。

定时自动采集：按采集任务设定的时间间隔自动采集终端数据，自动采集时间、间隔、内容、对象可以设置。当定时自动数据采集失败时，主站应有自动及人工补采功能，以保证数据的完整性。比如可以设置每天二十四点采集所有低压居民用户的当日用电量数据，若第一次采集失败，在接下来的一天系统将会对采集失败用户补召最多 6 次，直至数据采回为止，若 6 次仍无法采回，则可生成故障工单，要求运维人员维护。

随机召测：根据实际需要随时人工召测数据。如出现事件告警时，人工召测与事件相关的重要数据，供事件分析使用。

主动上报：在全双工通道和数据交换网络通道的数据传输中，允许终端启动数据传输过程（简称主动上报），将重要事件立即上报主站，以及按定时发送任务设置将数据定时上报主站。主站应支持主动上报数据的采集和处理。

（3）采集数据模型。通过需求分析，按照电力用户性质和营销业务需要，将电力用户划分为六种类型，并分别定义不同类型用户的采集要求、采集数据项和采集数据最小间隔。

大型专用变压器用户（A类）：用电容量在 100kVA 及以上的专用变压器用户。

中小型专用变压器用户（B类）：用电容量在 100kVA 以下的专用变压器用户。

三相一般工商业用户（C类）：包括低压 380V 商业、小动力、办公等用电性质的非居民三相用电。

单相一般工商业用户（D类）：包括低压 220V 商业、小动力、办公等用电性质的非居民单相用电。

居民用户（E类）：用电性质为居民的用户。

公用配电变压器考核计量点（F类）：即公用配电变压器上的用于内部考核的计量点。

其他关口计量点的采集数据项、采集间隔、采集方式可参照执行。

2. 数据管理

（1）数据合理性检查。提供采集数据完整性、正确性的检查和分析手段，发现异常数据或数据不完整时自动进行补采，补采成功时可以自动修复异常数据；提供数据异常事件记录和告警功能；对于补采不成功的异常数据不予自动修复，并限制其发布，保证原始数据的唯一性和真实性。

（2）数据计算、分析。根据应用功能需求，可通过配置或公式编写，对采集的原始数据进行计算、统计和分析。

包括但不限于：按区域、行业、线路、自定义群组、单客户等类别，按日、月、季、年或自定义时间段，进行负荷、电能量的分类统计分析；电能质量数据统计分析，对监测点的电压、电流、功率因数、谐波等电能质量数据进行越限、合格率等分类统计分析。

（3）数据存储管理。采用统一的数据存储管理技术，对采集的各类原始数据和应用数据进行分类存储和管理，为数据中心及其他业务应用系统提供数据共享和分析利用。

按照访问者受信度、数据频度、数据交换量的不同，对外提供统一的实时或准实时数据服务接口，为其他系统开放有权限的数据共享服务。提供系统级和应用级完备的数据备份和恢复机制。

（4）数据查询。系统支持数据综合查询功能，并提供组合条件方式查询相应的数据页面信息。

3. 有序用电

有序用电指的是根据有序用电方案管理或安全生产管理要求，编制限电控制方案，对电力用户的用电负荷进行有序控制，并可对重要用户采取保电措施。控制方案可采取功率定值控制和远方控制两种方式。系统通过对终端设置功率定值、电量定值、电费定值以及控制相关参数的配置和下达控制命令，实现系统功率定值控制、电量定值控制和费率定值控制功能。

系统具有点对点控制和点对面控制两种基本方式。

（1）功率定值控制。功率控制方式包括时段控、厂休控、营业报停控、当前功率下浮控等。系统根据业务需要提供面向采集点对象的控制方式选择，管理并设置终端负荷定值参数、开关控制轮次、控制开始时间、控制结束时间等控制参数，并通过向终端下发控制投入和控制解除命令，集中管理终端执行功率控制。控制参数及控制命令下发、开关动作应有操作记录。

（2）电量定值控制。系统根据业务需要提供面向采集点对象的控制方式选择，管理并设置终端月电量定值参数、开关控制轮次等控制参数，并通过向终端下发控制投入和控制解除命令，集中管理终端执行电量控制。控制参数及控制命令下发、开关动作应有操作记录。

（3）费率定值控制。系统可向终端设置电能量费率时段和费率以及费控控制参数，包括购电单号、预付电费值、报警和跳闸门限值，向终端下发费率定值控制投入或解除命令，终端根据报警和跳闸门限值分别执行告警和跳闸。控制参数及控制命令下发、开关动作应有操作记录。

（4）远方控制。

1）遥控：主站可以根据需要向终端或电能表下发遥控跳闸命令，控制用户开关跳闸。主站可以根据需要向终端或电能表下发允许合闸命令，由用户自行闭合开关。遥控跳闸命令包含告警延时时间和限电时间。控制命令可以按单地址或组地址进行操作，所有操作应有操作记录。

2）保电：主站可以向终端下发保电投入命令，保证终端的被控开关在任何情况下不执行任何跳闸命令。保电解除命令可以使终端恢复正常受控状态。

3）剔除：主站可以向终端下发剔除投入命令，使终端处于剔除状态，此时终端对任何广播命令和组地址命令（除对时命令外）均不响应。剔除解除命令使终端解除剔除状态，返回正常状态。

4. 异常用电分析

（1）计量及用电异常监测。对采集数据进行比对、统计分析，发现用电异常。如同一计量点不同采集方式的采集数据比对或实时数据和历史数据的比对，发现功率超差、电能量超差、负荷超容量等用电异常，记录异常信息。

对现场设备运行工况进行监测，发现用电异常。如计量柜门、TA/TV回路、表计状态等，发现异常，记录异常信息。

用采集到的历史数据分析用电规律，与当前用电情况进行比对分析，分析异常，记录异常信息。

发现异常后，启动异常处理流程，将异常信息通过接口传送到相关职能部门。

（2）重点用户监测。对重点用户提供用电情况跟踪、查询和分析功能。可按行业、容量、电压等级、电价类别等分类组合定义，查询重点用户或用户群的信息。查询信息包括历史和实时负荷曲线、电能量曲线、电能质量数据、工况数据以及异常事件信息等。

(3) 事件处理和查询。根据系统应用要求,主站将终端记录的告警事件设置为重要事件和一般事件。

对于不支持主动上报的终端,主站接收到来自终端的请求访问要求后,立即启动事件查询模块,召测终端发生的事件,并立即对召测事件进行处理。对于支持主动上报的终端,主站收到终端主动上报的重要事件,应立即对上报事件进行处理。

主站可以定期查询终端的一般事件或重要事件记录,并能存储和打印相关报表。

电能表按照设定的参数产生事件并主动上报,采集终端抄读电能表事件并存储后上报主站。

5. 线损分析

提升台区覆盖率要完成对台区的采集"全覆盖、全采集",实时采集总表和所有分表数据,并计算线损。采集系统可以对所辖台区的线损率进行监测,并可查询每个台区线损明细。当出现异损台区(高损台区和负损台区)时,要进行进一步分析。异损台区分析思路见表 7-1。

表 7-1 异损台区分析思路

序号	问题	描述	处理方式
1	电能表接线	进出线接反,导致采集系统抄回的用户正向计量电量为零	更正接线
2	串台区	用户的供电台区和抄表台区不一致	调整档案或更改供电台区
3	电能表漏抄	用户电能表数据未能正常抄回	补抄,若补抄不成功,转现场运维人员进行运维
4	用户窃电	用户私自改表或改接线导致电能表不计量	现场排查并处理

三、用电信息采集系统技术指标

1. 系统可靠性

系统(或设备)可靠性是指系统(或设备)在规定的条件和规定的时段内完成预定功能的能力,一般用"平均无故障工作时间 MTBF"的小时数表示。系统可靠性 MTBF 用于考核可修复系统的可靠性,它取决于系统设备和软件的可靠性以及系统结构。

2. 系统可用性

系统可用性 A 可由下式计算

$$A = \frac{系统工作时间}{系统工作时间 + 系统不工作时间}$$

式中:不工作时间包括故障检修和预防性检修的时间和。

系统可用性以运行和检修记录提供的统计资料为依据进行计算。记录所覆盖的时限应不少于 6 个月,并应从第一次故障消失并恢复工作时起算。

主站的年可用率不应小于 99.9%,终端的年可用率不应小于 99.5%。

3. 数据完整性

数据完整性是指在信源和信宿之间的信息内容的不变性。它与有错报文残留概率(残留差错率)有关,包括有错报文残留概率和未发现的报文丢失概率。数据完整性分级规定有错报文残留率的上限值，它取决于由信源到信宿的整个传输信道上的比特差错率。

提高数据完整性的措施有：传输信号质量的监视；采用高冗余度的传输编码（检错、纠错编码）；功能很强的差错检出设备；控制命令采用选择和执行的命令步骤；同一信息的重复传输等。

4. 响应时间

（1）信息传输响应时间。响应时间一般指系统从发送站发送信息（或命令）到接收站最终信息显示或命令执行完毕所需的时间。它是信息采集时间、信息传递时间、发送站处理时间和接收站处理时间的总和。各种类型信息的响应时间要求：

遥控操作响应时间小于 5s；

重要信息（如重要状态信息及总功率和电能量）巡检时间小于 15min；

常规数据召测和设置响应时间（指主站发送召测命令到主站显示数据的时间）小于 15s；

历史数据召测响应时间（指主站发送召测命令到主站显示数据的时间）小于 30s；

用户事件响应时间小于 30min。

（2）数据库查询响应时间。常规数据查询响应时间小于 5s；模糊查询响应时间小于 15s。

5. 数据采集成功率

（1）一次数据采集成功率。一次数据采集成功率指在特定时刻对系统内指定数据采集点集合（如不同类型用户）采集一次特定数据（如总功率和电能量）的成功率。

$$一次数据采集成功率 = \frac{一次采集成功的数据总数}{应采集的数据总数} \times 100\%$$

（2）周期数据采集成功率。周期数据采集成功率指在采集系统日常运行设定的周期内（如 1d）对采集点数据的采集成功率。

$$周期数据采集成功率 = \frac{周期内采集成功的数据总数}{周期内应采集的数据总数} \times 100\%$$

式中：系统数据采集成功率可作为系统数据传输稳定性考核指标，数据采集成功率可根据不同终端和数据类型分类统计。

四、通信信道

通信信道按采集终端的上行和下行传输网络分为远程通信和本地通信。

（一）远程通信

远程通信是连接主站与采集终端的数据通信。远程通信方式有无线公网、无线专网、有线电视通信网、中压电力载波等方式可选择。

1. 无线公网

无线公网是相对于电力系统自身建设的专用信道而言的，它指的是使用或租用通信运营商建设的公共通信资源，如中国移动、中国电信、中国联通运营的 GPRS、CDMA 等技术。目前采集系统中主要使用的无线公网技术是 GPRS、CDMA 和 4G。在安装采集终端时，专用变压器终端或集中器远程通信模块内有 SIM 卡插槽，插入专用的定制 SIM 卡，即可实现无线公网远程通信。公网通信示意图如图 7-4 所示。

目前在运的各省供电公司采集系统大多选择无线公网作为远程通信方式，因为不需要对

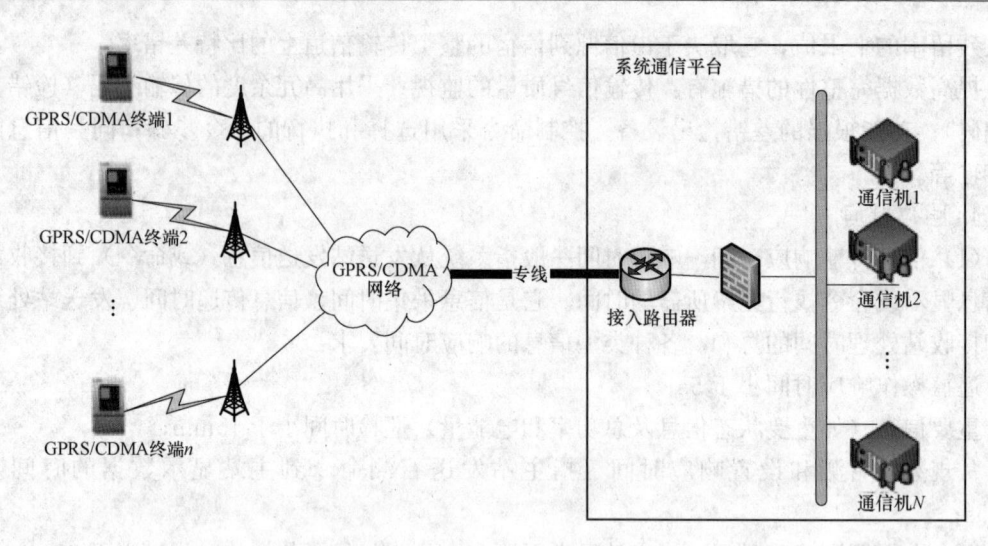

图 7-4 公网通信示意图

通信系统进行建设和运维，只需按时缴纳通信费用，即可直接使用通信运营商提供的服务，缩短了采集系统建设过程，降低了通信运维成本。前期主要采用 GPRS/CDMA 技术，随着 4G 技术的不断发展和资费的降低，4G 技术也越来越多地应用于采集系统中。无线公网通信技术对比见表 7-2。

表 7-2　　　　　　　　　　　　无线公网通信技术

内容	GPRS	CDMA	4G
通信速率	20kbit/s	53.6kbit/s	20Mbit/s
在线情况	永久在线	永久在线或远端唤醒	永久在线
网络分布	覆盖所有地市	覆盖大部分地市	覆盖大部分地市
信道使用	与语音使用相同信道，容易受干扰	专用载频和信道，不易受干扰	不易受干扰
发展情况	技术成熟稳定	技术成熟稳定	技术成熟稳定
电网应用	使用最多	使用少	使用逐步增多
资费	便宜	便宜	较便宜

但无线网在使用过程中也暴露出许多问题，其中的核心问题：一是信息安全性较低，公网的信息安全较专网的低，特别随着采集系统的发展，采集的数据种类增多，数据量增长，并涉及一些客户敏感信息，如何保护数据安全成为一个突出问题。二是公网通信受影响因素较多，比如通信运营商在进行设备维护时，某一区域可能会短时失去信号，或在偏远地区信号强度较弱，都会影响采集数据的回传，从而影响采集成功率。

2. 无线专网

无线专网通信主要采用 230MHz 无线电数据传输技术。230MHz 无线专网通信模式简称 230 专网，230MHz 是国家无线电委员会为电力负荷控制（采集系统前身）批准的专用频段范围，就像车载广播一样，采集系统可以在这个频段范围内进行数据通信。230 专网的优点在于不依赖于网络供应商，缺点在于频点资源稀缺，不允许系统规模扩大，执行可靠性低和维护成本高，所以目前在运的采集系统使用 230 专网的较少。

3. 光纤专网

光纤专网是指依据采集系统建设总体规划而建设的、以光纤为信道介质的一种国家电网公司内部通信网络，覆盖全国的配电线路。

光纤传输距离远、通信速率快、组网灵活，是一种理想的远程通信信息，但初期建设投资大，目前光纤专网主要在变电站、开关站等主网电力设备之间建设，后续可能会向下延伸至台区和用户，所以采集系统中的光纤远程通信还处于试点推进阶段。

以上各种远程通信方式各有优缺，要根据各省各地实际情况，因地制宜地选择远程通信方式。远程通信方式的特点对比见表7-3。

表7-3 远程通信方式特点对比

传输方式	光纤	230M	中压载波	GPRS/CDMA
建设成本	成本高，一次投入，长期使用	较低	较低	低
运行维护	费用低，自主应用	高	较低	运行成本高
容量	不受限	受限	受限	不受限
可靠性	高	较高	较差	较高
信息安全	高	较高	高	差
影响因素	无	电磁、天气、地形等	负载结构	网络供应商
实时性	强	轮询工作模式，差	轮询，差	传输延时，较差

(二) 本地通信

1. 本地通信的分类及特点

本地通信分为电力线载波、RS-485及微功率无线等通信方式，电力线载波又分为宽带载波和窄带载波。对于不同的用电信息采集应用，本地通信的差异很大。专用变压器用户的本地通信通常多采用RS-485，居民用电信息采集的本地通信多采用电力线载波。本地通信的分类及特点见表7-4。

表7-4 本地通信的分类及特点

分类		特点	适用范围
电力线载波	窄带载波	优点：数据双向传输，无须另外铺设通信线路，安装方便、适应性好。 缺点：电力线存在信号衰减大、噪声源多且干扰强、受负载特性影响大等问题	电能表位置较分散、布线困难、用电负载特性变化较小的台区
	宽带载波	优点：数据双向传输，无须另外铺设通信线路，安装方便、适应性好。 缺点：存在高频信号衰减较快的问题，在长距离通信中需要中继组网解决	电能表位置集中的台区
RS-485		优点：数据传输可靠性高，双向传输。 缺点：需敷设RS-485线路，存在安装调试复杂、容易遭人为破坏等问题	电能表位置集中、用电负载特性变化较大的台区专用变压器用户，作为专用变压器终端与电能表之间的通信
微功率无线		优点：双向传输、功耗低、自组网、安装方便，不需要单独铺设通信线路。 缺点：信号易受障碍物影响，数据安全性较低	电能表位置集中、位置开阔的小区，作为RS-485和载波通信方式的补充

由表7-4可以看出,各种本地通信方式各有优缺点,其适应范围也不尽相同,在实际应用中,根据用户实际情况,可采取单一方式组网,也可多种方式联合组网。

2. 本地通信的组网方式

(1) 有线通信组网方式。目前,采用低压电力线载波(包括窄带和宽带)通信技术和RS-485总线相结合的典型组网方式主要有两种:集中器—载波电能表方式,即集中器通过低压电力线载波直接与具有载波通信功能的电能表通信;集中器—采集器—电能表方式,即集中器通过低压电力线载波与采集器通信,采集器通过RS-485总线与RS-485电能表通信。

集中器—载波表组网方式如图7-5所示,集中器—采集器—电能表组网方式如图7-6所示。

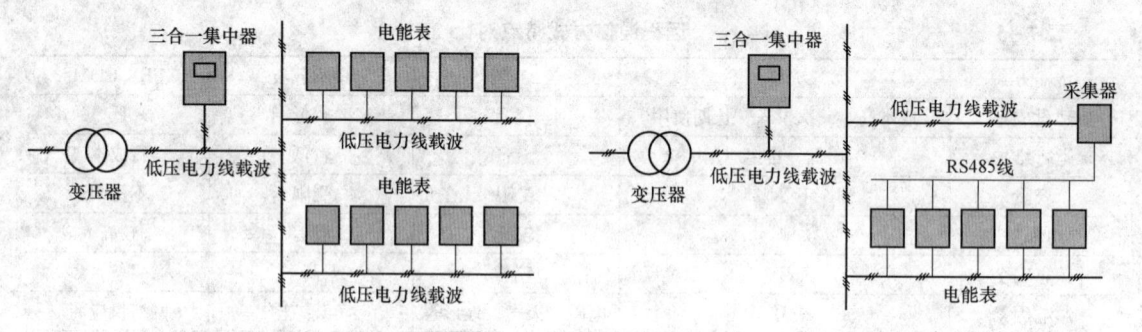

图7-5 集中器—载波电能表组网方式示意图   图7-6 集中器—采集器—电能表组网方式示意图

说明:采集器也是一种采集终端,当需要RS-485和载波通信方式结合组网时,需安装采集器作为中介,采集器通过RS-485收集电表信息,再通过载波将数据传至集中器。

(2) 无线通信组网方式。由具有微功率无线模块的集中器、采集器、电能表等组成无线通信网络。集中器与采集器通过微功率无线模块通信,采集器放置在表箱内,通过RS-485与电能表建立通信。集中器也可与具有微功率无线模块的电能表直接通信。微功率无线通信组网方式如图7-7所示。

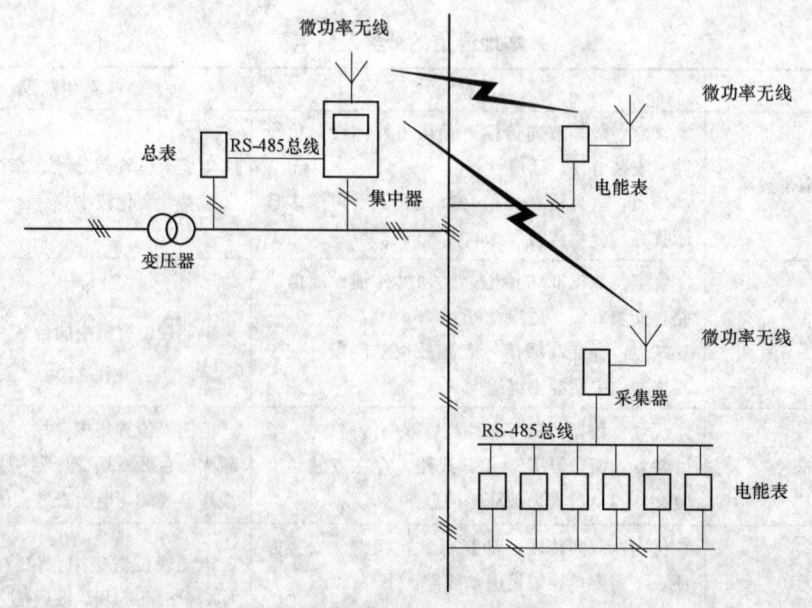

图7-7 微功率无线通信组网方式示意图

任务实施

（1）熟悉实训室的用电信息采集系统。
（2）说出用电信息采集系统的构成及各部分的作用。
（3）描述实训室专变采集终端、集中器的通信信道。

任务二　用电信息采集终端故障排查

任务描述

为实现电力用户的"全覆盖、全采集、全费控"，需要及时、完整、准确地掌控广大电力用户的用电信息。而电力用户用电信息采集终端在调试、使用过程中存在各种类型的故障，快速及时地处理终端故障是保证系统运行的可靠手段。通过本任务的学习，熟悉采集终端的功能以及故障排查的流程和内容，为熟练查找故障打下良好的理论和实践基础。

学习目标

知识目标：
（1）熟悉采集终端分类。
（2）熟悉专用变压器采集终端的主要功能。
（3）熟悉集中器主要功能。
（4）掌握终端故障排查流程及内容。
能力目标：
（1）能正确抄录用电信息采集终端数据。
（2）能按照故障排查流程进行集中器故障排查。
素质目标：
（1）主动学习，掌握采集终端功能。
（2）爱岗敬业，在集中器现场故障排查消缺时能主动分析和解决问题。

基本知识

一、用电信息采集终端的分类

用电信息采集终端是对各信息采集点用电信息采集的设备，简称采集终端。可以实现电能表数据的采集、数据管理、数据双向传输以及转发或执行控制命令的设备。用电信息采集终端按应用场所分为专用变压器采集终端、集中抄表终端（包括集中器、采集器）、分布式能源监控终端等类型。

二维码 7-1　用电信息采集终端介绍

1. 专用变压器采集终端

专用变压器采集终端是对专用变压器用户用电信息进行采集、处理、监测的设备，可以实现电能表数据的采集、电能计量设备工况和供电电能质量监测，以及客户用电负荷和电能量的监控，并对采集数据进行管理和双向传输。

2. 集中抄表终端

集中抄表终端是对低压用户用电信息进行采集的设备，包括集中器、采集器。集中器是指收集各采集器或电能表的数据，并进行处理储存，同时能和主站或手持设备进行数据交换的设备。采集器是用于采集多个或单个电能表的电能信息，并可与集中器交换数据的设备。采集器依据功能可分为基本型采集器和简易型采集器。基本型采集器抄收和暂存电能表数据，并根据集中器的命令将储存的数据上传给集中器。简易型采集器直接转发集中器与电能表间的命令和数据。

3. 分布式能源监控终端

分布式能源监控终端是对接入公用电网的用户侧分布式能源系统进行监测与控制的设备，可以实现对双向电能计量设备的信息采集、电能质量监测，并可接受主站命令对分布式能源系统接入公用电网进行控制。

二、专用变压器采集终端

1. 专用变压器采集终端型式

专用变压器采集终端按外形结构和 I/O 配置分为Ⅰ型、Ⅱ型、Ⅲ型三种，目前使用得较多的是Ⅲ型专用变压器终端。图如图 7-8 所示为 2013 版标准专用变压器采集终端Ⅲ型外观结构示意图。

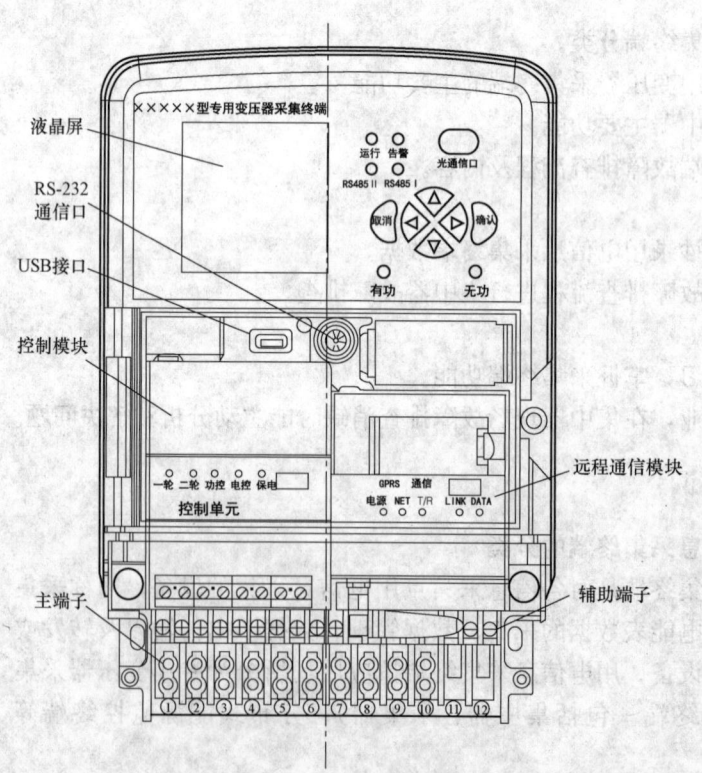

图 7-8 2013 版标准专用变压器采集终端Ⅲ型外观结构示意图

图 7-8 中右模块即远程通信模块主要用于远程通信，可根据实际通信需求进行更换，

2013年版标准与2009年标准相比,终端远程通信模块强化了模块互换要求,GPRS模块/CDMA模块/PSTN模块/230M电台/光纤模块/4G模块可以直接互换,目前国家电网公司主流通信方式为无线公网通信,并标配RJ45以太网通信接口。左模块即控制模块,用指示灯表示当前用户所处的控制状态,如该用户若处于保电状态,则控制模块保电灯红色长亮。

二维码7-2 认识专用变压器采集终端外观

2. 专用变压器采集终端的主要功能

专用变压器采集终端的主要功能见表7-5。

表7-5　　　　　　　　　　专用变压器采集终端主要功能说明

序号	主要功能	功能描述
1	电能表数据采集	终端能按设定的终端抄表日或定时采集时间间隔对电能表数据进行采集、存储,并在主站召测时发送给主站,终端记录的电能表数据,应与所连接的电能表显示的相应数据一致(对不支持日冻结的电能表,终端抄读电能表零点实时数据形成冻结数据;对智能电能表,终端抄读电表本身冻结数据)
2	状态量采集	终端实时采集位置状态、控制输出回路开关接入状态和其他状态信息,发生变位时记入内存并在最近一次主站查询时向其发送该变位信号或终端主动上报
3	脉冲量采集	(1) 终端能接收电能表输出的脉冲,并根据电能表脉冲常数 K_p（imp/kWh 或 imp/kvarh）、TV变比 K_{TV}、TA变比 K_{TA} 计算 1min 平均功率,并记录当日、当月功率最大值和出现时间。 (2) 脉冲输入累计误差应不大于 1 个脉冲。 (3) 功率显示至少 3 位有效位,功率的转换误差在 $\pm 1\%$ 范围内
4	交流模拟量采集	专用变压器采集终端可按使用要求选配电压、电流等模拟量采集功能,测量电压、电流、功率、功率因数等
5	数据处理	(1) 终端按照要求可以采集实时和当前数据。 (2) 终端将采集的数据在日末（次日零点）形成各种历史日数据,并保存最近 62 天日数据。 (3) 终端可以按照 15min 的冻结间隔形成各类冻结曲线数据,并保存最近 30 天曲线数据。 (4) 终端将采集的数据在设定的抄表日及抄表时间形成抄表日数据,并保存最近 12 次抄表日数据。 (5) 终端将采集的数据在月末零点（每月 1 日零点）生成各种历史月数据,并保存最近 12 个月的月数据。 (6) 终端能够监测电能表运行状况,可监测的主要电能表运行状况有:电能表参数变更、电能表时间超差、电表故障信息、电能表亮度下降、电能量超差、电能表飞走、电能表停走、相序异常、电能表开盖记录、电能表运行状态字变位等。 (7) 专用变压器采集终端具有电压监测越限统计及功率因数越限统计的功能
6	参数设置与查询	专用变压器采集终端具有时钟召测和对时、TA变比、TV变比和电能表常数、限值参数、功率控制参数、预付费控制参数、终端参数、抄表参数等设置查询功能。 终端应能接收主站的时钟召测和对时命令,对时误差应不超过 5s。参比条件下,终端时钟日计时误差应不大于 ± 0.5s/d。电源失电后,时钟应能保持正常工作
7	控制	终端的控制功能主要分为功率定值控制、电量定值控制、保电/剔除、远方控制四大类

续表

序号	主要功能	功能描述
8	参数设置和查询功能	（1）远程查询或本地设置和查询集中器档案、集中器通信参数、抄表方案（如集中器采集周期、抄表时间、采集数据项等）。 （2）集中器应有计时单元，计时单元的日计时误差不大于±0.5s/d。集中器可接收主站或本地手持设备的时钟召测和对时命令。集中器应能通过本地信道对系统内采集器进行广播对时或对电能表进行广播校时
9	事件记录	（1）终端根据主站设置的事件属性按照重要事件和一般事件分类记录。每条记录的内容包括事件类型、发生时间及相关情况。 （2）对于主站设置的重要事件，当事件发生后终端实时刷新重要事件计数器内容，记为记录，并可以通过主站请求访问召测事件记录，对于采用平衡传输信道的终端应直接将重要事件主动及时上报主站。对于主站设置的一般事件，当事件发生后终端实时刷新一般事件计数器内容，记为事件记录，等待主站查询。 （3）终端应能记录参数变更、终端停/上电等事件
10	数据传输	（1）终端能按主站命令的要求，定时或随机向主站发送终端采集和存储的功率、最大需量、电能示值、状态量等各种信息。 （2）终端与主站间以及终端本地维护的通信协议应符合 Q/GDW 1376.1—2013，并通过通信协议的一致性检验测试。 （3）对于具有中继转发功能的终端应能按需求设置中继转发的功能。 （4）终端与电能表通信，按设定的抄收间隔抄收和存储电能表数据；可以接受主站的数据转发命令，将电能表的数据通过远程信道直接传送到主站
11	本地功能	（1）本地状态指示：应有电源、工作状态、通信状态等指示。 （2）本地维护接口：终端应有本地维护接口，通过维护接口设置终端参数，进行软件升级等。 （3）本地用户接口：本地通信接口中可有1路作为用户数据接口，提供用户数据服务功能。由用户根据需要查询实时用电数据和参数（如用电曲线、时段费率、购用电信息等）、供电信息（如停限电通知、电价信息、催费信息等）、告警信息等
12	终端维护	（1）自检自恢复。 1）终端应有自测试、自诊断功能，发现终端的部件工作异常应有记录。 2）终端应记录每日自恢复次数。 （2）终端初始化。终端接收到主站下发的初始化命令后，分别对硬件、参数区、数据区进行初始化，参数区置为缺省值，数据区清零，控制解除。 （3）终端登录。终端上电后，经过 0~30s 的随机延时后登录。每次登录失败后，经过心跳周期 0.5~1.5 倍的随机延时（以秒或毫秒计）后重新登录。 （4）其他功能。 1）软件远程下载：终端软件可通过远程通信信道实现在线软件下载。升级须得到许可，并经 ESAM 认证后方可进行。 2）断点续传：终端进行远程软件下载时，终端软件应具有断点续传能力。 3）终端版本信息：终端应能通过本地显示或远程召测查询终端版本信息。 4）通信流量统计：终端应能统计与主站的通信流量。 5）模块信息：终端应能读取并存储无线公网通信模块型号、版本、ICCID、信号强度等信息

三、集中器

1. 集中器分类

集中器按功能分为集中器Ⅰ型和集中器Ⅱ型两种型式。集中器类型标识代码分类见表7-6。

类型标识代码为DJ××××-××××。上行通信信道可选用230MHz专网、GPRS无线公网、CDMA无线公网、以太网、光纤通信，下行通信信道可选用微功率无线、电力线载波、RS-485总线、以太网等，标配交流模拟量输入、2路遥信输入和2路RS-485接口，温度选用C2级或C3级。

表7-6　　　　　　　　　集中器类型标识代码分类说明

DJ	×	×	×	-××××
集中器分类	上行通信信道	I/O配置/下行通信信道	温度级别	产品代号
DJ—低压集中器	W—230MHz专网 G—无线G网 C—无线C网 J—微功率无线 Z—电力线载波 L—有线网络 P—公共交换电话网 T—其他	下行通信信道： J—微功率无线 Z—电力线载波 L—有线网络	1～9；1～9路 电能表接口 A；W—10～32路 电能表接口	1—C1 2—C2 3—C3 4—C×	由不大于8位的英文字母和数字组成。英文字母可由生产企业名称拼音简称表示，数字代表产品设计序号

2. 集中器外观

集中器外观及接线端子如图7-9所示。

图7-9中右模块即远程通信模块主要用于远程通信，与专用变压器终端远程通信模块类似。左模块即本地通信模块，主要为载波或无线模块。在专用变压器终端中，本地通信是通过RS-485通信线来实现的，将专用变压器终端表尾的RS-485A、B端子与电能表表尾的RS-485A、B用RS-485线对应连接起来，即可实现一对一通信。而在低压公用变压器采集中，一个集中器往往要对应上百块电能表，若全部采集RS-485线连接通信，则接线工作量巨大且容易出错或故障，所以采用电力线载波的方式进行本地通信，只要有电压线就可以传递数据，但载波通信需要借助载波模块完成，所以集中器Ⅰ型的左模块是用于本地通信的载波模块。对专用变压器用户的用电控制是通过专用变压器终端下发命令，终端表尾外接断路器来完成控制。而集中器通常不执行控制命令，由集中器向某一低压智能电能表下发命令，由智能电能表内置开关来完成控制。

（1）终端主界面显示。图7-10所示为集中器Ⅰ型主界面示意图。

1）顶层显示状态栏：显示固定的一些状态（不参与翻屏轮显），如通信方式、信号强度、异常告警等，具体见表7-7。

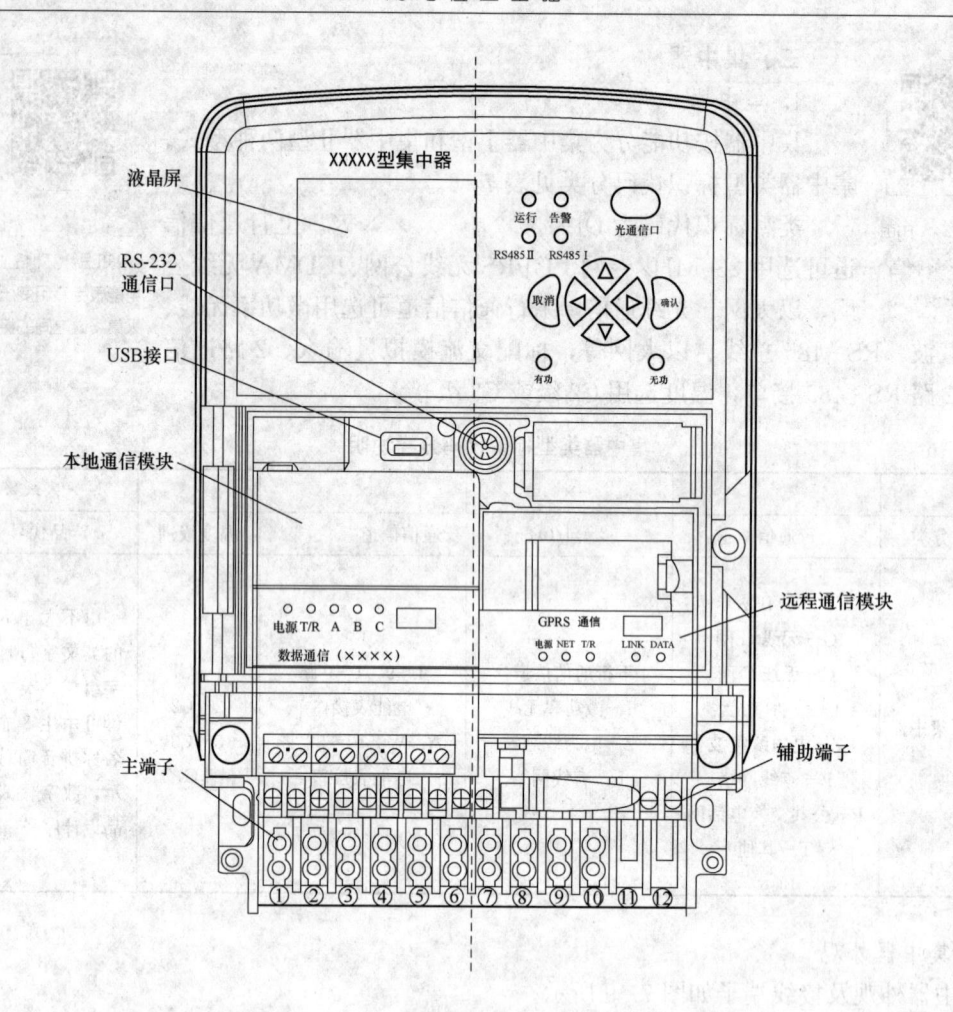

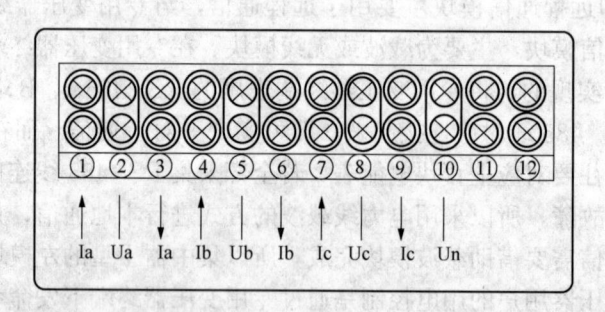

图 7-9 集中器外观及接线端子图

表 7-7　　　　　　　　　　　　　顶层显示状态栏内容

显示	说明
▽ ᵃᴵᴵ	信号强度指示，最高是 4 个，最低是 1 格。当信号只有 1～2 格时，表示信号弱，通信不是很稳定。信号强度为 3～4 格时信号强，通信比较稳定
G	通信方式指示： G 表示采用 GPRS 通信方式； S 表示采用 SMS（短消息）通信方式； C 表示 CDMA 通信方式； L 表示有线通信方式； W 表示无线电台通信方式
❗	异常告警指示，表示集中器或测量点有异常情况。当集中器发生异常时，该标志将和异常事件报警编码轮流闪烁显示
0001	表示第几号测量点数据

2）主显示界面：主要显示翻屏数据，如瞬时功率、电压、电流、功率因数等内容。

3）底层显示状态栏：显示集中器运行状态，如任务执行状态、与主站通信状态等。

(2) 集中器本体指示灯。集中器本体指示灯如图 7-11 所示。

图 7-10　集中器 I 型主界面示意图

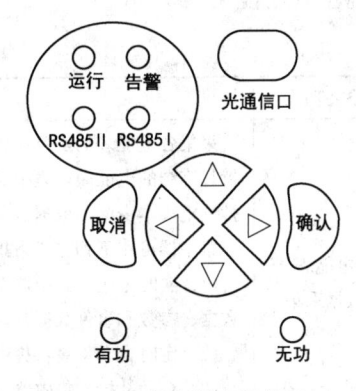

图 7-11　集中器本体指示灯

运行灯——运行状态指示灯，红色，灯常亮表示集中器主 CPU 正常运行，但未和主站建立连接，灯亮一秒灭一秒交替闪烁表示终端正常运行且和主站建立连接；

告警灯——告警状态指示，红色，灯亮一秒灭一秒交替闪烁表示集中器告警；

RS-485 Ⅰ——RS-485 Ⅰ通信状态指示，红灯闪烁表示模块接收数据；绿灯闪烁表示模块发送数据；

RS-485 Ⅱ——RS-485 Ⅱ通信状态指示，红灯闪烁表示模块接收数据；绿灯闪烁表示模块发送数据；

有功、无功——交流采样电能计量有无功脉冲输出。

(3) 集中器远程无线通信模块状态指示。集中器远程无线通信模块状态指示灯如图 7-12 所示。

电源灯——模块上电指示灯，红色，灯亮表示模块

图 7-12　集中器远程无线通信模块指示灯

上电，灯灭表示模块失电；

NET 灯——通信模块与无线网络链路状态指示灯，绿色；

T/R 灯——模块数据通信指示灯，红绿双色，红灯闪烁表示模块接收数据，绿灯闪烁表示模块发送数据；

LINK 灯——以太网状态指示灯，绿色，灯常亮表示以太网口成功建立连接；

DATA 灯——以太网数据指示灯，红色，灯闪烁表示以太网口上有数据交换。

（4）集中器本地载波通信模块状态指示。集中器本地载波通信模块状态指示灯如图 7-13 所示。

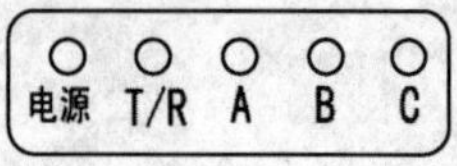

图 7-13 载波通信模块指示灯

电源灯——模块上电指示灯，红色。灯亮时，表示模块上电；灯灭时，表示模块失电。

T/R 灯——模块数据通信指示灯，红绿双色。红灯闪烁时，表示模块接收数据；绿灯闪烁时，表示模块发送数据。

A 灯——A 相发送状态指示灯，绿色。

B 灯——B 相发送状态指示灯，绿色。

C 灯——C 相发送状态指示灯，绿色。

3. 集中器主要功能

集中器主要功能见表 7-8。

表 7-8　　集中器主要功能

序号	主要功能	功能描述
1	电能表数据采集	采集各电能表的实时电能示值、日零点冻结电能示值、抄表日零点冻结电能示值（对不支持日冻结的电能表，集中器抄读电能表零点实时数据形成冻结数据；对智能电能表，集中器抄读电表本身冻结数据），电能数据保存时应带有时标。 集中器可用下列方式采集电能表的数据： （1）实时采集：集中器直接采集指定电能表的相应数据项，或采集采集器存储的各类电能数据、参数和事件数据。 （2）定时自动采集：集中器根据主站设置的抄表方案自动采集采集器或电能表的数据。 （3）自动补抄：集中器对在规定时间内未抄读到数据的电能表应有自动补抄功能。补抄失败时，生成事件记录，并向主站报告
2	状态量采集	终端实时采集开关位置状态和其他状态信息，发生变位时应记入内存并在最近一次主站查询时向其发送该变位信号或终端主动上报
3	交流模拟量采集	Ⅰ型集中器标配电压、电流等模拟量采集功能，测量电压、电流、功率、功率因数等
4	直流模拟量采集	对一些非电气量监测点（如温度、压力等），经变换器转换成直流模拟量；集中器可实时采集直流模拟量测量温度、压力等非电气量，直流模拟测量准确度要求在±1％范围内
5	数据管理和存储	（1）集中器应能按要求对采集数据进行分类存储，如日冻结数据、抄表日冻结数据、曲线数据、历史月数据等。曲线冻结数据密度由主站设置，最小冻结时间间隔为1h。 （2）Ⅰ型集中器数据存储容量不得低于64MB。 （3）Ⅰ型集中器应能分类存储下列数据：每个电能表的62个日零点（次日零点）冻结电能数据，12个月末零点（每月1日零点）冻结电能数据，以及10个重点用户10天的24个整点电能数据

续表

序号	主要功能	功能描述
6	重点用户采集	集中器应能按要求选定某些用户为重点用户，按照采集间隔1h生成曲线数据
7	电能表运行状况监测	终端监视电能表运行状况，相序异常、电能表开盖记录、电能表运行状态字变位、电能表发生参数变更、时钟超差或电能表故障等状况时，按事件记录要求记录发生时间和异常数据
8	公用变压器电能计量	当Ⅰ型集中器配置交流模拟量采集功能，计算公用变压器各电气量时，应能实现公用变压器电能计量功能，计量并存储正反向总及分相有功电能、最大需量及发生时刻、正反向总无功电能，有功电能计量准确度不低于1.0级，无功电能计量准确度达到2.0级
9	参数设置和查询功能	（1）远程查询或本地设置和查询集中器档案、集中器通信参数、抄表方案（如集中器采集周期、抄表时间、采集数据项等）。 （2）集中器应有计时单元，计时单元的日计时误差不大于±0.5s/d。集中器可接收主站或本地手持设备的时钟召测和对时命令。集中器应能通过本地信道对系统内采集器进行广播对时或对电能表进行广播校时
10	事件记录	（1）集中器应能根据设置的事件属性，将事件按重要事件和一般事件分类记录。事件包括终端参数变更、抄表失败、终端停/上电，电能表时钟超差等。 （2）当集中器采用双工传输信道时，集中器应主动向主站发送告警信息；当采用不具有主动上报的远程信道时，集中器在应答主站抄读电能量数据时将请求访问位（ACD）置1，请求主站访问。集中器应能保存最近500条事件记录
11	本地功能	（1）本地状态指示：应有电源、工作状态、通信状态等指示。 （2）本地维护接口：提供本地维护接口，支持手持设备设置参数和现场抄读电能量数据，并有权限和密码管理等安全措施，防止非授权人员操作。本地维护接口通信协议应支持采用Q/GDW 1376.1—2013《电力用户用电信息采集系统通信协议 第1部分：主站与采集终端通信协议》
12	终端维护	（1）自检和异常记录：集中器可自动进行自检，发现设备（包括通信）异常应有事件记录和告警功能。 （2）初始化：终端接收到主站下发的初始化命令后，分别对硬件、参数区、数据区进行初始化，参数区置为缺省值，数据区清零。 （3）远程软件升级：集中器支持主站对集中器进行远程在线软件下载升级，并支持断点续传方式，但不支持短信通信升级。升级须得到许可，并经ESAM认证后方可进行。 （4）模块信息：集中器应能读取并存储无线公网通信模块型号、版本、ICCID、信号强度等信息。 （5）集中器应能读取并存储本地通信模块供应商、型号、软件版本等信息
13	电能表通信参数的自动维护	集中器自动发现管辖范围内的采集器和电能表的变化，根据设定参数实施电能表/交采装置配置参数自动维护

四、终端故障处置原则及流程

1. 优先排查主站

发生采集故障时，优先从主站侧查找原因，提升主站排除故障能力，降低现场工作难度和工作量。

2. 逐级分析定位

综合考虑用电信息采集各环节实际情况，从系统主站、远程信道、采集终端、智能电能表分段排查。

3. 批量优先处理

遇到多起并发故障时，查找共性问题，综合考虑影响范围、抢修时间和难度，优先处理影响用户多，恢复难度小的故障。

4. 一次处理到位

对于同一区域或台区发现不同故障，尽量一次派工同步处理。

终端故障排查流程如图7-14所示。

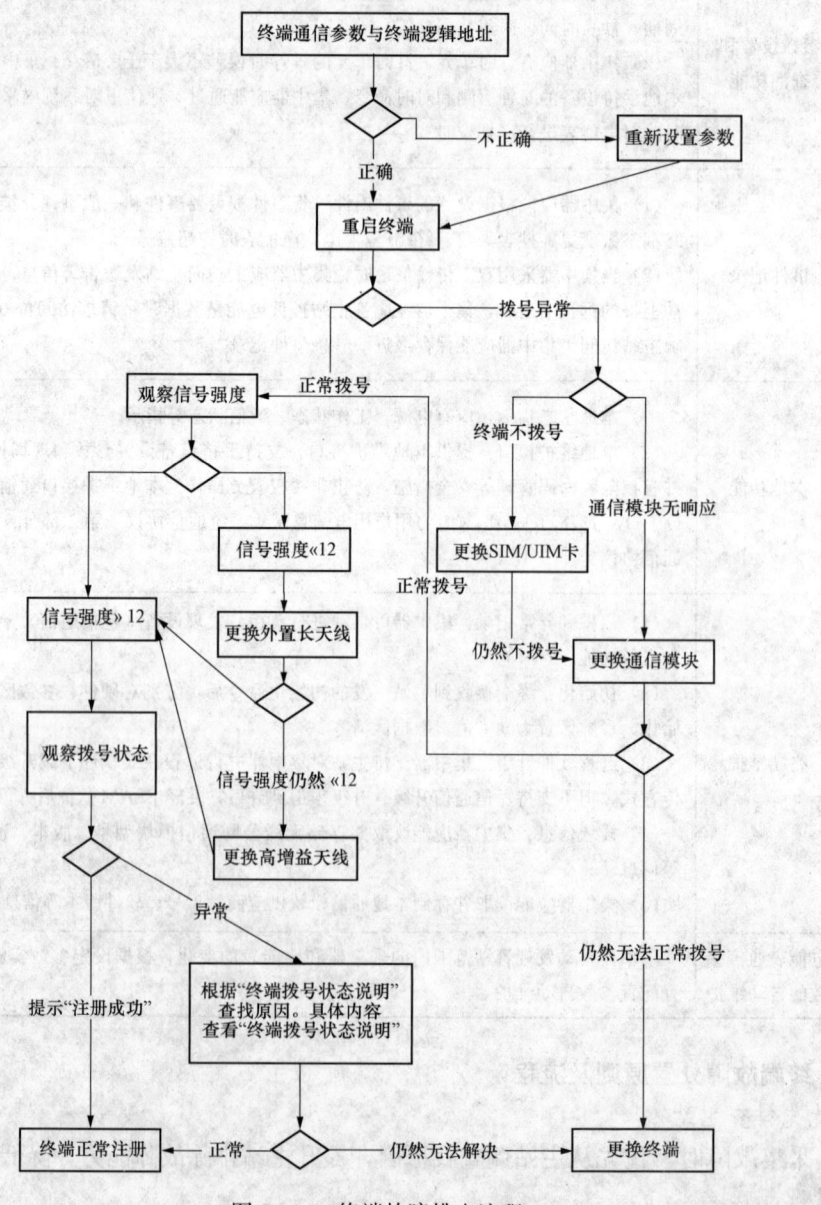

图7-14 终端故障排查流程

项目七 用电信息采集系统故障排查及应用

任务实施

（1）抄录电能表、专用变压器终端的参数及电量等数据信息，完成附录 P。

（2）按照集中器故障排查具体内容进行实训室集中器故障排查，并进行记录。

1）集中器上行通信参数设置问题。检查终端上行通信参数设置是否正确：

①主站 IP 地址；

②主站端口；

③APN 参数；

④终端区划码以及终端地址。

二维码 7-5 低压采集调试

2）GPRS 信号问题。

①地下室封闭环境中，无信号或信号微弱，导致终端 GPRS 模块无法连接到 GPRS，需重新规划集中器安装位置（或更换增益天线、引出信号线到室外），重新按要求连线后，观察它的工作状态。

② SIM 卡的问题包含集中器内未插 SIM 卡或者 SIM 卡已经欠费两种。确定是 SIM 卡的原因，及时联系供电部门更换好的 SIM 卡。

3）载波问题。

①载波通道问题。目前广泛应用的窄带载波技术在某些强干扰、长距离工作场所会遇到信号衰减问题，其表现形式就是某些电能表采集质量非常不稳定，时而成功，时而失败，或者一直失败。针对此类问题，比较低成本的办法是在信号干扰强烈处或者长距离载波的中间节点处安装信号中继器。

②载波模块问题。载波模块烧坏或者模块通信能力差，已经无法正常工作，需及时更换新的载波模块，观察它的工作状态，保证新换的载波模块已经正常工作。

4）RS-485 接线问题。

①检查终端和电能表的 RS-485 端口是否正常。

②检查 RS-485 数据线是否正常，以及 RS-485 数据线连接终端和电能表时，接线是否正确。接线时注意路号对应，符号对应，即表计上的 1 路 RS485-A 接集中器的 1 路 RS485-A，表计上的 1 路 RS485-B 接集中器的 1 路 RS-485-B（如需连接 2 路，则对应的规则类似），如图 7-15 所示。

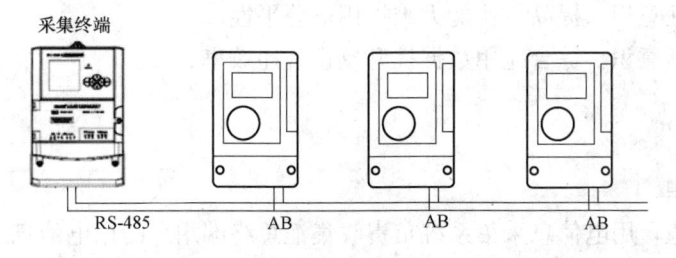

图 7-15 终端和电能表的 RS-485 接线

5）电表问题。

①电表参数错误。由于人为或系统原因，现场表计的参数（通信地址、波特率等）与

SG186系统内的参数不一致，或者SG186系统的参数与采集系统的参数不一致，导致部分电能表不能成功采集，此时应以现场表计信息为准，通过SG186流程进行修改。

②电能表不带电。在日常工作中可能出现电能表的上侧电源被拉开，或者电源进线断开，导致表计不带电，从而无法被采集。

③电能表台区归属错误。由于调整负荷、调整线路台区等工作需要，某些电能表的上级电源可能由变压器A调整至变压器B，而系统档案没有进行同步修改，其档案仍然存在于变压器A的集中期内，导致采集失败。对于此类问题，一定要先在SG186系统内进行"批量调整线路台区"操作，再进行"采集点修改工作"，将档案修改成与现场一致。

任务三　用电信息采集系统在反窃电中的应用

任务描述

反窃查违工作是降线损的一项重要工作，如何做到"运筹帷幄，决胜千里"，提高反窃查违的精准性，是值得研究和持续探索的工作。用电信息采集系统应用是需要实践学习的技能，本任务主要目的在于帮助大家建立起对采集系统在反窃电中应用的基本认识，引导后续进一步地深入学习。通过本任务的学习，初步了解用电信息采集系统在反窃查违中的应用，了解用电信息采集系统中与计量装置计量异常相关的数据，初步掌握根据用电信息采集系统数据判断窃电行为的方法。

学习目标

知识目标：
（1）了解用电信息采集系统可以查询的关于计量的相关数据。
（2）熟悉用电信息采集系统异常数据与计量装置异常的对应关系。

能力目标：
（1）能根据用电信息采集系统数据说出计量装置异常情况。
（2）能使用用电信息系采集系统完成窃电用户现场处置。

素质目标：
（1）增强责任意识，提高专业能力维护用电公平性。
（2）增强创新意识，综合应用数据提升反窃查违效率。

基本知识

一、背景知识

我们已经知道，用电信息采集系统负责收集汇总终端用户的用电信息。正常情况下，计量装置现场所有的用电信息都会第一时间汇总到采集系统，供电公司人员在主站通过查询就可以及时了解用户的用电情况。

计量装置要能够正确计量用电量，必须使用正确的接线方式，前面已经学习了单相表、三相三线表、三相四线表的接线方式。常用的窃电手段就是改变计量装置的接线方式、电表内部采样环节等，造成计量异常。

电能表通过实时计量终端用户负荷功率，在时间上累计后就得到了用电量。功率与电压、电流、相位角相关，所以窃电行为一旦发生，必然会造成用于计量电量的相关数据变化，导致计量异常，这也是窃电达到少计电量，节省电费的根本原因。

用电信息采集系统可以获取用户计量装置的用电信息，从而用来分析用户计量装置是否计量异常，再通过现场检查就能够确定计量装置异常，达到查处窃电的目的。总的来说，采集系统在反窃电中发挥较大作用，主要得益于它能够实现负荷分析、电量分析、电压分析、电流分析和功率因数分析数据的分析。

二、负荷分析

按日期查看终端各测量点的功率曲线走势图及明细数据，对终端进行负荷分析，如图 7-16 所示，Web 主站→基本应用→用电分析→负荷分析。

图 7-16 "负荷分析"模块应用

单击"负荷分析"，出现如图 7-17 所示界面。

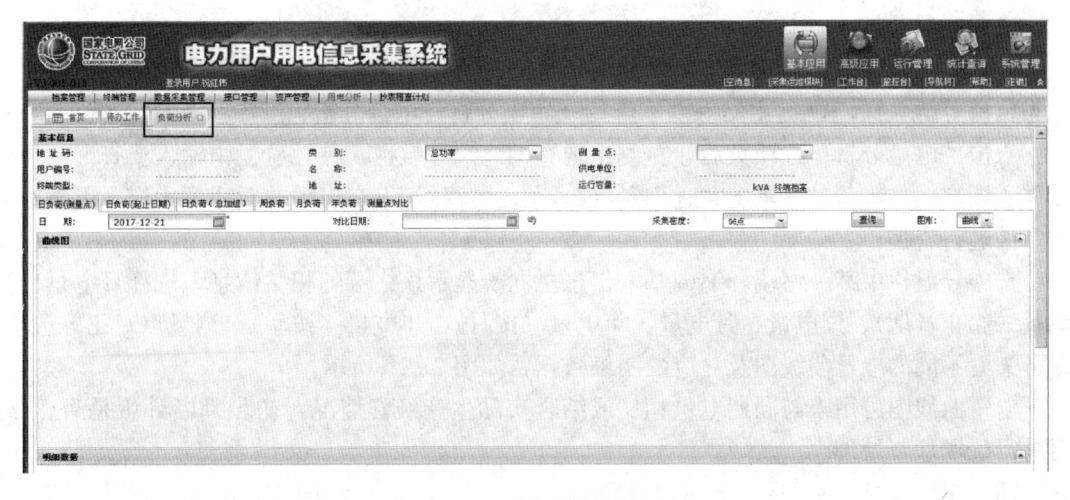

图 7-17 "负荷分析"界面

双击"负荷分析"选项，左侧出现查询终端导航栏，在导航栏中输入要查询的地址名称、用户编号等条件，单击"查询"。或者单击"高级"，在出现的对话框中选择更多查询的条件进行查询。

选中导航栏中某一终端，终端基本信息栏同步显示该终端的相关信息，选择日负荷（测量点）、日负荷（起止日期）、日负荷（总加组）、周负荷、月负荷、年负荷、测量点对比等选项，即可查看不同的负荷曲线图及对应的明细数据。如图 7-18 所示。

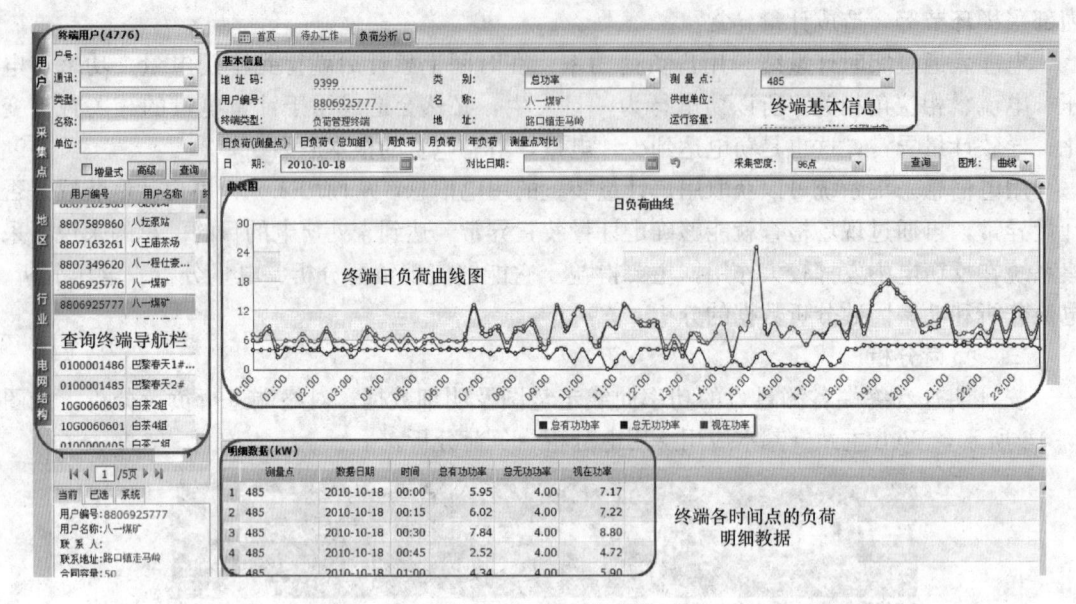

图 7-18 用户负荷曲线图

通过查询终端用户的负荷曲线，结合用户的性质、生产情况等因素，就能够初步判断计量装置是否存在计量异常。比如，某24h生产企业，如果在某一时段负荷曲线明显变低，而经过了解该企业正常生产，就能初步判断计量装置可能存在计量异常情况，需要到现场进一步检查确认。

三、电量分析

按日期查看终端各测量点的电量曲线走势图及明细数据，对终端进行电量分析。操作流程与负荷分析一样，Web 主站→基本应用→用电分析→电量分析。

双击"电量分析"选项页后，左侧出现查询终端导航栏，在导航栏中输入要查询的地址名称、用户编号等条件，单击"查询"。或者单击"高级"，在出现的对话框中选择更多查询的条件进行查询。

选中导航栏中某一终端，终端基本信息栏同步显示该终端的相关信息，选择日电量、日电量（起止日期）、周电量、月电量、年电量（按月）、年电量（按季）、测量点对比等选项，即可查看不同的电量曲线图及对应的明细数据，如图7-19所示。

电量曲线图可用来与同期电量相比或结合实际生产经营情况，初步判断计量是否正常，再进行现场检查处理。

四、电压分析

按日期查看终端各测量点的电压曲线走势图及明细数据，对终端进行电压分析。操作流程与负荷分析一样，Web 主站→基本应用→用电分析→电压分析。

双击"电压分析"选项页后，左侧出现查询终端导航栏，在导航栏中输入要查询的地址名称、用户编号等条件，单击"查询"。或者单击"高级"，在出现的对话框中选择更多查询的条件进行查询。

选中导航栏中某一终端，终端基本信息栏同步显示该终端的相关信息，选择日电压、日电压（起止日期）、周电压、月电压、年电压等选项，即可查看不同的电压曲线图及对应的明细数据。如图 7-20 所示。

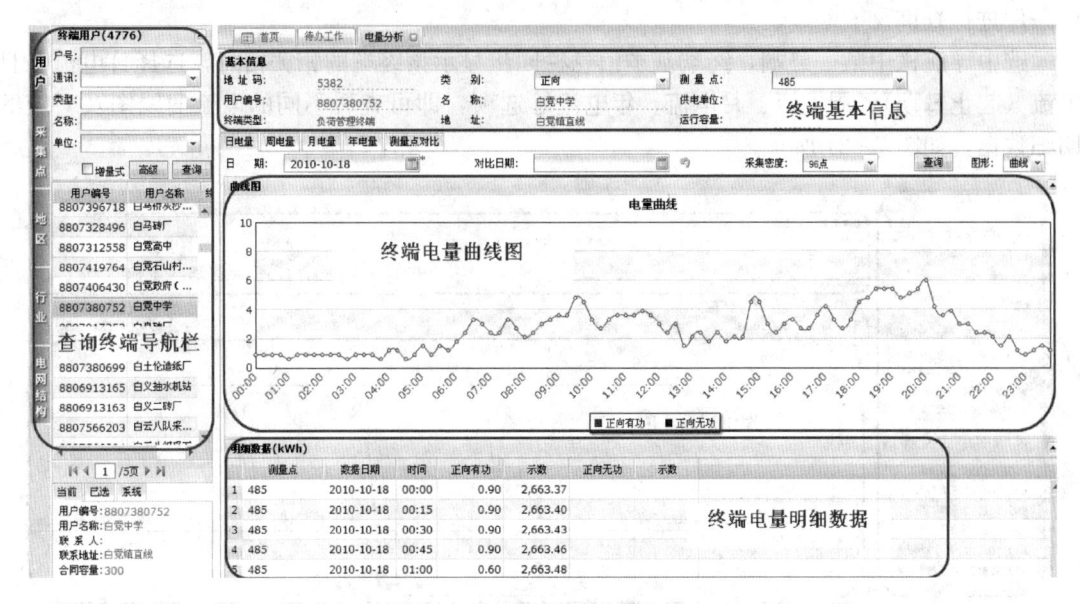

图 7-19 用户电量曲线图

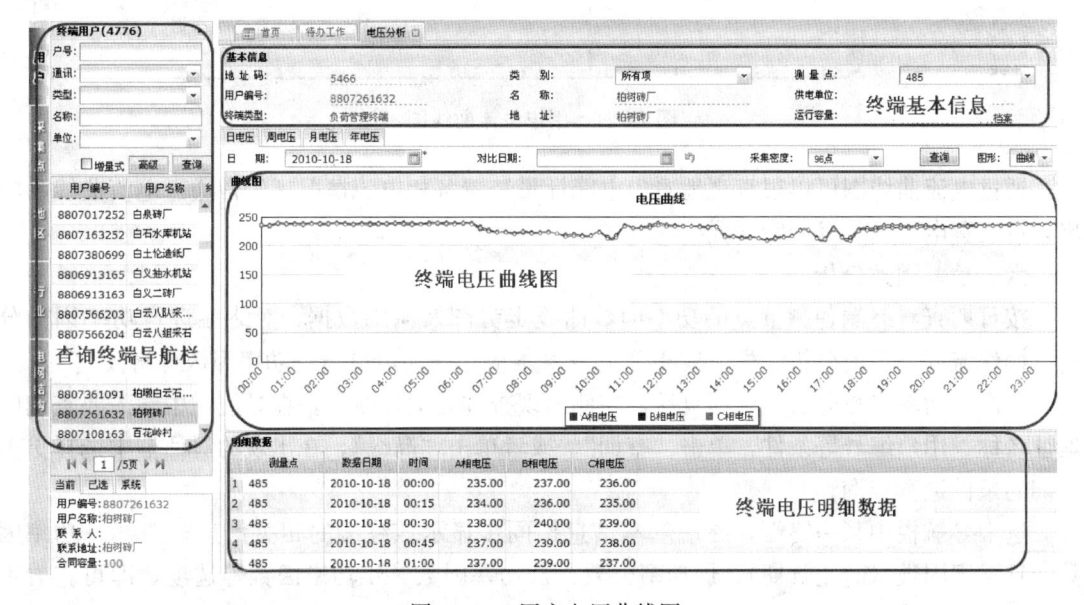

图 7-20 用户电压曲线图

一般地，通过电压曲线图就能够非常直观地看出计量装置是否存在计量异常，因此，查询电压曲线是分析计量异常过程中最常用的方式。

五、电流分析

按日期查看终端各测量点的电流曲线走势图及明细数据，对终端进行电流分析。操作流程与负荷分析一样，Web 主站→基本应用→用电分析→电流分析。

双击"电流分析"选项页后，左侧出现查询终端导航栏，在导航栏中输入要查询的地址名称、用户编号等条件，单击"查询"。或者单击"高级"，在出现的对话框中选择更多查询的条件进行查询。

选中导航栏中某一终端，终端基本信息栏同步显示该终端的相关信息，选择日电流、日电流（起止日期）、周电流、月电流、年电流等选项，即可查看不同的电流曲线图及对应的明细数据，如图 7-21 所示。

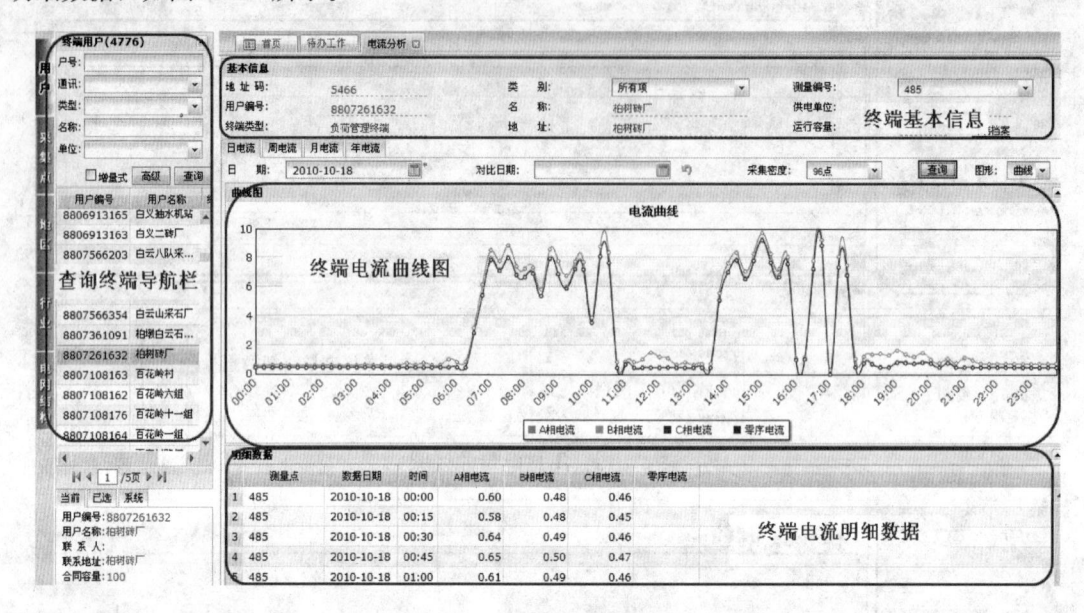

图 7-21 用户电流曲线图

通过电流曲线图可以很直观地看出电能计量装置各相电流情况，经常通过电流曲线诊断出计量装置电流断相等异常情况。

六、功率因数分析

按日期查看终端各测量点的功率因数曲线走势图及明细数据，对终端进行功率因数分析。操作流程与负荷分析一样，Web 主站→基本应用→用电分析→功率因数分析。

双击"功率因数分析"选项页后，左侧出现查询终端导航栏，在导航栏中输入要查询的地址名称、用户编号等条件，单击"查询"。或者单击"高级"，在出现的对话框中选择更多查询的条件进行查询。

选中导航栏中某一终端，终端基本信息栏同步显示该终端的相关信息，选择日功率因数、日功率因数（起止日期）、周功率因数、月功率因数、年功率因数等选项，即可查看不同的功率因数曲线图及对应的明细数据，如图 7-22 所示。

我们知道，功率因数是由计量装置每一相电压、电流夹角的余弦值确定的，功率因数是否正常直接影响了计量是否正常。所以，查询功率因数情况也是我们利用采集系统判断窃电行为的重要依据。

任务实施

应用用电信息采集系统数据判断计量装置异常需要在主站实际练习、现场验证，要达到熟练掌握需要在供电公司实战学习。这里为了给大家直观的认识，举 3 个实际的应用案例，

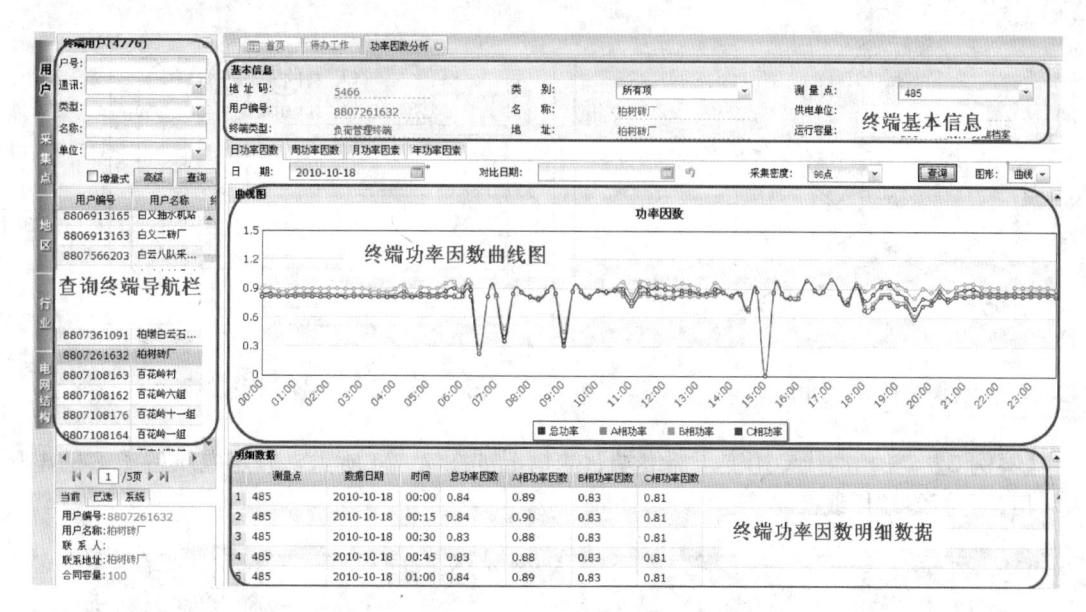

图 7-22 用户功率因数曲线图

帮助大家进一步理解如何发挥用电信息采集系统在查处窃电中的作用。

【案例 1】 某台区线损较大，查询总表电流发现 A 相和 C 相电流总是相等，集中器交采作总表，在用电信息采集系统中召测情况见图 7-23。

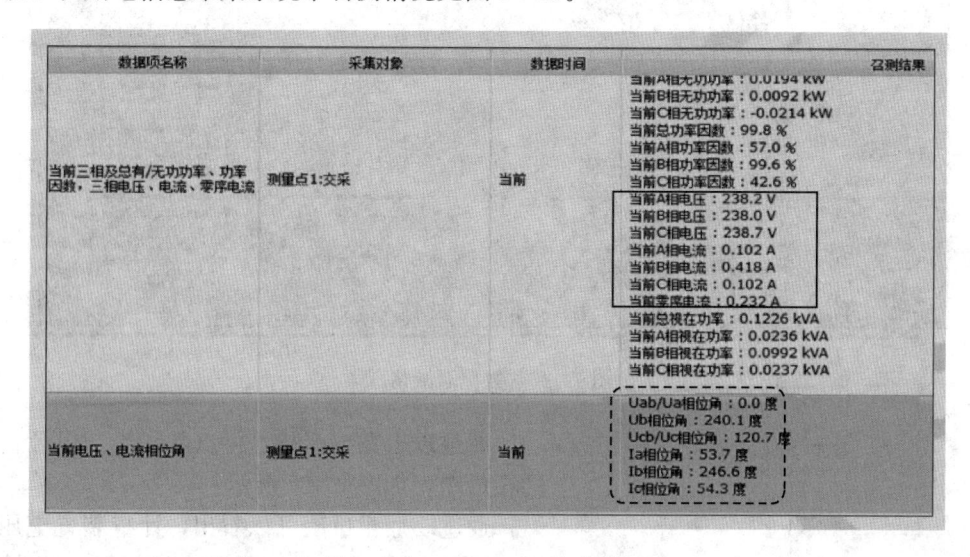

图 7-23 A、C 相电流召测情况

通过采集系统召测 A 相电流 I_a、C 相电流 I_c 发现，两相电流大小确实相等，且相位角几乎一致，所以有理由怀疑现场计量装置 A、C 相电流接入的是同一相电流。接下来，就可以到计量装置现场核实接线情况。

这种情况下，根据召测的数据，可以绘制出相量图及实际接线图如图 7-24 和图 7-25 所示。

后经过现场核实，计量装置接线确实存在问题，A 相、C 相电流接入的为同一相电流，造成计量异常。

图 7-24 相量图

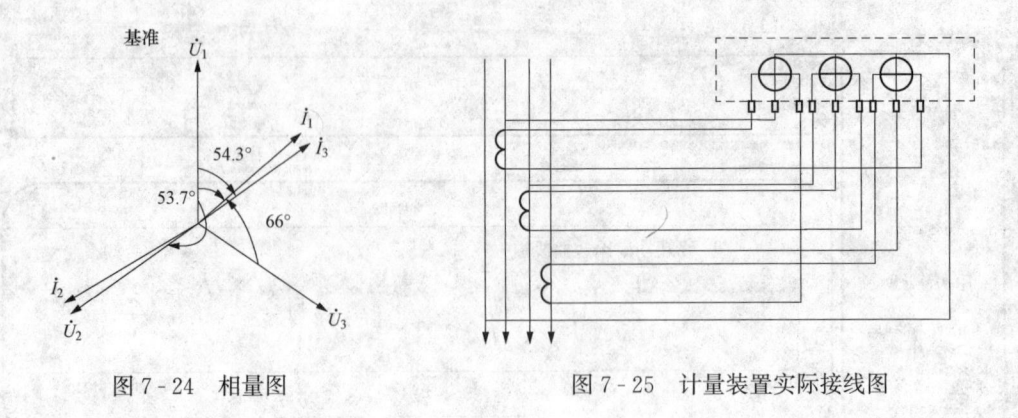

图 7-25 计量装置实际接线图

【案例 2】 三相四线专用变压器终端召测情况如图 7-26 所示，假定电压端子 2 的电压为 a 相，分析终端接线。

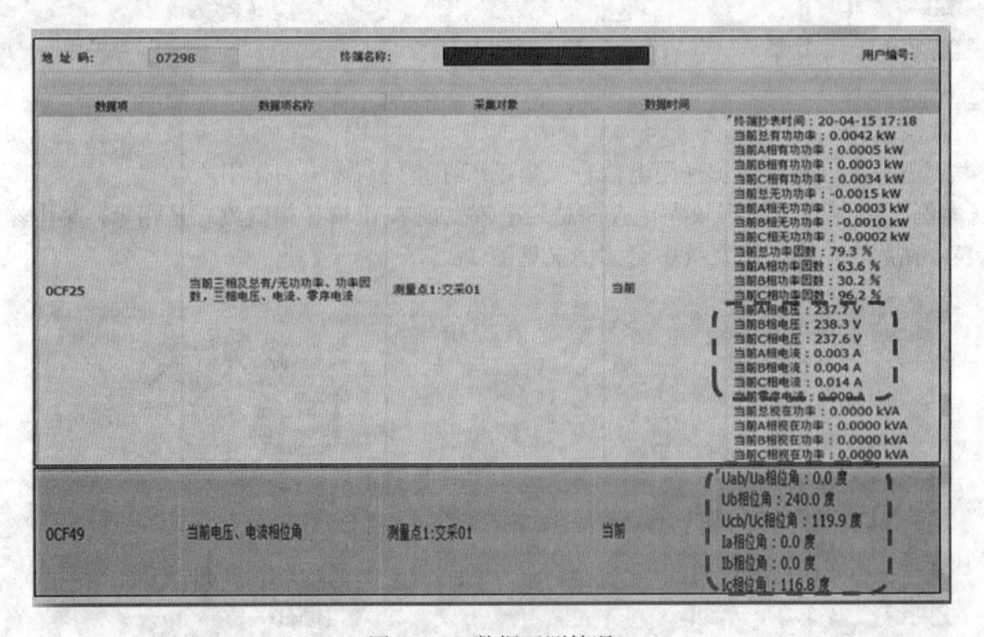

图 7-26 数据召测情况

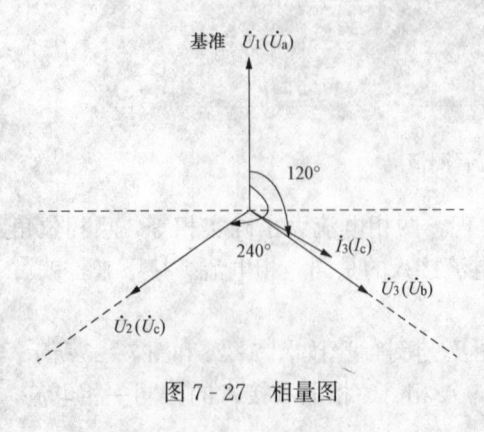

图 7-27 相量图

通过以上数据召测，可以基本绘制出计量装置的相量图，如图 7-27 所示。

通过以上相量图可以看出，计量装置电压逆相序，说明计量装置电压端子接线不正确，接下来就可以有目的性的到现场进行进一步检查核实。

【案例 3】 某用户非金属废料工，无自备电源，无无功补偿装置，考核因素为 0.9，计量表与终端电流接同一回路。召测三相三线专用变压器终端，数据召测情况见图 7-28，假定终端端子 5 为 b 相，分析终端接线。

项目七 用电信息采集系统故障排查及应用

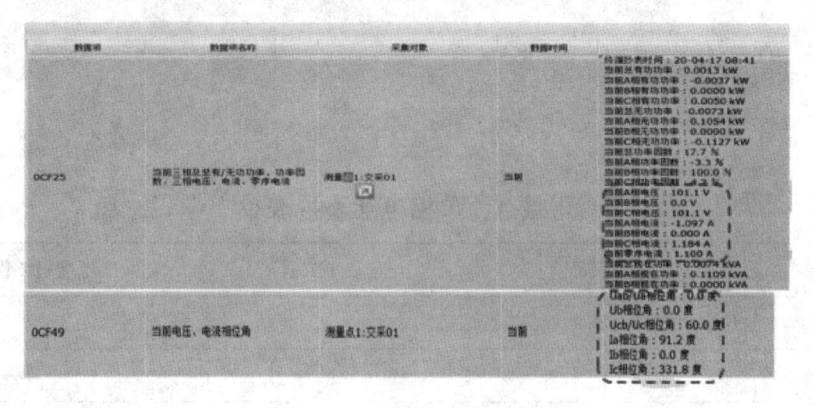

图 7-28 数据召测情况

由召测数据情况可知，$\dot{U}_{32}$ 滞后 $\dot{U}_{12}$ 角度是 60°，确定接线是反相序；因此，$\dot{U}_{12}$ 是 $\dot{U}_{cb}$，$\dot{U}_{32}$ 是 $\dot{U}_{ab}$，负荷性质应呈感性，$\dot{I}_1$ 就是 $\dot{I}_a$，$\dot{I}_3$ 应是 $\dot{I}_c$。（若端子 5 是 b 相）可绘制相量图及接线情况如图 7-29 和图 7-30 所示。

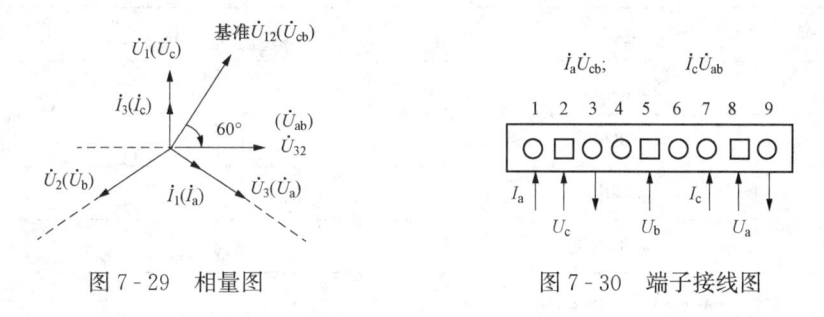

图 7-29 相量图

图 7-30 端子接线图

由分析结果可以看出，计量装置现场接线中 A、C 相电压错相，这将导致计量异常。接下来，就需要到现场进一步检查确认，对窃电进行处理。

练习：某带 TA 接线的三相四线表，召测结果如图 7-31 所示，已知负荷性质为感性，分析存在的问题。

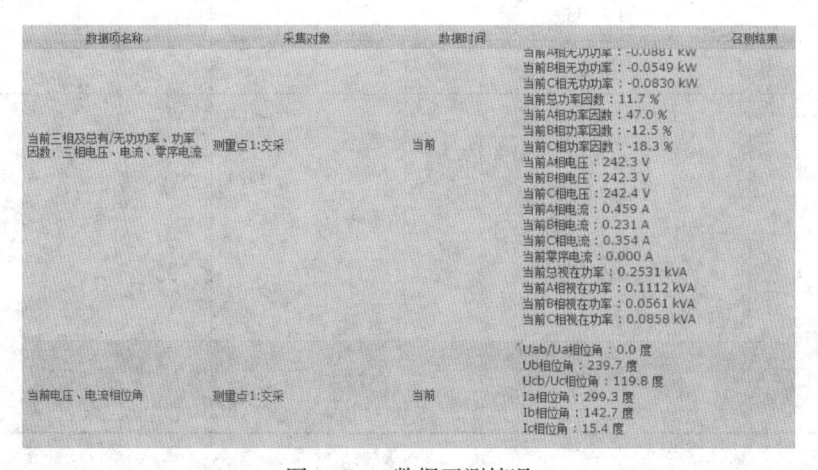

图 7-31 数据召测情况

附 录

附录 A 单相电能表抄表单

序号	数据项目	电能表 1 数据	电能表 2 数据
1	型号		
2	执行、制定标准		
3	表号		
4	电能表常数		
5	准确度等级		
6	电压		
7	电流		
8	当前总电量		
9	当前尖电量		
10	当前峰电量		
11	当前平电量		
12	当前谷电量		
13	上 1 月总电量		
14	上 1 月尖电量		
15	上 1 月峰电量		
16	上 1 月平电量		
17	上 1 月谷电量		
18	外观检查情况记录		

附录 B 三相电能表抄表单

序号	数据项目	表 1 数据
1	型号	
2	表号	
3	准确度等级	
4	电能表常数	
5	TA、TV 变比	
6	A/B/C 三相电压	
7	A/B/C 三相电流	
8	当前正向有功总	
9	当前正向有功尖	
10	当前正向有功峰	
11	当前正向有功平	
12	当前正向有功谷	
13	上 1 月正向有功总	
14	上 1 月正向有功尖	
15	上 1 月正向有功峰	
16	上 1 月正向有功平	
17	上 1 月正向有功谷	
18	反向有功总	
19	当前无功 I 总	
20	当前无功 II 总	
21	当前组合无功 I 总	
22	当前组合无功 II 总	
23	当前日期、时间	
24	总失压累计时间	
25	通信波特率	
26	外观检查情况记录	

注：若三相电能表为直接接入式电能表，直接对三相电能表进行抄录；若三相电能表经互感器接入，除正确抄录三相电能表外，还需抄录电流互感器、电压互感器的变比。

附录C ××供电局电能计量装置故障确认单

户号		客户名称	

一、故障情况简述：

  1. 发现时间：

  2. 故障点：

  3. 故障原因初步分析：

客户签名：　　　　　　　　　　工作负责人：

二、故障检查及处理情况：

审批：　　　　　　　　　　　　工作负责人：

三、查处后存在问题或结论：

是否进行电量退补：

客户签名：　　　　　　　　　　工作负责人：

四、备注：

附录 D　计量自动化系统故障通知工单

发单部门			发单班组	
填单人		负责人		发单日期	

系统故障情况	

发单部门审核意见：

日期：　年　月　日

接单部门			接单班组	
签收人		负责人		接单日期	

故障处理情况	

| 故障处理人 | | 负责人 | | 处理日期 | |

故障处理部门审核意见：

日期：　年　月　日

附录 E 计量自动化终端故障处理记录单

客户名称				户号			
终端安装地址				联系人		联系电话	
终端类别	电能量采集终端□ 负荷管理终端□ 配变监测终端□ 低压集抄采集器□ 低压集抄集中器□							

自动化终端信息	终端型号		生产厂家			终端地址	
	终端编号		终端IP地址（端口号）			SIM卡号码	
	终端规格		3×4 220V/380V□ 3×3 100V□ 3×4 57.7V/100V□					

电能表配置	表号	厂家	计量点地址	485通信地址	TV变比	TA变比	接线方式	通信速率

终端故障原因分析：

终端故障处理情况：

故障处理人员：

日期：　年　月　日

审核评价意见：

签名：　　　日期：

附录 F 用户电能计量装置故障处理作业表单

表单流水号：

作业类型			作业地点			
作业班组			作业日期			
作业负责人			作业人员			

作业步骤	序号	工作内容		标准/要求	确认	
					(√)	(O)
作业前准备	1	仪器和工具准备		校验仪、工具、电能表、封印		
	2	办理作业许可手续		向用户说明情况并征得客户同意；填写用户电能表故障作业表单		
	3	风险评估	走错间隔，误触碰造成人身触电	工作负责人带领进入作业现场并作安全交底；核对设备名称和编号。还要核对表计局编号、用户号、计量点号		
			带电接拆线易造成触电或弧光伤人	接线拆线操作时专人监护；采正确姿势并站在绝缘垫上，使用绝缘工具；端子盒处确保电压连接片开路、电流连接片短路（端子排采用短路线将电流短路，并将电压解开开路），使用符合安全要求的万用表在表端确定电压断开情况；使用符合安全要求的钳形电流表确定电流回路短接情况；没有合格的接线端子的需整改，严禁不停电换表		
			带电误触碰造成用户跳闸	用绝缘挡板或者绝缘垫隔离带电部位。使用电钻进行钻孔作业时，必须采取防止铁屑飞溅的措施、防止运行中设备掉闸的措施，必要时请值班员（电工）将保护暂时停用。并可靠断开接入用户控制开关控制回路连接片		
			资料、接线核对不准易造成计量差错	核准封印，接线检查，电压、电流平衡和表底等关键资料		
	4	进入作业现场	作业环境	作业负责人检查熟悉现场环境，环境光线，作业平台是否满足要求		
			作业安全距离	作业负责人确定安全距离符合要求，10kV 带电设备 0.7m 以上，无论高、低压用户工作时肢体活动范围有无触及带电设备可能		
			现场安全技术交底	向作业人员交代作业环境、周围设备带电情况		
			作业分派	向作业人员分配现场作业任务及注意事项		
作业过程	1	换表前运行情况检查	检查封印	作业人员开启计量柜（箱）门前检查并记录前后门封印的编号、有无被开启的痕迹、封线是否完好（用力拉一下）		
			核对用户资料	作业人员核对现场户号、户名、表计局编号与清单是否一致		
			检查电能表运行情况	作业人员检查电能表显示电流、电压值是否正常、事件记录、时钟时间		
			外观检查电能表	作业人员检查电能表是否完好、铭牌信息是否正确		
			外观接线检查	作业人员检查电能表接线是否正确、标识是否正确齐全		

续表

作业步骤	序号	工作内容	标准/要求	确认 (√)	(O)
作业过程	2	带电排查	检查回路情况	使用符合安全要求的电压表、钳形电流表测量运行中电能表三相电压、电流情况		
			检查仪器情况	接入测量仪器电源，检查仪器通电运行状况		
			接入测试电流回路	根据二次回路性质，在接线端子盒电流回路上串联接入电流回路；用钳形电流表采样三相三线时钳 A、C 相电流，B 相钳形电流表要放置在稳固的地方		
			接入测试电压回路	将仪器测试电压线逐相接入接线端子盒电压端子，顺序为 N、A、B、C；鳄鱼夹开口以垂直方向夹入，严禁水平方向夹入，严禁在被试表接线盒处进行电压取样		
			接入电能表脉冲输出端子	将检验仪器脉冲线接入电能表有功（无功）脉冲输出端子		
			选择测量选项	选择检验仪器测量选项进行测量		
			检查检验仪器显示数据	检查检验仪器显示的各项测量数据		
			测试	根据作业指导书要求测量相量图、电能表误差（有功、无功）		
			测试结果	检查检验结果是否合格，在仪器上保存及记录相关资料；如发现故障则填写故障确认单，应与客户共同确认		
	3	停电排查	停电	停电时需明确计量柜两侧电源应有明显的断开点，且已进行验电、接地，挂标示牌		
			检查电流回路	用万能表进行对线检查，检查电流二次回路接线正确，检查极性是否正确；高压电流互感器二次侧必须有一端接地，低压互感器二次不接地；发现故障则填写"用电用户计量装置故障确认单"，应与用户共同确认。确认后对故障问题进行处理		
			检查电压回路	用万能表进行对线检查，检查电压二次回路接线正确，检查极性是否正确；电压互感器二次侧必须有一端接地。用万能表对一次熔断器进行检查，是否接通。发现故障则填写"用电用户计量装置故障确认单"，应与用户共同确认。确认后对故障问题进行处理		
			检查电能表	检查新电能表的外观、规格、显示、时钟时间、电池、表底度；初步判断电能表是否故障及故障原因。如电能表故障，拆回实验室检验，并填写"用电用户计量装置故障确认单"，应与用户共同确认。确认后对故障问题进行处理		

续表

作业步骤	序号	工作内容	标准/要求	确认 (√)	(O)
作业过程	3	停电排查	检查互感器	(1) 通过升流器检查 TA，钳形电流表分别对一次电流、二次电流值的数据判断变比。 (2) 对更换一次熔断器即烧断的，应怀疑 TV 线圈匝间短路，需要进行绝缘耐压试验。 (3) 怀疑互感器误差问题的，需将互感器拆出送室内进行误差试验。 (4) 以上问题如发现故障则填写"用电用户计量装置故障确认单"，应与用户共同确认。确认后对故障问题进行处理		
	4	更换计量装置处理故障	对于排查出现的故障作相应处理。需要更换电能表的按"用户电能计量装置增（减）容/装拆作业表单"的作业过程部分完成		
	5	不更换计量装置处理故障	故障处理后应恢复计量装置正常运行，按"用户电能表现场实负荷检验检查作业表单"的作业过程部分完成		

说明：(1) 本表单由工作负责人填写，已执行打"√"、不需要执行的打"O"。
(2) 现场安全措施不满足要求不得开工。
(3) 工作负责人安全交底包括明确工作任务、工作地点、工作分工和存在风险的危险点位置。
(4) 副班长及以上人员负责审核，表单执行不合格时应在备注栏填写处理意见。
(5) 作业现场发现异常情况需要说明时应在备注栏做详细描述。

附录 G 电能计量装置错误接线答题纸（三相四线）

考生考号：_____ 题号：_____ 分数：_____

一、测量原始数据

$U_1=$_____ V；$U_2=$_____ V；$U_3=$_____ V；确定参考点 $U_{\_}=U$（a）

$I_1=$_____ A；$I_2=$_____ A；$I_3=$_____ A。

相位表：

度（°）	U_2	U_3	I_1	I_2	I_3
U_1（超前）					

二、判断电能表电压接线顺序，绘制相量图

接线顺序：

三、判断结果（有功）

第一元件接线：电压：_____、电流：_____；

第二元件接线：电压：_____、电流：_____；

第三元件接线：电压：_____、电流：_____；

负载性质：_____（填写感性或容性）。

四、列出有功电能表的错误功率表达式

$P_错=$

$K=$

五、绘制接线原理图

（1）绘制错误接线状态下的接线原理图。

（2）绘制三相四线电能表的正确接线相量图和接线原理图。

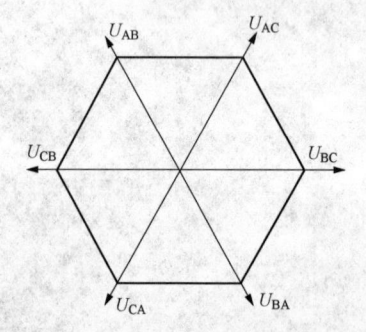

附录 H 电能计量装置错误接线答题纸（三相三线）

考生考号：_____ 题号：_____ 分数：_____

一、测量原始数据

$U_{12}=$_____V；$U_{23}=$_____V；$U_{31}=$_____V；

$I_1=$_____A；$I_2=$_____A；（ ）$=0$V（接地）。

相位表：

度（°）	U_{23}	U_{31}	I_1	I_2
U_{12}（超前）				

二、绘制相量图

相序：

三、判断结果

第Ⅰ元件：电压：_____、电流：_____；

第Ⅱ元件：电压：_____、电流：_____；

负载性质：_____（填写感性或容性）。

四、计算更正系数

$P_{错}=$

$K=$

五、绘制接线原理图

（1）绘制错误接线状态下的接线原理图。

（2）绘制三相三线电能表的正确接线相量图和接线原理图。

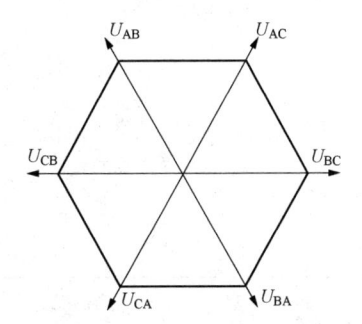

附录 I 居民用户检查记录表

		检查结果
一、表箱周围检查	检查电能表箱后面有无异物、划痕	
	表箱进线孔内有无与计量无关的线缆	
	表箱的前面有无破坏的痕迹	
二、表箱内部检查	检查电能表火线进出线是否存在反接的情况	
	检查电能表前接线是否存在短接的情况	
	检查电能表前接线是否存在中性线火线互换的情况	
三、电能表检查	表显电压：_____V	
	测量表前火线电流_____A；中性线电流：_____A；（同一时刻）表显火线电流：_____A；表显中性线电流：_____A	
	对比表前测量中性线电流与火线电流是否一致	
	对比表前测量火线电流与表显电流是否一致	
四、检查结果	数据对比分析：	
	存在以下窃电行为： □1. 在供电企业的供电设施上，擅自接线用电 □2. 绕越供电企业用电计量装置用电 □3. 伪造或者开启供电企业加封的用电计量装置封印用电 □4. 故意损坏供电企业用电计量装置 □5. 故意使供电企业用电计量装置不准或者失效 □6. 采用其他方法窃电 □7. 其他：_____	

附录 J 小动力用户检查记录表

		检查结果
一、表箱周围检查	检查电能表箱后面有无异物、划痕	
	表箱进线孔内有无私接的情况	
	表箱的周围是否有强磁、高频干扰源等设备	
二、表箱内部检查	检查电流互感器是否存在短接或断线的情况	
	检查联合接线盒是否存在电压连片断开的情况	
	检查联合接线盒是否存在电流连接片短接的情况	
	检查电能表前接线是否存在电流短接的情况	
三、电能表检查	表显电压：A 相_____V；B 相_____V；C 相_____V； 表显电流：A 相_____A；B 相_____A；C 相_____A； 功率因数：$\cos\varphi_A$_____；$\cos\varphi_B$_____；$\cos\varphi_C$_____	
	测量电流互感器变比：A 相_____；B 相_____；C 相_____； 测量互感器二次电流：A 相_____A；B 相_____A；C 相_____A	
	对比互感器二次电流与表显电流是否一致	A 相：是☐ 否☐； B 相：是☐ 否☐； C 相：是☐ 否☐
	若不一致分别测量二次电缆、联合接线盒进出线，电能表前 ABC 各相电流，与表显电流对比，电流发生变化的点即为窃电点	电流发生变化的点的位置： A 相：_____； B 相：_____； C 相：_____
四、检查结果	数据对比分析：	
	存在以下窃电行为： ☐1. 在供电企业的供电设施上，擅自接线用电 ☐2. 绕越供电企业用电计量装置用电 ☐3. 伪造或者开启供电企业加封的用电计量装置封印用电 ☐4. 故意损坏供电企业用电计量装置 ☐5. 故意使供电企业用电计量装置不准或者失效 ☐6. 采用其他方法窃电 ☐7. 其他：_____	

附录K 高供低计用户检查记录表

		检查结果
一、表箱周围检查	检查检查表箱后面有无异物、划痕	
	表箱进线孔内有无私接的情况	
	表箱的周围是否有强磁、高频干扰源等设备	
二、表箱内部检查	检查电流互感器是否存在短接或断线的情况	
	检查联合接线盒是否存在电压边片断开的情况	
	检查联合接线盒是否存在电流连接片短接的情况	
	检查电能表前接线是否存在电流短接的情况	
三、电能表检查	表显电压：A相_____V；B相_____V；C相_____V； 表显电流：A相_____A；B相_____A；C相_____A； 功率因数：$\cos\varphi_A$_____；$\cos\varphi_B$_____；$\cos\varphi_C$_____ 测量电流互感器变比：A相_____A；B相_____A；C相_____A； 测量互感器二次电流：A相_____A；B相_____A；C相_____A	
	对比互感器二次电流与表显电流是否一致	A相：是□ 否□； B相：是□ 否□； C相：是□ 否□
	若不一致分别测量二次电缆、联合接线盒进出线、电能表前ABC各相电流，与表显电流对比，电流发生变化的点即为窃电点	电流发生变化的点的位置： A相：_____； B相：_____； C相：_____
四、检查结果	数据对比分析： 存在以下窃电行为： □1. 在供电企业的供电设施上，擅自接线用电 □2. 绕越供电企业用电计量装置用电 □3. 伪造或者开启供电企业加封的用电计量装置封印用电 □4. 故意损坏供电企业用电计量装置 □5. 故意使供电企业用电计量装置不准或者失效 □6. 采用其他方法窃电 □7. 其他：_____	

附录 L 高供高计用户检查记录表

		检查结果
一、表箱周围检查	检查检查表箱后面有无异物、划痕	
	表箱进线孔内有无私接的情况	
	表箱的周围是否有强磁、高频干扰源等设备	
二、表箱内部检查	检查电流互感器是否存在短接或断线的情况	
	检查联合接线盒是否存在电压边片断开的情况	
	检查联合接线盒是否存在电流连接片短接的情况	
	检查电能表前接线是否存在电流短接的情况	
三、电能表检查	表显电压：A 相_____V；B 相_____V；C 相_____V； 表显电流：A 相_____A；C 相_____A； 功率因数：$\cos\varphi_A$_____ ；$\cos\varphi_C$_____	
	测量电流互感器变比：A 相_____A；C 相_____A； 测量互感器二次电流：A 相_____A；C 相_____A	
	对比互感器二次电流与表显电流是否一致	A 相：是□ 否□； C 相：是□ 否□
	若不一致分别测量二次电缆、联合接线盒进出线，电能表前 AC 各相电流，与表显电流对比，电流发生变化的点即为窃电点	电流发生变化的点的位置： A 相：_____； C 相：_____
四、检查结果	数据对比分析： 存在以下窃电行为： □1. 在供电企业的供电设施上，擅自接线用电 □2. 绕越供电企业用电计量装置用电 □3. 伪造或者开启供电企业加封的用电计量装置封印用电 □4. 故意损坏供电企业用电计量装置 □5. 故意使供电企业用电计量装置不准或者失效 □6. 采用其他方法窃电 □7. 其他：_____	

附录 M 违章用电、窃电处理工作单

编号：

户名		户号		地址	
违约用电、窃电起止时间			年　月　日至　年　月　日		
违约用电、窃电设备容量					
检查违约用电、窃电人员					
举报人		协助检查人员			

违约用电、窃电行为内容：

处理意见和计算公式：

补收电量＝

补收电费＝

收取违约使用电费＝

处理人签字：　　　　　　年 月 日

处理决定：

负责人签字：　　　　　　年 月 日

	项目	电量	金额	票据号	日期	收费员
收费记录						

注　一式二份，一份转营业收费，一份留存。

附录 N 违约用电、窃电通知书

_____客户：   编号：_____

经现场检查，确认你单位（或个人）违反《电力法》及其配套管理办法的有关条款，属于下列（ ☑ ）标注的第_____条_____行为：

违约用电行为：

1. 擅自改变用电类别：原类别_____，现类别_____，改变时间_____。

2. 擅自超过合同约定的容量用电：合同受电设备总容量_____kVA，现实际使用容量_____kVA，违约起始时间：_____。

3. 擅自超过计划分配的用电指标：计划电力指标_____kW 或计划电量指标_____kWh，实际超用次数及电力（电量）_____。

4. 擅自使用已办理暂停手续或启用已被查封的电力设备：（暂停、查封）设备容量_____kVA，（暂停、查封）期限_____至_____，擅自使用时间：_____。

5. 擅自迁移、更动或者擅自操作供电企业的计量装置、负控装置、供电设施以及约定由供电企业调度的客户受电设备：_____。

6. 未经供电企业许可，擅自引入、供出电源或者将自备电源擅自并网：擅自（引入）（供出）（并网）电源容量_____kVA、时间_____。

窃电行为：

7. 在供电企业的供电设施上，擅自接线用电：窃电设备容量_____kVA，起始时间_____。

8. 绕越供电企业的用电计量装置用电：窃电设备或计费电能表标定电流计算容量_____kVA，窃电起始时间_____。

9. 伪造或者开启用电计量装置封印用电：窃电设备或计费电能表标定电流计算容量_____kVA，窃电起始时间_____。

10. 故意损坏供电企业用电计量装置：窃电设备或电表电流计算容量_____kVA，窃电起始时间_____。

11. 故意使供电企业的用电计量装置计量不准或者失效：窃电设备或电表标定电流计算容量_____kVA，窃电起始时间_____。

12. 其他方法窃电：窃电设备或电表电流计算容量_____kVA，窃电起始时间_____。

请你单位（或个人）自接到本通知书（一式二份）之日起三日内，到_____办理有关手续（联系电话：_____），逾期不到而引起一切后果由贵方负责。

客户签收：_____   检查证号   供电单位公章：
日期：   日期：
                              _____供电（电力）公司

附录O ×××供电公司缴费通知单

年　月　日

户名：	地址：	请于　年　月　日前，按本通知到_____ _____交费，逾期责任自负
缴费 项目		
缴费 金额		

计算依据：

_____供电分公司_____科（站）查处人：　（本单据一式二份）

附录 P　用电信息采集调试操作记录单

班级：　　　　　　学号：　　　　　　姓名：　　　　　　工位号：

项目		注意事项
验电		柜体是否带电：带电□　　不带电□
参数抄录	采集终端	终端型号： 终端地址： 终端规格： 主用 IP： APN：
	电能表	电能表型号： 电能表地址： 电能表规格： 电能表有功准确度等级： 电能表有功常数： 通信速率： 端口号： 通信规约：
电能表数据读取		U_a： U_b： U_c：
		I_a： I_b： I_c：
终端数据读取		电能表当前正向有功总： 电能表当前正向有功尖： 电能表当前正向有功峰： 电能表当前正向有功平： 电能表当前正向有功谷：
故障记录		

参 考 文 献

[1] 国家电网公司人力资源部. 国家电网公司生产技能人员职业能力培训专用教材 农网营销. 北京：中国电力出版社，2010.
[2] 国家电网公司人力资源部. 国家电网公司生产技能人员职业能力培训专用教材 装表接电. 北京：中国电力出版社，2010.
[3] 国家电网公司人力资源部. 国家电网公司生产技能人员职业能力培训专用教材 抄表核算收费. 北京：中国电力出版社，2010.
[4] 国家电网公司人力资源部. 国家电网公司生产技能人员职业能力培训专用教材 用电检查. 北京：中国电力出版社，2010.
[5] 彭娟娟，刘会玲. 抄表核算收费业务技能导读. 北京：中国电力出版社，2014.
[6] 阎士琦. 电能计量装置接线分析200例. 北京：中国电力出版社，2008.
[7] 陈向群. 电能计量装技能考核培训教材. 北京：中国电力出版社，2003.